国家职业资格培训教材
技能型人才培训用书

液气压传动

第2版

国家职业资格培训教材编审委员会　组编
蔡　湧　主编

机械工业出版社

本书是依据《国家职业技能标准》对机械加工和修理类各工种的高级工、技师和高级技师关于液气压传动的知识要求和技能要求编写的。本书的主要内容包括：液压传动原理与液压元件，液压传动系统常用回路及其应用，液压传动系统的安装、调试与常见故障的排除，液压传动技能训练，气压传动基础知识，气压传动系统的安装、调试与常见故障的排除，气压传动技能训练，气、液压传动系统的电气控制，气、液压传动系统电气控制技能训练。本书末附有试题库和答案，以便于企业培训、考核和读者自查自测。

本书既可作为企业培训和职业技能鉴定培训的教材，又可作为技工学校、职业院校及各种短训班的教学用书，还可供有关人员自学使用。

图书在版编目（CIP）数据

液气压传动/蔡湧主编；国家职业资格培训教材编审委员会组编．—2版．—北京：机械工业出版社，2013.7（2023.1重印）
国家职业资格培训教材．技能型人才培训用书
ISBN 978-7-111-42532-8

Ⅰ.①液…　Ⅱ.①蔡…②国…　Ⅲ.①液压传动—技术培训—教材②气压传动—技术培训—教材　Ⅳ.①TH137②TH138

中国版本图书馆CIP数据核字（2013）第102006号

机械工业出版社（北京市百万庄大街22号　邮政编码100037）
策划编辑：赵磊磊　责任编辑：赵磊磊　王华庆
版式设计：霍永明　责任校对：张　征
封面设计：饶　薇　责任印制：郜　敏
中煤（北京）印务有限公司印刷
2023年1月第2版第3次印刷
169mm×239mm·12.5印张·238千字
标准书号：ISBN 978-7-111-42532-8
定价：29.80元

电话服务　　　　　　　　　网络服务
客服电话：010-88361066　　机　工　官　网：www.cmpbook.com
　　　　　010-88379833　　机　工　官　博：weibo.com/cmp1952
　　　　　010-68326294　　金　　书　　网：www.golden-book.com

机工教育服务网：www.cmpedu.com

国家职业资格培训教材（第2版）

编 审 委 员 会

第2版序

在“十五”末期，为贯彻落实“全国职业教育工作会议”和“全国再就业会议”精神，加快培养一大批高素质的技能型人才，机械工业出版社精心策划了与原劳动和社会保障部《国家职业标准》配套的《国家职业资格培训教材》。这套教材涵盖41个职业工种，共172种，有十几个省、自治区、直辖市相关行业的200多名工程技术人员、教师、技师和高级技师等从事技能培训和鉴定的专家参加编写。教材出版后，以其兼顾岗位培训和鉴定培训需要，理论、技能、题库合一，便于自检自测的特点，受到全国各级培训、鉴定部门和广大技术工人的欢迎，基本满足了培训、鉴定和读者自学的需要，在“十一五”期间为培养技能人才发挥了重要作用，本套教材也因此成为国家职业资格鉴定考证培训及企业员工培训的品牌教材。

2010年，《国家中长期人才发展规划纲要（2010—2020年）》、《国家中长期教育改革和发展规划纲要（2010—2020年）》、《关于加强职业培训促就业的意见》相继颁布和出台，2012年1月，国务院批转了七部委联合制定的《促进就业规划（2011—2015年）》，在这些规划和意见中，都重点阐述了加大职业技能培训力度、加快技能人才培养的重要意义，以及相应的配套政策和措施。为适应这一新形势，同时也鉴于第1版教材所涉及的许多知识、技术、工艺、标准等已发生了变化的实际情况，我们经过深入调研，并在充分听取了广大读者和业界专家意见的基础上，决定对已经出版的《国家职业资格培训教材》进行修订。本次修订，仍以原有的大部分作者为班底，并保持原有的“以技能为主线，理论、技能、题库合一”的编写模式，重点在以下几个方面进行了改进：

1. 新增紧缺职业工种——为满足社会需求，又开发了一批近几年比较紧缺的以及新增的职业工种教材，使本套教材覆盖的职业工种更加广泛。

2. 紧跟国家职业标准——按照最新颁布的《国家职业技能标准》（或《国家职业标准》）规定的工作内容和技能要求重新整合、补充和完善内容，涵盖职业标准中所要求的知识点和技能点。

3. 提炼重点知识技能——在内容的选择上，以“够用”为原则，提炼出应重点掌握的必需专业知识和技能，删减了不必要的理论知识，使内容更加精练。

4. 补充更新技术内容——紧密结合最新技术发展，删除了陈旧过时的内容，补充了新的技术内容。

5. 同步最新技术标准——对原教材中按旧技术标准编写的内容进行更新，所有内容均与最新的技术标准同步。

6. 精选技能鉴定题库——按鉴定要求精选了职业技能鉴定试题，试题贴近教材、贴近国家试题库的考点，更具典型性、代表性、通用性和实用性。

7. 配备免费电子教案——为方便培训教学，我们为本套教材开发配备了配套的电子教案，免费赠送给选用本套教材的机构和教师。

8. 配备操作实景光盘——根据读者需要，部分教材配备了操作实景光盘。

一言概之，经过精心修订，第2版教材在保留了第1版精华的同时，内容更加精练、可靠、实用，针对性更强，更能满足社会需求和读者需要。全套教材既可作为各级职业技能鉴定培训机构、企业培训部门的考前培训教材，又可作为读者考前复习和自测使用的复习用书，也可供职业技能鉴定部门在鉴定命题时参考，还可作为职业技术院校、技工院校、各种短训班的专业课教材。

在本套教材的调研、策划、编写过程中，得到了许多企业、鉴定培训机构有关领导、专家的大力支持和帮助，在此表示衷心的感谢！

虽然我们已经尽了最大努力，但是教材中仍难免存在不足之处，恳请专家和广大读者批评指正。

国家职业资格培训教材第2版编审委员会

第 1 版序一

当前和今后一个时期，是我国全面建设小康社会、开创中国特色社会主义事业新局面的重要战略机遇期。建设小康社会需要科技创新，离不开技能人才。“全国人才工作会议”、“全国职教工作会议”都强调要把“提高技术工人素质、培养高技能人才”作为重要任务来抓。当今世界，谁掌握了先进的科学技术并拥有大量技术娴熟、手艺高超的技能人才，谁就能生产出高质量的产品，创出自己的名牌；谁就能在激烈的市场竞争中立于不败之地。我国有近一亿技术工人，他们是社会物质财富的直接创造者。技术工人的劳动，是科技成果转化为生产力的关键环节，是经济发展的重要基础。

科学技术是财富，操作技能也是财富，而且是重要的财富。中华全国总工会始终把提高劳动者素质作为一项重要任务，在职工中开展的“当好主力军，建功‘十一五’，和谐奔小康”竞赛中，全国各级工会特别是各级工会职工技协组织注重加强职工技能开发，实施群众性经济技术创新工程，坚持从行业和企业实际出发，广泛开展岗位练兵、技术比赛、技术革新、技术协作等活动，不断提高职工的技术技能和操作水平，涌现出一大批掌握高超技能的能工巧匠。他们以自己的勤劳和智慧，在推动企业技术进步，促进产品更新换代和升级中发挥了积极的作用。

欣闻机械工业出版社配合新的《国家职业标准》为技术工人编写了这套涵盖 41 个职业的 172 种“国家职业资格培训教材”。这套教材由全国各地技能培训和考评专家编写，具有权威性和代表性；将理论与技能有机结合，并紧紧围绕《国家职业标准》的知识点和技能鉴定点编写，实用性、针对性强，既有必备的理论和技能知识，又有考核鉴定的理论和技能题库及答案，编排科学，便于培训和检测。

这套教材的出版非常及时，为培养技能型人才做了一件大好事，我相信这套教材一定会为我们培养更多更好的高技能人才做出贡献！

李永安

（李永安　中国职工技术协会常务副会长）

第1版序二

为贯彻“全国职业教育工作会议”和“全国再就业会议”精神，全面推进技能振兴计划和高技能人才培养工程，加快培养一大批高素质的技能型人才，我们精心策划了这套与劳动和社会保障部最新颁布的《国家职业标准》配套的《国家职业资格培训教材》。

进入21世纪，我国制造业在世界上所占的比重越来越大，随着我国逐渐成为“世界制造业中心”进程的加快，制造业的主力军——技能人才，尤其是高级技能人才的严重缺乏已成为制约我国制造业快速发展的瓶颈，高级蓝领出现断层的消息屡屡见诸报端。据统计，我国技术工人中高级以上技工只占3.5%，与发达国家40%的比例相去甚远。为此，国务院先后召开了“全国职业教育工作会议”和“全国再就业会议”，提出了“三年50万新技师的培养计划”，强调各地、各行业、各企业、各职业院校等要大力开展职业技术培训，以培训促就业，全面提高技术工人的素质。

技术工人密集的机械行业历来高度重视技术工人的职业技能培训工作，尤其是技术工人培训教材的基础建设工作，并在几十年的实践中积累了丰富的教材建设经验。作为机械行业的专业出版社，机械工业出版社在“七五”、“八五”、“九五”期间，先后组织编写出版了“机械工人技术理论培训教材”149种，“机械工人操作技能培训教材”85种，“机械工人职业技能培训教材”66种，“机械工业技师考评培训教材”22种，以及配套的习题集、试题库和各种辅导性教材约800种，基本满足了机械行业技术工人培训的需要。这些教材以其针对性、实用性强，覆盖面广，层次齐备，成龙配套等特点，受到全国各级培训、鉴定和考工部门和技术工人的欢迎。

2000年以来，我国相继颁布了《中华人民共和国职业分类大典》和新的《国家职业标准》，其中对我国职业技术工人的工种、等级、职业的活动范围、工作内容、技能要求和知识水平等根据实际需要进行了重新界定，将国家职业资格分为5个等级：初级（5级）、中级（4级）、高级（3级）、技师（2级）、高级技师（1级）。为与新的《国家职业标准》配套，更好地满足当前各级职业培训和技术工人考工取证的需要，我们精心策划编写了这套《国家职业资格培训教材》。

这套教材是依据劳动和社会保障部最新颁布的《国家职业标准》编写的，

为满足各级培训考工部门和广大读者的需要，这次共编写了41个职业的172种教材。在职业选择上，除机电行业通用职业外，还选择了建筑、汽车、家电等其他相近行业的热门职业。每个职业按《国家职业标准》规定的工作内容和技能要求编写初级、中级、高级、技师（含高级技师）四本教材，各等级合理衔接、步步提升，为高技能人才培养搭建了科学的阶梯型培训架构。为满足实际培训的需要，对多工种共同需求的基础知识我们还分别编写了《机械制图》、《机械基础》、《电工常识》、《电工基础》、《建筑装饰识图》等近20种公共基础教材。

在编写原则上，依据《国家职业标准》又不拘泥于《国家职业标准》是我们这套教材的创新。为满足沿海制造业发达地区对技能人才细分市场的需要，我们对模具、制冷、电梯等社会需求量大又已单独培训和考核的职业，从相应的职业标准中剥离出来单独编写了针对性较强的培训教材。

为满足培训、鉴定、考工和读者自学的需要，在编写时我们考虑了教材的配套性。教材的章首有培训要点、章末配复习思考题，书末有与之配套的试题库和答案，以及便于自检自测的理论和技能模拟试卷，同时还根据需求为20多种教材配制了VCD光盘。

为扩大教材的覆盖面和体现教材的权威性，我们组织了上海、江苏、广东、广西、北京、山东、吉林、河北、四川、内蒙古等地相关行业从事技能培训和考工的200多名专家、工程技术人员、教师、技师和高级技师参加编写。

这套教材在编写过程中力求突出“新”字，做到“知识新、工艺新、技术新、设备新、标准新”；增强实用性，重在教会读者掌握必需的专业知识和技能，是企业培训部门、各级职业技能鉴定培训机构、再就业和农民工培训机构的理想教材，也可作为技工学校、职业高中、各种短训班的专业课教材。

在这套教材的调研、策划、编写过程中，曾经得到广东省职业技能鉴定中心、上海市职业技能鉴定中心、江苏省机械工业联合会、中国第一汽车集团公司以及北京、上海、广东、广西、江苏、山东、河北、内蒙古等地许多企业和技工学校的有关领导、专家、工程技术人员、教师、技师和高级技师的大力支持和帮助，在此谨向为本套教材的策划、编写和出版付出艰辛劳动的全体人员表示衷心的感谢！

教材中难免存在不足之处，诚恳希望从事职业教育的专家和广大读者不吝赐教，批评指正。我们真诚希望与您携手，共同打造职业培训教材的精品。

国家职业资格培训教材编审委员会

前　　言

本书第1版自出版以来，得到了广大读者的广泛关注和热情支持，全国各地的读者纷纷通过电话、信函、E-mail等形式向我们提出了很多宝贵的意见和建议。但随着科学技术的发展，各种新技术不断涌现，新的国家和行业技术标准也相继颁布和实施。另外，中华人民共和国人力资源和社会保障部制定了新的《国家职业技能标准》，对机械加工和修理类各工种培训对象的理论知识和操作技能提出了新的要求。为此，我们对本书第1版进行了修订。

本书在修订过程中，以满足岗位培训需要为宗旨，以实用、够用为原则，以技能为主线，使理论为技能服务，并将理论知识和操作技能结合起来，有机地融于一体。第2版教材的主要特点是：

(1) 内容先进　本书在强调实用性、典型性的前提下，充分重视内容的先进性，尽可能反映新技术、新标准、新工艺和新方法，并采用法定计量单位和最新名词术语，能充分满足职业资格培训的需要。

(2) 最大限度地体现技能培训特色　本书以最新的《国家职业技能标准》对机械加工和修理类各工种的高级工、技师和高级技师关于液气压传动的知识要求和技能要求为依据，以职业技能鉴定要求为尺度，以岗位技能需求为出发点，确定核心技能模块，编写每一个技能训练。

(3) 配套资源丰富　本书配有电子课件，书后附有试题库和答案，以便于教学、培训和读者自查自测。

(4) 服务目标明确　本书既可作为企业培训和职业技能鉴定培训的教材，又可作为技工学校、职业院校及各种短训班的教学用书，还可供有关人员自学使用。

本书由蔡湧主编，姜华参加编写。

由于编者水平有限，书中难免存在缺点和不足之处，恳请广大读者批评指正！

编　者

目　录

第一章

液压传动原理与液压元件

培训学习目标 了解液压传动的工作原理，掌握主要液压元件的结构、工作性能、应用及选用方面的知识，为液压传动系统的使用、安装、维修打好基础。

第一节 液压传动原理

液压传动是以液体作为工作介质，依靠密封系统对油液进行挤压所产生的液压能来转换、传递、控制和调节能量的一种传动方式。液压传动由于具有许多独特的优点（如结构简单、机件重量轻、成本低、劳动强度小并能提高工作效率和自动化程度），所以不但在金属切削机床上的往复运动、无级变速、进给运动、控制系统等方面广泛应用，而且在冶金设备、矿山机械、汽车、农机、建筑和航空等行业中也被普遍采用。

液压传动系统是由各种功能的液压元件组成的。图 1-1 为液压传动工作原理图。其动作原理是：电动机驱动液压泵 3 工作，经油管和过滤器 2 从油箱 1 中吸取液压油，并将具有一定压力能的液压油压出，经节流阀 4 流至换向阀 6 的 P 油口。在图 1-1a 所示状态下，液压油无法流出，液压缸 8 左、右两腔无油输入，液压缸 8 和工作台 10 停止不动。拨动换向阀手柄 7 使阀芯处于图 1-1b 所示状态，换向阀油口 P 与 A 相通，B 与 T 相通，此时液压油流入液压缸 8 的左腔，右腔中的液压油流回油箱，这时活塞 9 带动工作台 10 向右运动。拨动换向阀手柄 7 使阀芯处于图 1-1c 所示状态，换向阀油口 P 与 B 相通，A 与 T 相通，此时液压油流入液压缸 8 的右腔，左腔中的液压油流回油箱，活塞带动工作台向左返回。如此不断拨动手柄 7，即可不断改变液压油的通路，以实现液压缸和工作台的往返运动。液压缸往返

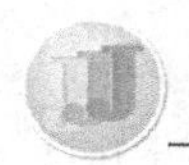

运动的速度可通过调节节流阀4的开口来进行调节，而液压缸克服负载所需的工作压力可通过调节溢流阀5来获得（即依照溢流阀的调压值）。

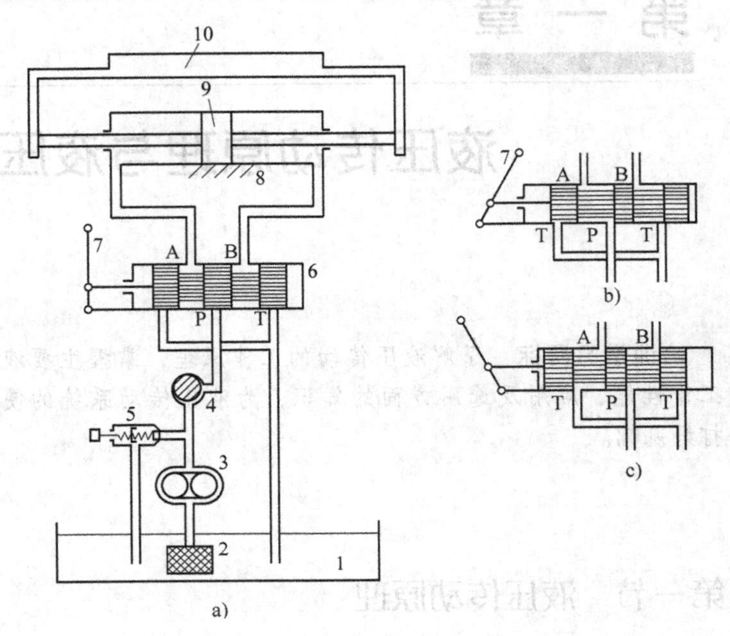

图1-1 液压传动工作原理图

1—油箱 2—过滤器 3—液压泵 4—节流阀 5—溢流阀

6—换向阀 7—换向阀手柄 8—液压缸 9—活塞 10—工作台

由此可知，液压传动系统不论是简单的还是复杂的，都是由动力元件（液压泵）、执行元件（液压缸）、控制元件（各种控制阀）和辅助元件（油箱、过滤器等）四大部分组成的。

液压传动中有两个重要的参数：压力（p）和流量（q）。压力p是油液单位面积A上所受到的作用力F，用数学公式表示为$p=F/A$。当面积A一定时，压力p与作用力（负载）F成正比，常用单位为MPa（兆帕）。流量q是单位时间t内流过油液的体积V，即$q=V/t$，也可用流速v与面积A的乘积来表示，即$q=vA$。当面积A一定时，流速v与流量q成正比。流量的常用单位为L/min（升/分）。液压元件的规格与液压传动系统的参数有关。

第二节 液压泵

液压泵是一种能量转换装置，它将电动机输出的机械能转换成液压能（p、

q)，供液压传动系统使用，所以液压泵是液压传动系统中的动力元件。液压泵按结构，可分为齿轮泵、叶片泵和柱塞泵三大类，按流量能否调节，可分为定量泵和变量泵两大类。

一、齿轮泵

齿轮泵有外啮合式齿轮泵和内啮合式齿轮泵两种。液压传动系统中常用的是外啮合式齿轮泵。

1. 齿轮泵的工作原理

图 1-2 为外啮合式齿轮泵工作原理图。在密封的泵体内有一对互相啮合的齿轮，以啮合点 P 沿齿宽方向的接触线，将吸油腔 3 和压油腔 1 分开。当电动机带动主动齿轮 2 按图示箭头方向旋转时，从动齿轮 4 也一起旋转。在右侧吸油腔内，相互啮合的轮齿不断脱开，密封工作腔逐渐增大，形成局部真空，油箱中的液压油在外界大气压力的作用下进入吸油腔并填满齿间，然后随着齿轮的转动被带到压油腔；在左侧压油腔内，轮齿逐渐进入啮合，密封工作腔随之变小，齿间的液压油受到挤压而输入系统。如此连续不断地循环，形成连续吸油和压油的工作状态。

2. 齿轮泵的结构

图 1-3 所示为 CB 型外啮合式齿轮泵的结构。齿轮泵为三片式结构，即泵

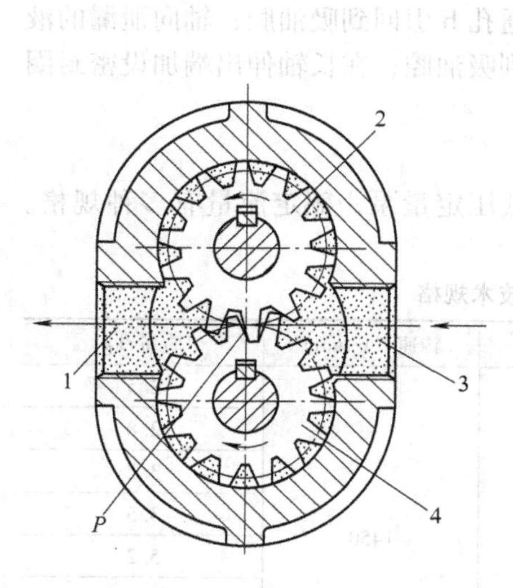

图 1-2　外啮合式齿轮泵工作原理图

1—压油腔　2—主动齿轮

3—吸油腔　4—从动齿轮

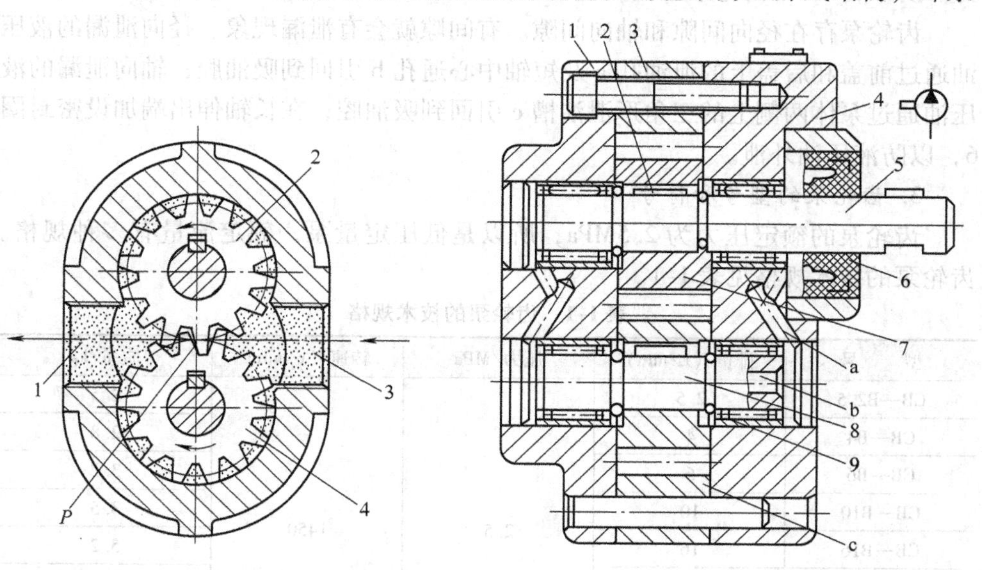

图 1-3　CB 型外啮合式齿轮泵的结构

1—后盖　2—平键　3—泵体　4—前盖

5—长轴　6—密封圈　7—齿轮　8—短轴　9—滚针轴承

a—泄油孔　b—短轴中心通孔　c—泄油槽

体3、前盖4和后盖1。一对与泵体宽度相等、齿数相同而又互相啮合的齿轮7装入泵体中，主动齿轮用平键2固定在长轴5上，长轴5和短轴8通过滚针轴承9分别装在前盖和后盖中，这时齿轮被包围在前盖、后盖和泵体中，与外界隔离而形成了密封工作腔，长轴通过联轴器由电动机驱动旋转。

齿轮泵的工作情况是：齿轮旋转时，要求同时啮合的轮齿对数应多于一对，也就是在一对轮齿尚未脱开之前，相邻一对轮齿便进入啮合。由于两对轮齿同时啮合，便形成一个封闭容腔，留在两齿间的液压油就被困在这个封闭容腔中。随着轮齿转动，封闭容腔的容积开始逐渐减小，被困液压油受到挤压，压力急剧上升；然后封闭容腔的容积又逐渐增大，产生局部真空，被困液压油将被分离，产生蒸发汽化和气泡，这种现象称为困油。困油既能造成噪声、振动、磨损并使泵的寿命下降，又会影响液压传动系统正常工作。为消除困油所造成的不良后果，CB型齿轮泵在前盖和后盖的侧面开了两条卸荷槽，一条通吸油腔，另一条通压油腔。

当齿轮泵运转时，压油腔内的齿轮承受了由油压产生的径向力，这个径向力是单方向的。油压越高，径向不平衡力也就越大，会使轴弯曲变形，轴承磨损加速，齿顶与泵体内壁的摩擦增加。为解决径向力不平衡造成的后果，CB型齿轮泵采用缩小压油口的办法来减小油压对轮齿的作用面积，从而减小径向不平衡力。所以，CB型齿轮泵压油口孔径小，吸油口孔径大。

齿轮泵存在径向间隙和轴向间隙。有间隙就会有泄漏现象。径向泄漏的液压油通过前盖和后盖上的泄油孔a及短轴中心通孔b引回到吸油腔；轴向泄漏的液压油通过泵体两侧上的三角形泄油槽c引回到吸油腔；在长轴伸出端加设密封圈6，以防液压油外泄。

3. 齿轮泵的型号和符号

齿轮泵的额定压力为2.5MPa，所以是低压定量泵，额定流量有多种规格。齿轮泵的技术规格见表1-1。

表1-1　齿轮泵的技术规格

型　　号	排量/(L/min)	压力/MPa	转速/(r/min)	质量/kg
CB—B2.5	2.5	2.5	1450	2.5
CB—B4	4			2.8
CB—B6	6			3.2
CB—B10	10			3.5
CB—B16	16			5.2
CB—B20	20			—
CB—B25	25			5.5
CB—B32	32			—

（续）

型　号	排量/（L/min）	压力/MPa	转速/（r/min）	质量/kg
CB—B40	40	2.5	1450	10.5
CB—B50	50			11
CB—B63	63			11.8
CB—B80	80			17.6
CB—B100	100			18.7
CB—B125	125			—

例如，型号为CB—B16的齿轮泵，“CB”表示齿轮泵，“B”表示压力等级（额定压力为2.5MPa），“16”表示额定流量为16L/min。齿轮泵职能符号如图1-3右上角所示。

二、叶片泵

1. 双作用式叶片泵

（1）工作原理　图1-4为双作用式叶片泵的工作原理图。它主要由定子2、转子1、叶片3和配油盘4组成。定子内壁由2段大半径圆弧、2段小半径圆弧和4段过渡曲线组成，近似椭圆形。叶片安装在转子径向槽内并可沿槽滑动，转子与定子同心安装。当电动机带动转子按图1-4中所示箭头方向转动时，叶片在离心力的作用下压向定子内表面，并随着定子内表面曲线的变化而被迫在转子槽内往复滑动，相邻两叶片间的密封工作腔就产生增大和缩小的变化。当叶片由小半径圆弧向大半径圆弧处滑移时，密封工作腔随之逐渐增大形成局部真空，于是油箱中液压油通过配油盘上的吸油腔被吸入；当叶片由大半径圆弧向小半径圆弧处滑移时，密封工作腔随之逐渐缩小，液压油被挤压，从配油盘上的压油腔压出。转子每转一周，叶片在槽内往复滑移2次，完成2次吸油和2次压油，并且油压所产生的径向力是平衡的，故称为双作用式叶片泵，也称为平衡式叶片泵。

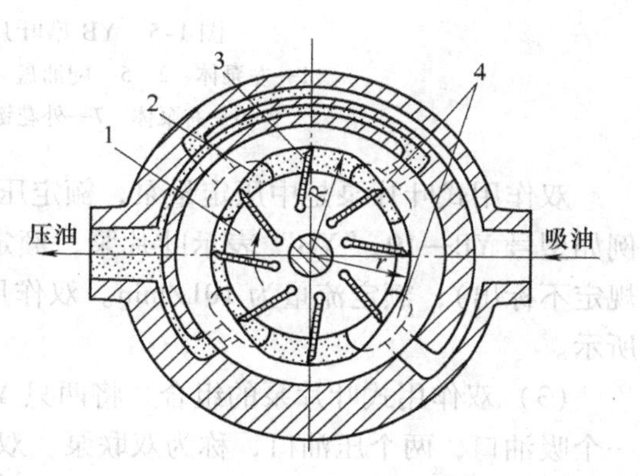

图1-4　双作用式叶片泵的工作原理图

1—转子　2—定子　3—叶片　4—配油盘

（2）结构　以YB型叶片泵为例（见图1-5），双作用式叶片泵由左泵体1、右泵体6、左配油盘2、右配油盘5、定子4、转子3和叶片8等组成。转子通过轴7由电动机驱动。转子上均匀地开有12条叶片槽（根据不同流量，一般开10～16条叶片槽）。叶片槽相对于转子半径沿着旋转方向后倾一个角度，所以叶片安装有一个后倾角，倾角一般为10°～14°。为使叶片与定子内表面可靠地接触，在配油盘上开有小孔，分别与叶片槽底部和压油腔相通，这样叶片在离心力和油压产生的作用力的作用下与定子内表面紧密接触。

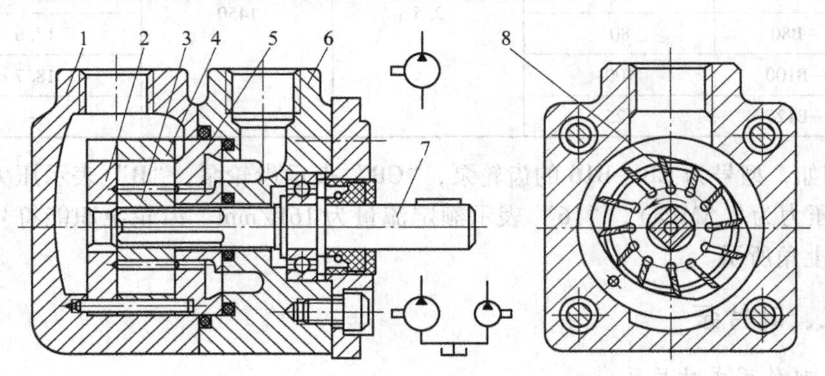

图1-5 YB型叶片泵的结构

1—左泵体 2、5—配油盘 3—转子 4—定子
6—右泵体 7—外花键轴 8—叶片

双作用式叶片泵是中压定量泵，额定压力为6.3MPa，额定流量有多种规格。例如型号YB—10，“YB”表示叶片泵，额定压力为6.3MPa（c级表示6.3MPa，规定不标出），额定流量为10L/min。双作用式叶片泵的职能符号如图1-5上方所示。

（3）双作用式叶片泵的组合 将两只YB型叶片泵并联在一个泵体内，设有一个吸油口，两个压油口，称为双联泵。双联泵一般可由2只流量规格不同或相同的泵组成。例如型号为YB—4/16的双联泵，其额定压力为6.3MPa，额定流量一只为4L/min，另一只为16L/min。在液压传动系统中，经控制阀控制，双联泵可根据不同工况供油，如快进时，2只泵同时供油20L/min，切削进给时，由4L/min的泵供油，而16L/min的泵出口接回油箱（卸荷），这样可减少功率损耗和液压油发热。双联泵职能符号如图1-5下方所示。组合的另一种形式为两只YB型叶片泵串联在一个泵体内，设有一个吸油口，一个压油口，称为双级泵。

2. 单作用式叶片泵

（1）工作原理 单作用式叶片泵（见图1-6）主要由定子3、转子2、叶片4和配油盘6等组成。定子的工作表面是一个圆柱形。转子应偏心装在定子中，即有一个偏心距e。叶片装在转子径向槽中，并可在槽内灵活滑动。当转子在电动机驱动下转动时，由于离心力和叶片根部液压油的作用，叶片紧贴在定子内表

面上，这样相邻两叶片间形成了密封工作腔。当转子按图 1-6 所示箭头方向转动时，在图的右半部叶片逐渐伸出，密封工作腔随之增大，形成局部真空，于是油箱中的液压油通过吸油口 5 和配油盘上吸油腔被吸入；在图的左半部叶片逐渐缩进，密封工作腔随之缩小，液压油被挤压由配油盘上的压油腔和压油口 1 压出。转子转一周，叶片在槽内往复滑移 1 次，完成 1 次吸油 1 次压油，并且油压所产生的径向力是不平衡的，故称为单作用式叶片泵，也称为不平衡式叶片泵。

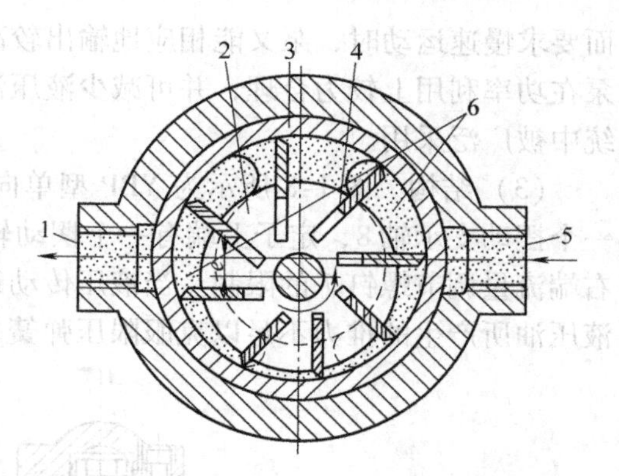

图 1-6　单作用式叶片泵的工作原理图

1—压油口　2—转子　3—定子　4—叶片　5—吸油口　6—配油盘

（2）变量原理　单作用式叶片泵定子与转子之间的偏心距 e 是可以改变的，即出口流量是可以变化的，所以叫做变量泵。图 1-7 为单作用式叶片泵的变量原理图。定子左侧受流量调节螺钉 1 和柱塞 2 的限制，并且柱塞腔与压油腔连通；定子右侧受压力调节螺钉 6 和弹簧 5 的限制，定子与转子间出现一个偏心距 e。当柱塞腔的液压推力小于弹簧预调力时，定子保持不动，即预先调节的原始偏心距 e 不变，泵的输油量不变；当泵的工作压力升高到某一数值时，柱塞腔的液压推力大于弹簧预调力，定子便向右移动，偏心距 e 减小，泵的输油量就随之减少。泵的工作压力越大，定子越向右移，偏心距 e 就越小，泵的输油量随之减少。压力调节螺钉用来调节泵的工作压力，流量调节螺钉用来调节泵的原始最大流量。这种泵能随着负载的变化而自动调节流量。当工作部件承受较小阻力而要求快速运动时，泵相应地输出低压大流量的液压油；当工作部件承受较大的负载

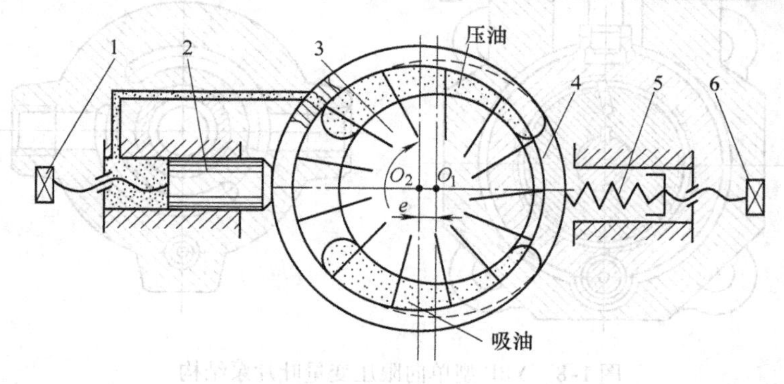

图 1-7　单作用式叶片泵的变量原理图

1—流量调节螺钉　2—柱塞　3—转子　4—定子　5—弹簧　6—压力调节螺钉

而要求慢速运动时，泵又能相应地输出较高压力而小流量的液压油。因此，这种泵在功率利用上较为合理，并可减少液压油发热，效率较高，在机床液压传动系统中被广泛采用。

（3）结构 图1-8所示为YBP型单向限压变量叶片泵的结构。定子下端有一个摆动支承轴8，定子上端有一个摆动轴3，摆动轴受左端压力调节螺钉1和右端流量调节螺钉7的限制。当液压传动系统负载很小时，远程控制口6进入的液压油所产生的推力不足以克服限压弹簧2的预调弹簧力，定子保持不动；当液

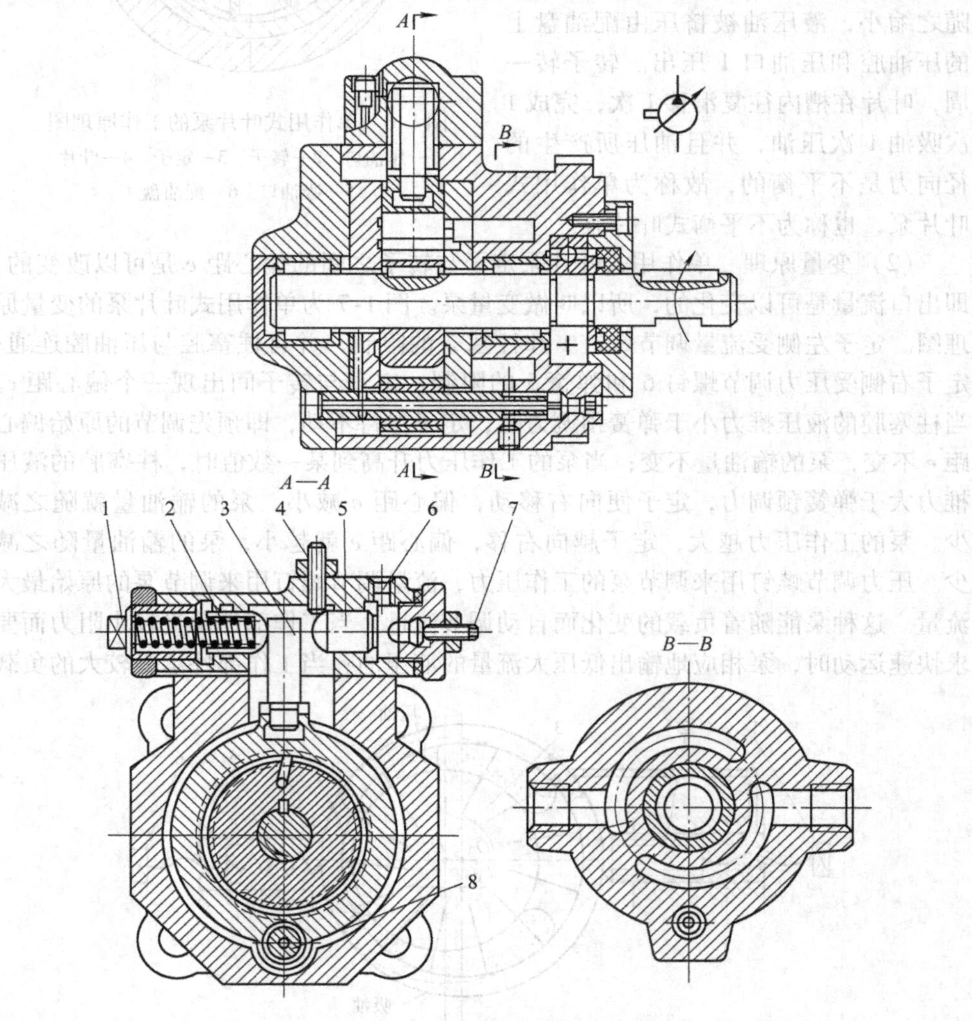

图1-8 YBP型单向限压变量叶片泵结构

1—压力调节螺钉 2—限压弹簧 3—摆动轴
4—螺钉 5—滑套 6—远程控制口 7—流量调节螺钉 8—摆动支承轴

压传动系统负载增大到使泵压力达到预调的限定压力后，作用在滑套5上的推力大于弹簧力，使摆动轴连同定子绕下端支承轴向左摆动，原始偏心距减小，液压油输出流量随之减少。随着负载的进一步增大，弹簧进一步压缩，定子偏心距进一步减小，液压油的输出流量很少，直至用来补充泄漏的微小流量。这种泵的型号为 YBP—25，“YB”表示叶片泵，“P”表示压力反馈式，额定压力为6.3MPa，额定流量为25L/min。单向限压变量叶片泵的职能符号如图1-8右上角所示。

叶片泵的技术规格见表1-2。

表1-2　叶片泵的技术规格

型　　号	排量/(L/min)	压力/MPa	转速/(r/min)	质量/kg
YB_1—2.5	2.5	6.3	1450	5.3
YB_1—4	4			
YB_1—6.3	6.3			
YB_1—10	10			
YB_1—16	16		960	9
YB_1—20	20			
YB_1—25	25			
YB_1—32	32			16
YB_1—40	40			
YB_1—50	50			
YB_1—63	63			22
YB_1—80	80			
YB_1—100	100			

三、柱塞泵

1. 径向柱塞泵

图1-9为径向柱塞泵工作原理图。转子3上有沿径向均匀布置的柱塞1，转子中心与定子2中心的偏心距为 e。当转子旋转时，由于离心力的作用，柱塞紧贴在定子内壁上并沿柱塞孔运动。在电动机驱动下，当转子按图1-9所示箭头方向旋转时，上半部柱塞不断伸出，密封工作腔随之增大，形成局部真空，液压油从配油轴4的a孔吸入；下半部柱塞不断缩进，密封工作腔随之缩小，液压油被挤压，液压油通过配油轴的b孔压出。转子旋转一周，吸油和压油各一次。若移动定子中心来改变偏心距 e，则可改变输出流量，所以径向柱塞泵是变量泵，同时又是高压泵，其额定压力超过10MPa。

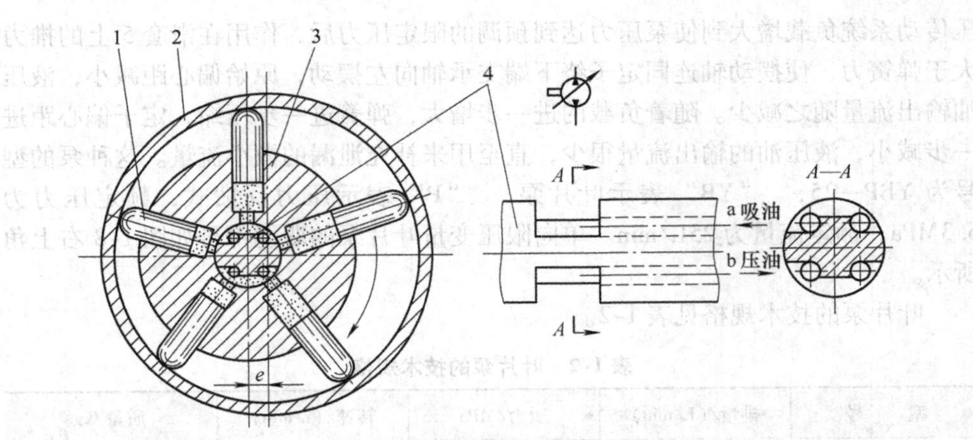

图 1-9 径向柱塞泵工作原理图

1—柱塞 2—定子 3—转子 4—配油轴

2. 轴向柱塞泵

图 1-10 为轴向柱塞泵工作原理图。这种泵由配油盘 1、转子 2、柱塞 3、斜盘 4 等组成。柱塞在弹簧力（或低压油）作用下与斜盘接触，斜盘相对于转子是倾斜的。电动机驱动转子旋转，柱塞就在柱塞孔内做轴向往复滑动。在配油盘上开有两个弧形沟槽 a 和 b，分别与泵的吸、压油口连通，形成吸油腔和压油腔。两个弧形沟槽彼此隔开，保证一定的密封性。当转子按图 1-10 所示方向旋转时，处于配油盘左侧，即 $\pi \sim 2\pi$ 范围内的柱塞向外伸出，其底部密封工作腔逐渐增大，液压油通过配油盘上的吸油腔 a 吸入；处于配油盘右侧，即 $0 \sim \pi$ 范围内的柱塞向里缩进，其底部密封工作腔逐渐缩小，液压油通过压油腔 b 压出。泵的输油量决定于柱塞往复运动的行程（长度），也就是决定于斜盘相对于转子的倾斜角 γ。调节倾角 γ，可改变输出液压油的量，所以轴向柱塞泵是变量泵，同时又是高压泵，额定压力超过 10MPa。

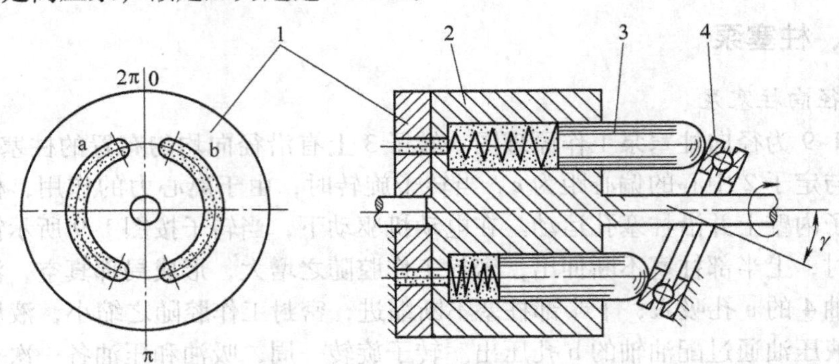

图 1-10 轴向柱塞泵工作原理图

1—配油盘 2—转子 3—柱塞 4—斜盘

四、液压泵的应用

1. 泵的选择

选用液压泵时，首先应满足液压传动系统对工作油压和工作流量的要求，然后应对液压泵的性能、使用环境、价格等因素进行综合考虑。

（1）液压泵的工作压力　液压泵的工作压力应满足液压传动系统中执行元件所需的最大工作油压。考虑到液压油流动时的压力损失和管道状况，液压泵的工作压力一般应为所需最大工作压力的1.3～1.5倍，然后按泵的额定压力进行选用。

（2）液压泵的工作流量　液压泵的工作流量应满足液压传动系统中同时工作的执行元件所需的最大工作流量。考虑到液压油流动时的流量损失和管道状况，液压泵的工作流量一般应为所需最大工作流量的1.1～1.3倍，然后按泵的额定流量进行选用。

（3）液压泵的类型　液压泵的类型及应用见表1-3。

表1-3　液压泵的类型及应用

序　号	类　型	额定工作压力/MPa	适用场合
1	齿轮泵	2.5	适用于低压系统，如磨床类机床液压传动系统
2	叶片泵	6.3	适用于中压系统，如组合机床、车床、铣床、注塑机等液压传动系统
3	柱塞泵	10	适用于高压系统，如拉床、龙门刨床，以及冶金、矿山设备的液压传动系统

2. 液压泵的使用

1）液压泵应在额定压力以下工作。液压泵的额定压力和液压泵的工作压力是两个不同的概念。

2）按液压泵的规定选用液压油，并按规定定期更换或添加液压油。

3）液压泵的吸油口与油面之间的距离不应超过0.5m，并在吸油管进口处安装过滤器，以保持系统中液压油的清洁度。

4）液压泵的功率与电动机功率的匹配。在能量转换和传递过程中，存在着压力损失和流量损失，也就是存在着机械效率η_m和容积效率η_v，所以液压泵的总效率$\eta=\eta_m\eta_v$，因此驱动液压泵的电动机功率必须大于液压泵的功率，即

$$P=\frac{P_B}{\eta}=\frac{pq}{60\eta}$$

式中　P——电动机功率（kW）；

P_B——液压泵功率（kW）；

p——液压泵输出压力（MPa）；

q——液压泵输出流量（L/min）；

η——液压泵总效率。

5）电动机的转速必须与液压泵的额定转速相适应，并与液压泵同向旋转。在安装液压泵与电动机时，两轴的同轴度误差不得大于0.01mm，或者倾斜度误差不得大于1°。

◈◈◈ 第三节 液压缸、液压马达与液压控制阀

液压缸与液压马达是将液压泵提供的液压能转变为机械能的一种能量转换装置，是液压传动系统中的执行元件。

一、液压缸

液压缸主要有双活塞杆液压缸、单活塞杆液压缸及其他形式的液压缸（如伸缩液压缸）等。

1. 双活塞杆液压缸

图1-11所示为双活塞杆液压缸。它由缸体6、活塞5、活塞杆7、导向套3、缸盖8和密封圈2等组成。活塞两端都有活塞杆伸出。液压油在通过油孔a或b分别进入液压缸左腔或右腔时，就推动活塞带动工作台向右或向左往复运动。设活塞左边有效作用面积为A_1，右边有效作用面积为A_2，由于$A_1=A_2$，所以液压油进入后所产生的向右或向左的推力是相同的，其产生的向右或向左运动的速度也是一样的。推力F和速度v可按下式计算。

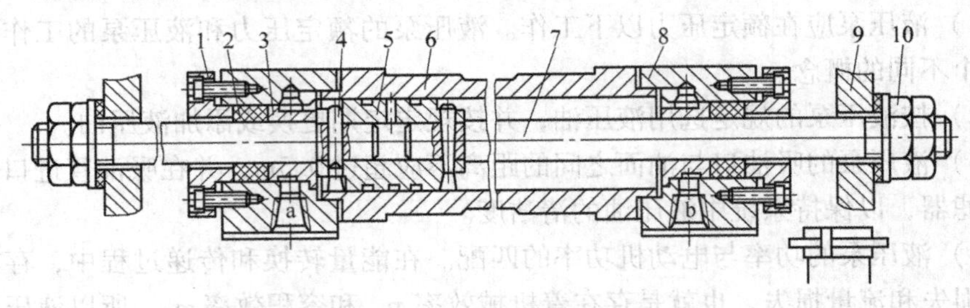

图1-11 双活塞杆液压缸

1—压盖 2—密封圈 3—导向套 4—开口销 5—活塞 6—缸体 7—活塞杆 8—缸盖 9—工作台（挂脚） 10—螺母

$$F=pA=p\frac{\pi}{4}(D^2-d^2)$$

$$v=\frac{q}{A}=\frac{q}{\frac{\pi}{4}(D^2-d^2)}$$

式中　p——进入液压缸的工作油压（MPa）；

q——进入液压缸的工作流量（L/min）；

A——液压缸的有效作用面积（mm^2），$A_1=A_2$；

D——活塞直径或缸体内径（mm）；

d——活塞杆直径（mm）。

双活塞杆液压缸的安装固定方式有两种：一种是缸体固定（见图1-11），液压油从缸盖上的进出油口 a 和 b 进出，活塞通过活塞杆带动工作台 9 运动，其运动范围是有效行程的 3 倍，因占地空间大，故常用于小型机床；另一种是活塞固定，液压油通过活塞杆中间孔进出，缸体带动工作台运动，其运动范围是有效行程的 2 倍，因占地空间小，故常用于中型及大型机床。双活塞杆液压缸职能符号如图 1-11 右下方所示。

2. 单活塞杆液压缸

图 1-12 所示为单活塞杆液压缸。它由缸体 1、活塞 2、活塞杆 3、缸盖 4 和密封圈 5 等组成。活塞一边有活塞杆，称为有杆腔；活塞另一边无活塞杆，称为无杆腔。当液压油分别进入无杆腔或有杆腔时，活塞向右或向左运动。设无杆腔有效作用面积为 A_1，有杆腔有效作用面积为 A_2，显然，$A_1>A_2$。因此，液压油进入后所产生的向右或向左的推力是不一样的，其向右或向左的运动显然也不一样。推力 F 和速度 v 可按下式计算。

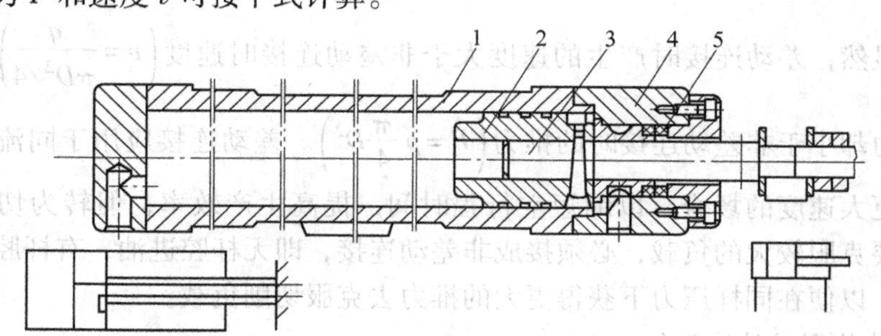

图 1-12　单活塞杆液压缸

1—缸体　2—活塞　3—活塞杆　4—缸盖　5—密封圈

当液压油进入无杆腔时

$$F=pA_1=p\frac{\pi}{4}D^2$$

$$v=\frac{q}{A_1}=\frac{q}{\frac{\pi}{4}D^2}$$

当液压油进入有杆腔时

$$F=pA_2=p\frac{\pi}{4}(D^2-d^2)$$

$$v = \frac{q}{A_2} = \frac{q}{\frac{\pi}{4}(D^2 - d^2)}$$

式中 p——进入液压缸的工作油压（MPa）；

q——进入液压缸的工作流量（L/min）；

A_1——无杆腔的有效作用面积（mm^2）；

A_2——有杆腔的有效作用面积（mm^2）；

D——活塞直径或缸体内径（mm）；

d——活塞杆直径（mm）。

当无杆腔和有杆腔内同时进入液压油时，这种连接方式称为差动连接。由于作用在活塞两边 A_1、A_2 上的推力不等，使活塞向有杆腔方向运动，此时有杆腔排出的液压油进入无杆腔，使活塞获得比非差动连接时更快的运动速度。差动连接时，产生的速度 v 和推力 F 的计算公式为

$$v = \frac{q}{\frac{\pi}{4}d^2}$$

$$F = p\,\frac{\pi}{4}d^2$$

很显然，差动连接时产生的速度大于非差动连接时速度$\left(v = \frac{q}{\pi D^2/4}\right)$，而产生的推力却小于非差动连接时的推力$\left(F = p\,\frac{\pi}{4}D^2\right)$。差动连接应用于同流量情况下需要更大速度的场合，以缩短空行程时间，提高生产效率，但转为切削工进时，需要克服较大的负载，必须接成非差动连接，即无杆腔进油，有杆腔向回油箱排油，以便在同样压力下获得更大的推力去克服切削负载。

3. *其他形式的液压缸*

其他形式的液压缸有摆动式液压缸、伸缩套筒式液压缸、齿轮齿条式液压缸和柱塞式液压缸等。

摆动式液压缸有单叶片和双叶片两种形式。图 1-13 所示为单叶片式的液压缸。由图 1-13 可见，只要改变进油和出油方向（P、Q）就能使叶片产生转矩，带动摆动轴摆动。摆动式液压缸的结构简单、紧凑，能输出的转矩大，常用于机械手、转位机构及机床的回转夹具中。

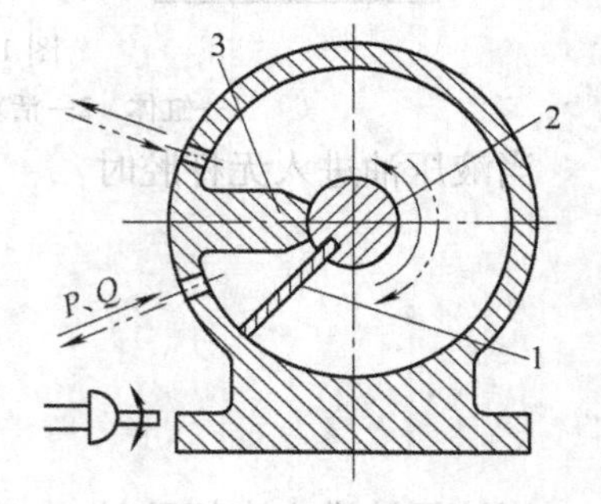

图 1-13 摆动式液压缸的工作原理
1—叶片 2—摆动轴 3—封油隔板

其职能符号如图 1-13 左下角所示。

伸缩套筒式液压缸（见图 1-14）的活塞杆伸出行程大，而收缩后的结构尺寸小。活塞杆伸出时，有效工作面积大的套筒活塞 4 先运动，速度低、推力大，随后活塞 5 才开始运动，此时运动速度大、推力小；活塞杆缩回时，通常在活塞 5 全部缩进后，套筒活塞 4 才开始返回，常用在机械手和工程机械上。其职能符号如图 1-14 右下角所示。

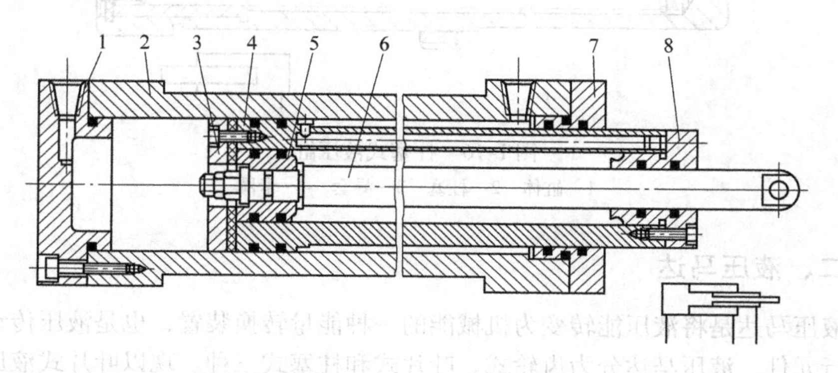

图 1-14　伸缩套筒式液压缸

1—端盖　2—缸体　3—压板　4—套筒活塞　5—活塞　6—活塞杆　7、8—端盖

图 1-15 为齿轮齿条式液压缸的工作原理图。当缸体 1 左腔或右腔内通入液压油时，齿条活塞 2 将往复运动，即带动齿轮 3 转动，实现工作部件的往复摆动或间歇进给运动。齿轮齿条式液压缸常用于机械手和磨床砂轮进给等设备中。其职能符号如图 1-15 右上方所示。

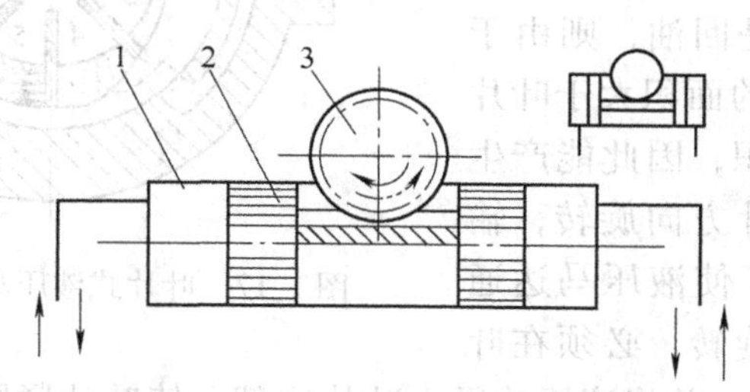

图 1-15　齿轮齿条式液压缸的工作原理图

1—缸体　2—齿条活塞　3—齿轮

图 1-16 所示为柱塞式液压缸。柱塞 2 与缸体 1 内孔不接触，而由导套 3 的良好配合来实现密封和支承，因此缸体内孔不需要精加工。液压油从左端油口进入缸内，推动柱塞向右运动；柱塞向左返回时需借助外力（如弹簧、自重或用另一个柱塞式液压缸）。这种液压缸只能靠液压油单向运动，所以称为单作用液

压缸，通常用于工作行程长，需要垂直方向的上下运动及消除间隙的机构中。其职能符号如图1-16右下方所示。

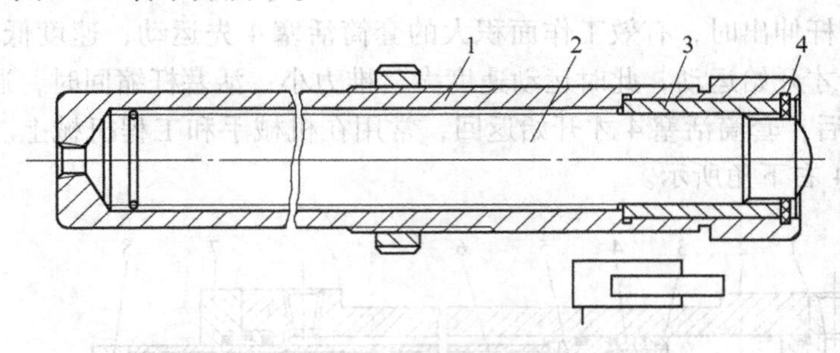

图1-16 柱塞式液压缸

1—缸体 2—柱塞 3—导套 4—卡圈

二、液压马达

液压马达是将液压能转变为机械能的一种能量转换装置，也是液压传动系统的执行元件。液压马达分为齿轮式、叶片式和柱塞式三种。现以叶片式液压马达为例，介绍其工作原理。图1-17为叶片式液压马达工作原理图。图1-7所示状态下通入液压油后，位于压油腔中的叶片2、6，因两侧所受液体压力平衡不会产生转矩，若叶片1、3和5、7的一个侧面有液压油作用，而另一个侧面是回油，则由于叶片1、5伸出部分的面积大于叶片3、7伸出部分的面积，因此能产生转矩使转子按顺时针方向旋转，输出转矩和转速。为了使液压马达通入液压油后马上能旋转，必须在叶片底部设置预紧弹簧，并将液压油通入叶片底部，使叶片紧贴在定子内表面上，以保证良好的密封。从其工作原理看，液压马达和液压泵是可逆的，互为使用的，但实际上两者在结构上存在着差异，所以液压泵一般不可作为液压马达来使用。

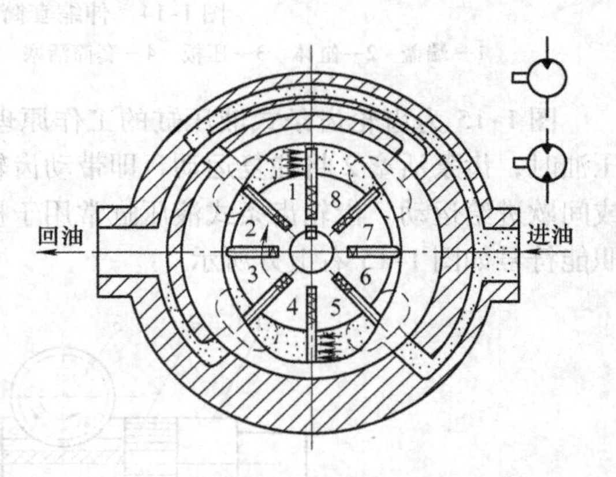

图1-17 叶片式液压马达工作原理图

液压马达的输出转矩和转速是脉动的，一般用于高转速、低转矩、传动精度要求不高，但动作要求灵敏和换向频繁的场合。其职能符号如图1-17右上方所示。

三、液压控制阀

液压控制阀是液压传动系统中的控制元件，用来控制和调节液压传动系统中液压油的流动方向、压力和流量，也就是控制执行元件的运动方向、作用力（力矩）、运动速度、动作顺序以及限止液压传动系统的工作压力等。控制阀分为方向控制阀、压力控制阀和流量控制阀三大类。

1. 方向控制阀

方向控制阀用来控制液压传动系统中液压油的通、断和流动方向，以改变执行机构的运动方向和工作程序。方向控制阀分为单向阀和换向阀两种。

（1）单向阀　图 1-18 所示为单向阀（带弹簧）的结构。普通单向阀的作用是允许液压油向一个方向流动，不允许反向倒流。在图 1-18 所示状态下，液压油从阀体 1 左端的通口 P_1 流入，作用于阀芯 2 端部产生推力，克服弹簧 3 的弹力，使阀芯向右移动，打开阀口，并通过阀芯上的径向孔 a、轴向孔 b 从阀体右端的通口 P_2 流出。单向阀弹簧的刚度一般都较小，使阀的开启压力仅需 0.03 ~ 0.05MPa。若换上刚度较大的弹簧，则可使阀的开启压力达到 0.2 ~ 0.6MPa，可当作背压阀使用。单向阀的职能符号如图 1-18 左下方所示。

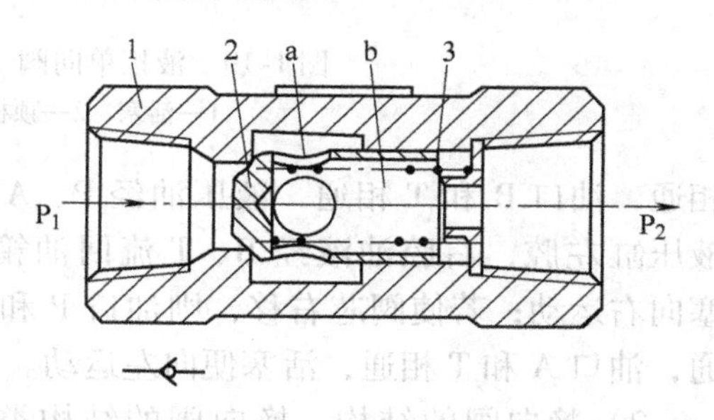

图 1-18　单向阀（带弹簧）的结构
1—阀体　2—阀芯　3—弹簧

单向阀可用来分隔油路，防止油路间互相干扰。其装在液压泵的出口处时，可防止系统中的液压冲击影响泵的工作和使用寿命。

液控单向阀的作用是允许液压油向一个方向流动，必要时也允许其反向流动。图 1-19 所示为液控单向阀（带弹簧）的结构。当控制口 K 处无液压油通入时，液压油只能从通口 P_1 流向通口 P_2。当控制口 K 处有液压油通入时，液压油作用在活塞 1 的左侧，产生的推力使活塞右移，推动顶杆 2 顶开阀芯 3，使通口 P_1 和 P_2 连通，液压油便可以从 P_2 进入，由 P_1 流出。控制口 K 处的油压一般为主油路压力的 30%~40%。液控单向阀的职能符号如图 1-19 左下方所示。

（2）换向阀

1）换向阀的工作原理。图 1-20 所示为换向阀的工作原理。它是利用阀芯和阀体孔之间相对位置的改变来控制液压油流动方向或控制油路的通和断，从而实现对液压传动系统工作状态进行控制的控制阀。在图 1-20 所示状态下，液压缸两腔不通液压油，活塞处于停止状态。若使阀芯左移，则阀体 2 的油口 P 和 A

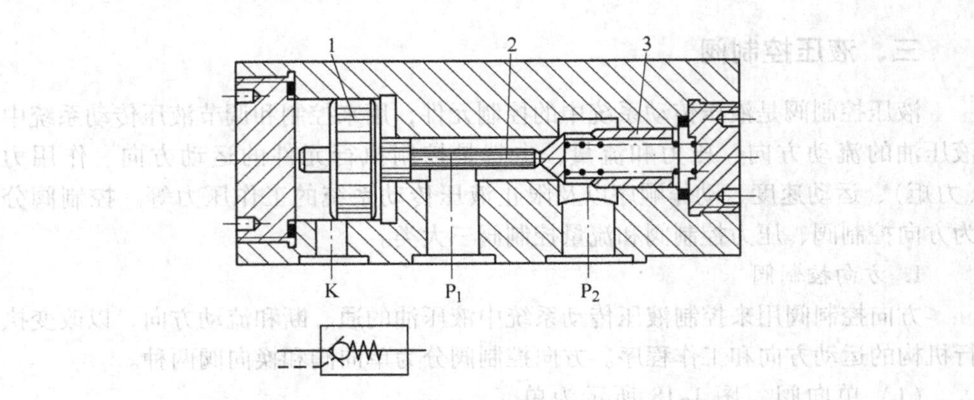

图1-19 液控单向阀（带弹簧）的结构

1—活塞 2—顶杆 3—阀芯

相通，油口B和T相通，液压油经P、A进入液压缸左腔，右腔油液经B、T流回油箱，活塞向右运动；若使阀芯右移，则油口P和B相通，油口A和T相通，活塞便向左运动。

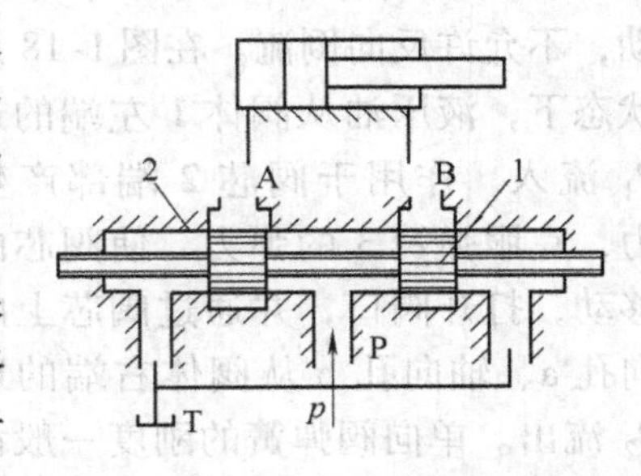

图1-20 换向阀的工作原理

1—阀芯 2—阀体

2）换向阀的结构。换向阀的结构类型很多，按阀芯在阀体孔内的工作位置和油口通路数可分为二位二通（即两个工作位置、两个对外油口）、二位三通、二位四通、二位五通、三位四通和三位五通等类型。表1-4列出了几种常用的滑阀式换向阀的结构原理和图形符号。例如，三位五通换向阀的阀体上有P、A、B、T_1、T_2五个油口，阀芯有左、中、右三个工作位置。当阀芯处在图示中间位置时，五个油口都关闭；当阀芯向左移动右位接入时，油口P和B相通，A和T_1相通T_2关闭；当阀芯向右移动左位接入时，油口P和A相通，B和T_2相通T_1关闭。这种结构的换向阀具有三个工作位置和五个油口，故称三位五通换向阀。二位二通换向阀相当于一个开关，用来控制油口P和A的通、断；二位三通换向阀用来切换油路；二位四通、三位四通、二位五通和三位五通换向阀用来控制执行元件的换向。

表1-4 换向阀的结构原理和图形符号

名称	结构原理	图形符号
二位二通（常开）	A P	A P

（续）

名　称	结构原理	图形符号
二位三通	T A P	A P T
二位四通	A P B T	A B P T
三位四通	B P A T	A B P T
二位五通	T_1 A P B T_2	AB T_1 P T_2
三位五通	T_1 A P B T_2	A B T_1 P T_2

3）三位换向阀的中位滑阀机能。当三位换向阀的阀芯处于中间位置时，其各油口间有各种不同的连通方式，称为滑阀机能。三位四通换向阀的中位滑阀机能见表1-5。

表1-5　三位四通换向阀的中位滑阀机能

中位代号	结构原理图	中位符号	换向平稳性	换向精度	起动平稳性	系统卸荷	缸浮动
O	A B T P	A B P T	差	高	较好	否	否
H	A B T P	A B P T	较好	低	差	是	是
P	A B T P	A B P T	好	较高	好	否	双杆缸浮动 单杆缸差动

（续）

中位代号	结构原理图	中位符号	换向平稳性	换向精度	起动平稳性	系统卸荷	缸浮动
Y	A B T P	A B P T	较好	低	差	否	是
M	A B T P	A B P T	差	高	较好	是	否

表1-5中，O型中位机能，P、A、B、T 4个油口全部封闭，液压泵不卸荷，液压缸闭锁，可用于多个换向阀的并联工作；H型中位机能，4个油口互通，液压泵卸荷，液压缸处于浮动状态，在外力作用下可移动，可调整工作台位置；P型中位机能，P、A、B三个油口互通，T封闭，液压泵与液压缸两腔互通，可组成差动连接；Y型中位机能，P油口封闭，液压泵不卸荷，A、B、T三个油口互通，液压缸浮动，在外力作用下可移动；M型中位机能，P、T相通，液压泵卸荷，A、B均封闭，液压缸闭锁不动。

4）换向阀的操纵方式。换向阀中阀芯的移动操纵方式常用的有手动、机动、电动、液动和电液动等几种类型，见表1-6。

表1-6 换向阀的操纵方式

操纵方式	符号表示	简要说明
手动	A B P T	手动操纵，弹簧复位，中间位置时阀口互不相通
机动（行程）	A P	挡块操纵，弹簧复位，通口常开
电动	A B P	电磁铁操纵，弹簧复位
液动	A B P T	液压操纵，弹簧复位，中间位置A、B、T三个油口互通

（续）

操纵方式	符号表示	简要说明
电液动	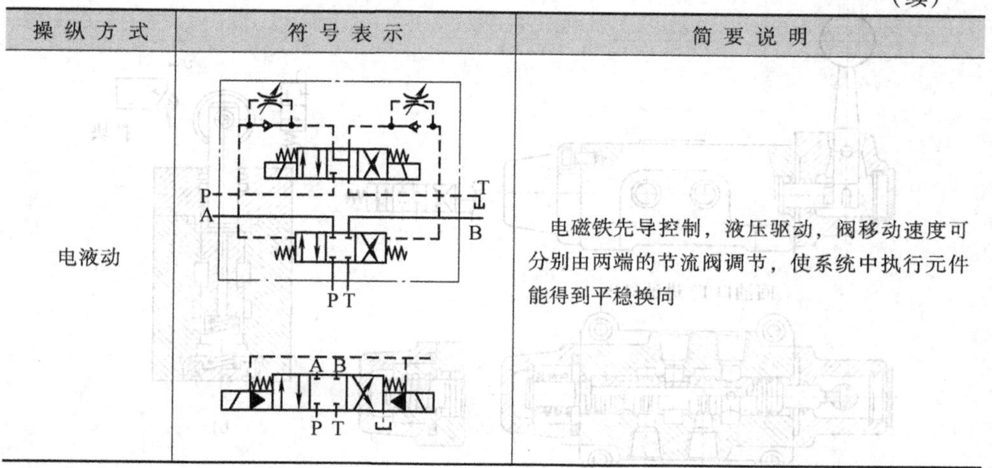	电磁铁先导控制，液压驱动，阀移动速度可分别由两端的节流阀调节，使系统中执行元件能得到平稳换向

5）常用的几种换向阀结构。手动换向阀（见图1-21a）是用手通过杠杆来操纵阀芯移动的一种换向阀，分为弹簧自动复位式和弹簧钢球定位式两种。机动换向阀（见图1-21b）也称为行程换向阀，是通过安装在工作台上的行程挡块（凸轮）和顶杆（滚轮）来操纵阀芯移动的，靠弹簧复位。电磁换向阀（见图1-21c）是由电气系统的按钮、限位开关、行程开关或其他电气元件发出信号，通过电磁铁通电产生磁性推力来操纵阀芯移动的。电磁阀的电源有交流电和直流电两种，断电时，阀芯靠弹簧复位。由于受到电磁铁推力大小的限制，因此电磁换向阀一般允许通过中、小流量的液压油，否则会使电磁铁结构庞大。对于大流量（一般认为超过63L/min）系统，应采用液动换向阀。电液动换向阀（见图1-21d）由电磁阀和液动阀组成。电磁阀起先导作用，通过它向液动阀提供换向的控制油来改变液动阀阀芯的位置。液动阀是主阀，用于控制执行元件的运动方向。液动阀阀芯的移动速度可由两端的节流阀来调节。电磁阀的中位滑阀机能是Y型，用以保证电磁阀中位时液动阀两端的控制油卸荷，使液动阀阀芯在弹簧作用下复位。电液动换向阀既能实现换向缓冲，又能用小型的电磁阀控制较大的系统流量，所以常用在大流量液压传动系统中。

2. 压力控制阀

压力控制阀用来控制液压传动系统的压力或利用压力来控制油路的通、断。它是利用阀芯上油压产生的作用力和弹簧力保持平衡来进行工作的。常用的压力控制阀有溢流阀、减压阀、顺序阀和压力继电器等。

（1）溢流阀　溢流阀用于调压、限压、节流溢流和卸荷，也可起背压作用。

溢流阀有直动式和先导式两种。图1-22为直动式溢流阀工作原理图。压力为p的液压油进入系统，经进油口P进入溢流阀，并由孔a进入阀芯1的下端。

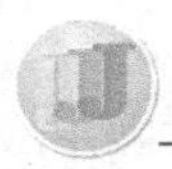

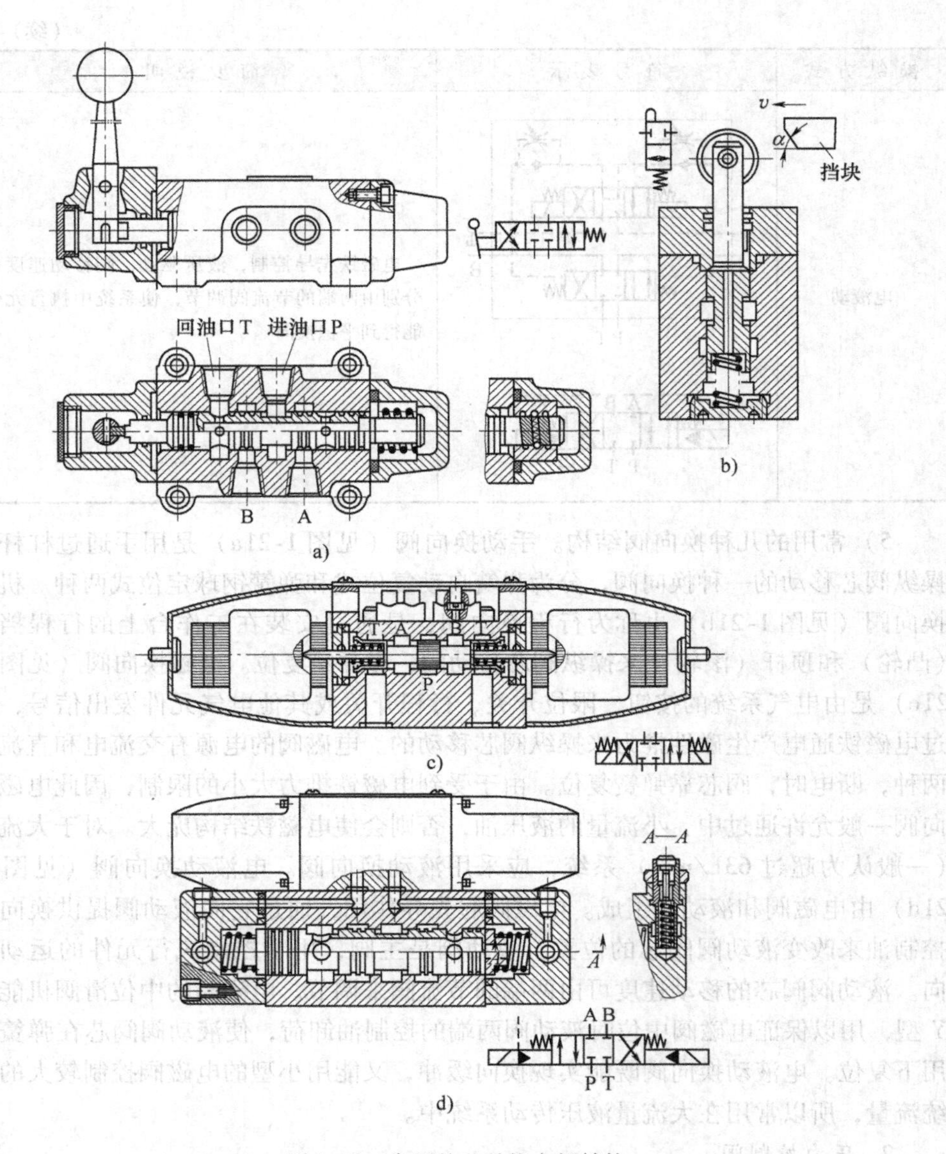

图1-21 常用的几种换向阀结构

a）手动换向阀 b）机动（行程）换向阀 c）电磁换向阀 d）电液动换向阀

设阀芯下端的有效面积为A，那么作用在阀芯下端的液压推力为pA。阀芯上端受调压弹簧2的弹力F_s的作用。当工作机构快进，油压很低时，阀芯在调压弹簧作用下处于最下端，溢流阀阀口关闭，液压泵输出的油液全部进入液压缸；当工作机构克服负载（切削）慢进时，工作油压上升至$pA \geqslant F_s$时，液压推力推动阀

芯向上移动，阀口打开，开启高度为 h，液压泵输出的部分油液经过进油口 P、溢流开口和回油口 T 流回油箱，此时溢流阀进油口处压力（即系统压力）不再升高；当工作机构运动到底或碰到挡铁停止运动时，进油口压力继续升高到溢流阀调压值，此时阀口开启高度 h 最大，阀口全开，液压泵输出的全部液压油由溢流阀流回油箱。图 1-22 中孔 a 的作用是当阀芯因移动过快而引起振动时进行消振，以提高溢流阀的工作平稳性。调节调压弹簧的预紧力就可调节溢流阀的进油口压力，也就是调节液压泵的工作压力。直动式溢流阀一般用于低压系统中。

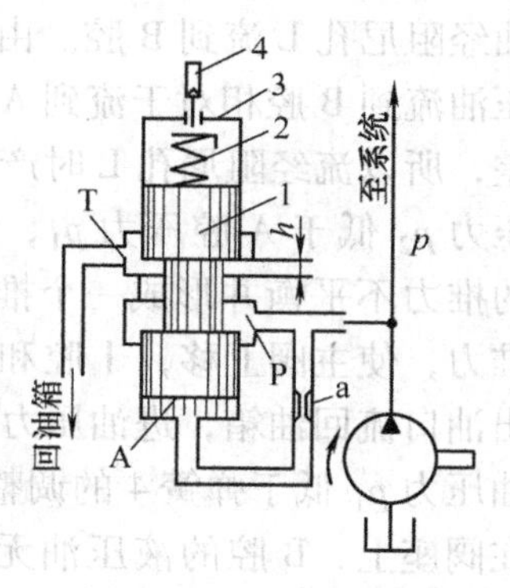

图 1-22　直动式溢流阀工作原理图

1—阀芯　2—调压弹簧
3—阀体　4—调压螺母

图 1-23 所示为直动式 P—B 型溢流阀的结构。它由阀体 1、阀芯 2、阀盖 3、调压弹簧 4 和调压螺母 5 等组成。阀体上有进、回油口，进油口接液压泵，回油口接油箱。液压油经进油口作用于阀芯左端，所产生的液压推力直接与弹簧预紧力平衡。调压螺母用于调节弹簧预紧力，也就是调节液压泵的出油口压力。阀芯和阀体等处的间隙中泄漏的液压油，由内部通道经回油口流回油箱。直动式溢流阀的职能符号如图 1-23 右下方所示。

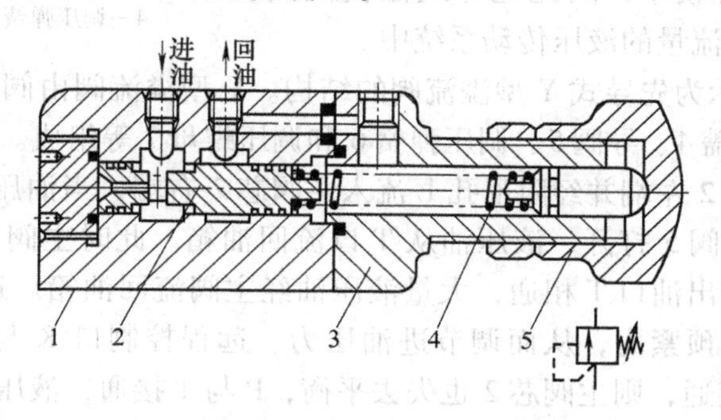

图 1-23　直动式 P—B 型溢流阀的结构

1—阀体　2—阀芯　3—阀盖　4—调压弹簧　5—调压螺母

图 1-24 为先导式溢流阀工作原理图。先导式溢流阀由先导阀和主阀两部分组成。液压油进入 A 腔，同时通过阻尼孔 L 进入 B 腔。当进油压力 p_1 小于先导阀调压弹簧 4 的预紧力时，钢球 3 关闭，因此 A 腔和 B 腔的压力相等（即 $p_1 = p_2$），作用在主阀 1 上的液压推力相互平衡，主阀 1 在平衡弹簧 2 的作用下切断Ⅰ腔和Ⅱ腔的通道，主阀阀口关闭。当 p_1 上升到克服先导阀钢球 3 上的调压弹簧 4 的预紧力时，B 腔中的液压油将钢球顶开，通过先导阀流回油箱。于是液压

油经阻尼孔L流到B腔。由于阻尼孔的存在，液压油流到B腔相对于流到A腔有一个滞后的时间差，所以流经阻尼孔L时产生压降，也就是B腔压力p_2低于A腔压力p_1，此时作用在主阀1上的推力不平衡并形成一个推动主阀1向上移动的推力，使主阀上移，Ⅰ腔和Ⅱ腔相通，液压油经出油口流回油箱，进油压力p_1随之下降。如果进油压力p_1低于弹簧4的调整压力，钢球3又紧压在阀座上，B腔的液压油无法流回油箱，B腔无须补充油液，阻尼孔L中没有液压油通过，于是主阀1的上下液压推力又趋于平衡，在平衡弹簧2的作用下，主阀1又被压下，切断进、出油口。在回油被切断后，系统压力p_1又升高，当p_1超过调压弹簧4的调整压力时，钢球3又被顶开，重复上述过程。由于主阀上端有压力p_2存在，所以平衡弹簧2的刚度可以较小，同时先导阀中钢球3（或锥体阀）的阀座作用面积较小，调压弹簧4的刚度也可较小，因此先导式溢流阀用在中、高压和较大流量的液压传动系统中。

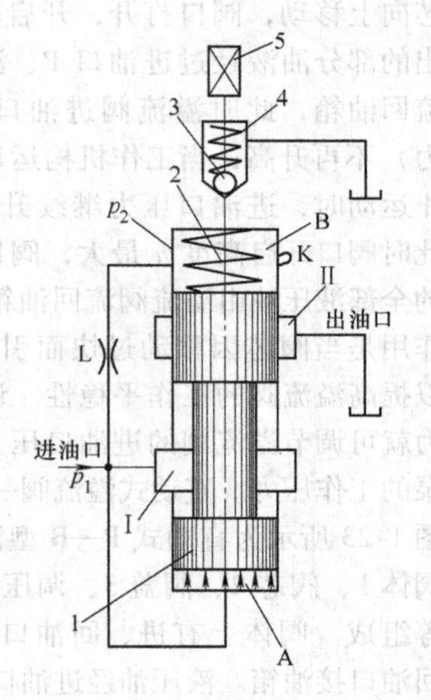

图1-24　先导式溢流阀工作原理图

1—主阀　2—平衡弹簧　3—钢球　4—调压弹簧　5—调压螺母

图1-25所示为先导式Y型溢流阀的结构。Y型溢流阀由阀体1、主阀芯2、平衡弹簧3、阀盖4、导阀5、调压弹簧6和调压螺母7等组成。液压油从P口进入后流至主阀芯2左端并经阻尼孔L流入主阀芯2右端，当油压超过调压弹簧6的预紧力时，导阀5打开，液压油从T口流回油箱。此时主阀芯失去平衡而右移，进油口P和出油口T相通，大量液压油经主阀流回油箱。通过调压螺母7，可调节调压弹簧预紧力，从而调节进油压力。远程控制口K与进油口P相通，若K口与油箱接通，则主阀芯2也失去平衡，P与T接通，液压泵出油经溢流阀流回油箱，此时液压泵卸荷。间隙和缝隙处泄漏的液压油由内部通道T口流回油箱。Y型溢流阀的职能符号如图1-25右下方所示。

溢流阀的技术规格见表1-7和表1-8。

（2）减压阀　在液压传动系统中，若某一支系统需要比主系统低的稳定油压，则可用减压阀。例如，机床液压传动系统中定位、夹紧机构的支回路所需的工作压力比主系统溢流阀所调定的压力低。图1-26为减压阀工作原理图。进油口处的压力p_1因缝隙m处的阻力作用而产生压力降，出油口处的压力降为p_2输出，并反馈作用于阀芯的下底部。当液压传动系统支回路的负载增加，使p_2大于减压阀调整压力时，作用于阀芯底部的推力便随之增加，当大于弹簧预调力时，阀芯便

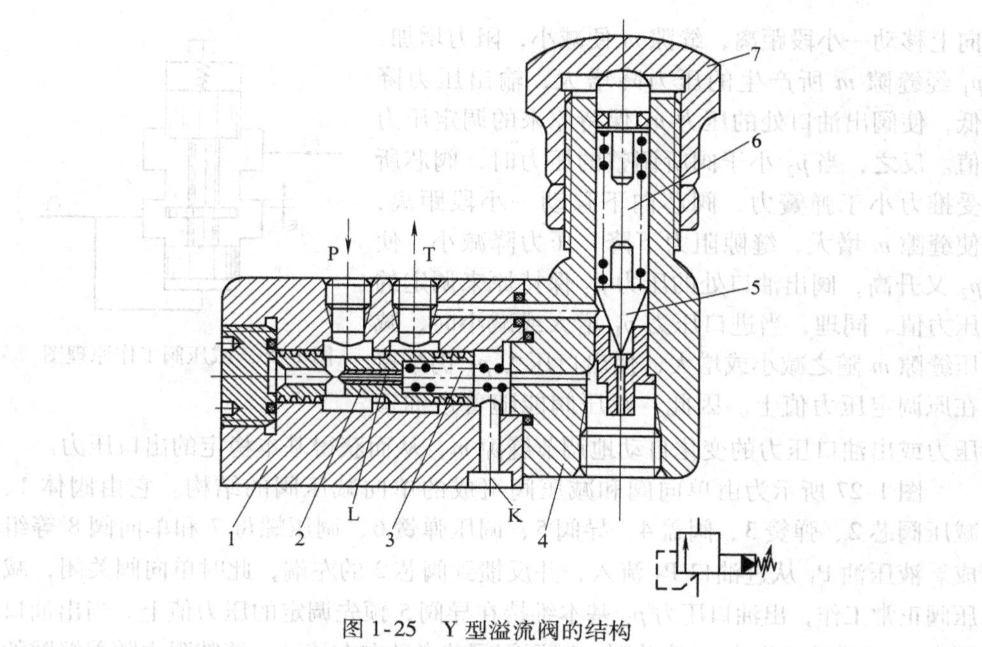

图 1-25　Y 型溢流阀的结构
1—阀体　2—主阀芯　3—平衡弹簧　4—阀盖
5—导阀　6—调压弹簧　7—调压螺母

表 1-7　P 型低压溢流阀的技术规格

流量/(L/min)	管式连接		板式连接		压力/MPa		接口尺寸		阀径/mm
	型号	质量/kg	型号	质量/kg	最大	最小	管式/in	板式/mm	
10	P—B10	1.5	P—B10B	1.5	0.5	0.3	Rc1/4	$\phi 9$	$\phi 12$
25	P—B25	2	P—B25B	2			Rc3/8	$\phi 12$	$\phi 16$
63	P—B63	2.5	P—B63B	2.5			Rc3/4	$\phi 18$	$\phi 20$

表 1-8　Y 型溢流阀的技术规格

流量/(L/min)	管式连接		板式连接		压力/MPa			接口尺寸		阀径
	型号	质量/kg	型号	质量/kg	最大	最小	卸荷	管式/in	板式/mm	
10	Y—10	1.6	Y—10B	1.6	6.3	0.5	0.2	Rc1/4	$\phi 8$	$\phi 12$mm
25	Y—25	2.1	Y—25B	2.1				Rc3/8	$\phi 12$	$\phi 16$mm
63	Y—63	3	Y—63B	3				Rc3/4	$\phi 18$	$\phi 20$mm
100	Y—100	6.1	Y—100B	6.1				Rc1	$\phi 24$	$\phi 20$mm × $\phi 45$mm
160	Y—160	8	Y—160B	8				Rc1 $\frac{1}{4}$	$\phi 30$	$\phi 25$mm × $\phi 50$mm

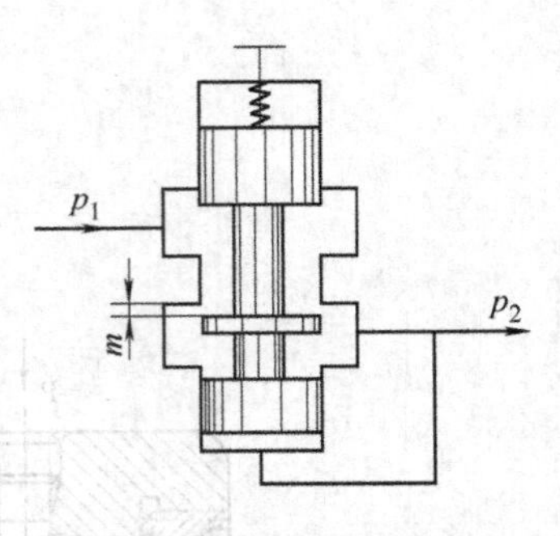

图1-26　减压阀工作原理图

向上移动一小段距离，缝隙 m 便减小，阻力增加，p_1 经缝隙 m 所产生的压力降增大，输出压力降低，使阀出油口处的压力 p_2 保持原来的调定压力值。反之，当 p_2 小于阀所调整的压力时，阀芯所受推力小于弹簧力，阀芯向下移动一小段距离，使缝隙 m 增大，缝隙阻力下降，压力降减小，使 p_2 又升高，阀出油口处的压力 p_2 保持原来调定的压力值。同理，当进口压力 p_1 增大或减小时，减压缝隙 m 随之减小或增大，使出口压力 p_2 仍维持在原调定压力值上。因此，减压阀能随着进油口压力或出油口压力的变化自动地调节缝隙 m，从而获得基本稳定的出口压力。

图1-27所示为由单向阀和减压阀组成的单向减压阀的结构。它由阀体1、减压阀芯2、弹簧3、阀盖4、导阀5、调压弹簧6、调压螺母7和单向阀8等组成。液压油 P_1 从进油口 P_2 流入，并反馈到阀芯2的左端，此时单向阀关闭，减压阀正常工作，出油口压力 p_2 基本维持在导阀5预先调定的压力值上。当出油口压力 p_2 或进油口压力 p_1 变化时，减压阀阀芯自动左右移动，缝隙阻力随着缝隙的变化而变化，最终使出油口压力保持在预调值上。通过调节调压螺母7来调节调压弹簧6的预紧力，从而调定所需的出口减压值。液压油反向流动时，通过单向阀8由 P_2 流向 P_1 并流出。减压阀的结构与溢流阀相似，所不同的是阀芯形状不同。减压阀的阀芯由出油口压力来控制，出油口压力接执行元件，常态时进、出油口相通，泄油口L必须单独接回油箱。减压阀的职能符号如图1-27右下方所示。

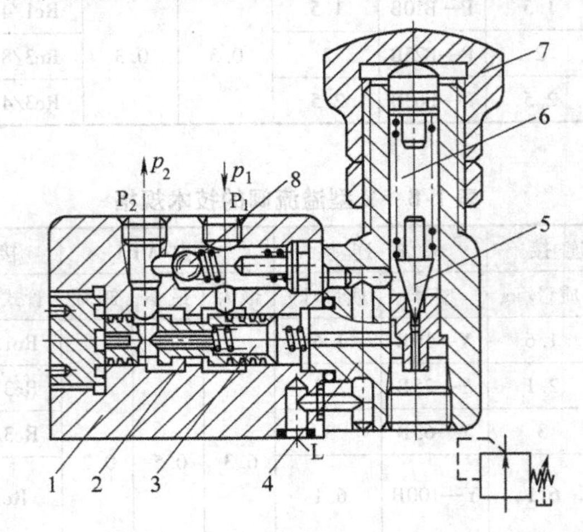

图1-27　单向减压阀结构

1—阀体　2—阀芯　3、6—弹簧　4—阀盖　5—导阀　7—调压螺母　8—单向阀

J 型减压阀的技术规格见表 1-9。

表 1-9　J 型减压阀的技术规格

流量/(L/min)	管式连接		板式连接		压力调整范围/MPa		接口尺寸		阀径
	型号	质量/kg	型号	质量/kg	最大	最小	管式/in	板式/mm	
10	J—10	1.6	J—10B	1.6	5	0.5	Rc1/4	ϕ9	ϕ12mm
25	J—25	2.1	J—25B	2.1			Rc3/8	ϕ12	ϕ16mm
63	J—63	3	J—63B	3			Rc3/4	ϕ18	ϕ20mm
100	J—100	6.1	J—100B	6.1			Rc1	ϕ24	ϕ25mm×ϕ45mm
160	J—160	8	J—160	8			Rc1 $\frac{1}{4}$	ϕ30	ϕ25mm×ϕ50mm

（3）顺序阀　在液压传动系统中当有两个以上的工作机构需要按预先规定的先后次序顺序动作时，可用顺序阀来实现。例如，定位夹紧系统必须先定位后夹紧，夹紧切削系统必须先夹紧然后切削，这些都要严格按照先后顺序动作的规定，来实现系统的正常工作。图 1-28 为顺序阀工作原理图。液压油从进油口 P_1 进入顺序阀并流至阀芯下底部，当进油口压力 p 未达到顺序阀的预调压力值时，阀芯在弹簧作用下处于向下位置，阀关闭，进、出油口不通。当先动作工作机构的工作压力升高，达到顺序阀的预调压力值时，阀芯受到 A 腔液压推力作用，克服弹簧力使阀芯上移，使 P_1 与 P_2 油口相通，液压油便从出油口 P_2 流出，进入后一动作工作机构。

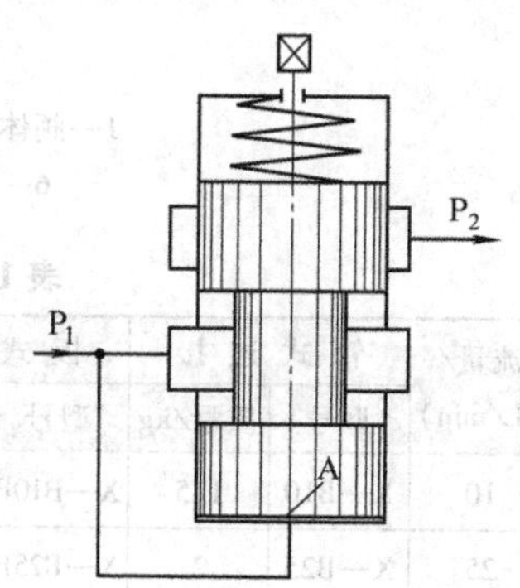

图 1-28　顺序阀工作原理

图 1-29 所示为由单向阀和顺序阀组成的组合阀的结构。它由阀体 1、阀芯 2、弹簧 3、阀盖 4、导阀 5、调压弹簧 6、调压螺母 7 和单向阀 8 组成。压力为 p 的液压油由进油口 P_1 流入阀芯 2 的左、右端，当 p 达到和超过预调压力值时，阀芯 2 向右移动，P_1 和 P_2 接通，液压油由出油口 P_2 流出，进入后一动作的工作机构。通过调压螺母 7 调节弹簧 6 的预紧力，便可调定所需顺序动作的工作压力。当液压油反向流动时，通过单向阀 8 由 P_2 流向 P_1。

在液控顺序阀中，控制阀芯移动的不是进油口压力，而是使另一路控制油作用在阀芯端面，产生的压力与弹簧力平衡，以打开或关闭顺序阀。因其结构与溢流阀相似，这里不作详细介绍。

顺序阀除能控制多个液压缸顺序动作外，还能对垂直液压缸起平衡阀作用，在液压缸回油路上起背压作用，在双泵供油系统中能控制大流量液压泵卸荷。顺序阀的职能符号如图1-29右方所示。中、低压顺序阀的技术规格见表1-10。

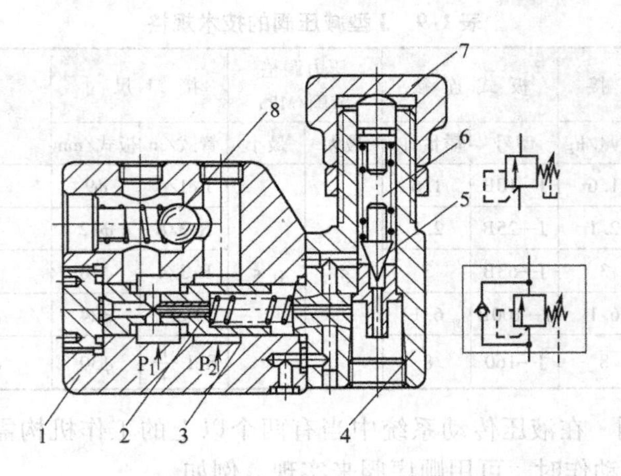

图1-29 单向顺序阀的结构

1—阀体 2—阀芯 3—弹簧 4—阀盖 5—导阀
6—调压弹簧 7—调压螺母 8—单向阀

表1-10 中、低压顺序阀的技术规格

流量/(L/min)	管式连接		板式连接		压力/MPa	接口尺寸		阀径
	型号	质量/kg	型号	质量/kg		管式/in	板式/mm	
10	X—B10	1.5	X—B10B	1.5	0.3~2.5	Rc1/4	$\phi9$	$\phi12$mm
25	X—B25	2	X—B25B	2		Rc3/8	$\phi12$	$\phi16$mm
63	X—B63	2.5	X—B63B	2.5		Rc3/4	$\phi18$	$\phi20$mm
25	X—25	2.1	X—25B	2.1	0.5~6.3	Rc3/8	$\phi12$	$\phi16$mm
63	X—63	3	X—63B	3		Rc3/4	$\phi18$	$\phi20$mm
100	X—100	6.1	X—100B	6.1		Rc1	$\phi21$	$\phi20$mm×$\phi45$mm

（4）压力继电器　压力继电器是利用液压油来开启或关闭电气触点的液压电气转换元件。它在油压达到其调定压力值时，发出电信号，控制电气元件动作，实现执行元件的顺序动作、系统的安全保护和泵的加载或卸荷。图1-30所示为薄膜式压力继电器的结构。液压油从进油口1进入，作用在薄膜片2上，当推力达到和超过弹簧6的预调压力时，薄膜片便推动阀芯3向上移动，阀芯3推动钢球10迫使杠杆11绕销轴12摆动，压下微型开关SQ，从而发出电信号。当需调节压力继电器发出电信号的压力值时，通过调节螺钉4来调节装在其内的弹簧的预紧力即可，因而也就可以调节压下和松开微型开关的压力差值。可调节的机械电子压力继电器的职能符号见图1-30右下方。1PD01型压力继电器的技术

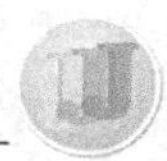

规格见表 1-11。

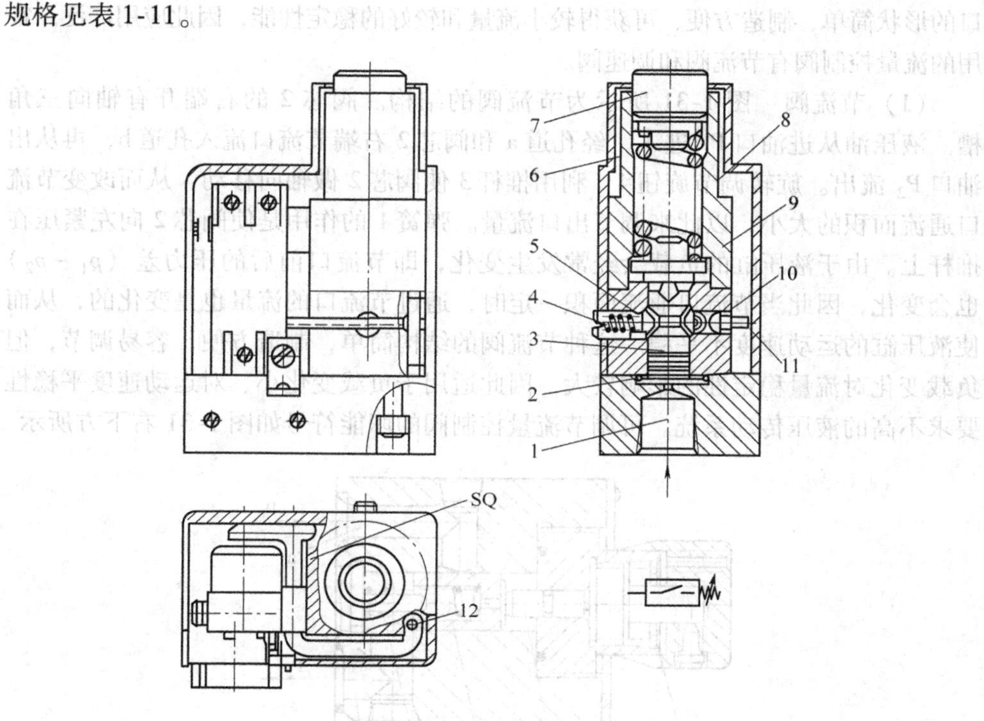

图 1-30　薄膜式压力继电器的结构

1—进油口　2—薄膜片　3—阀芯　4—螺钉　5、10—钢球
6—弹簧　7—调节螺钉　8—套　9—弹簧底座　11—杠杆　12—销轴

表 1-11　1PD01 型压力继电器的技术规格

型　　号	1PD01—Ha6L—Y_2	1PD01—Hb6L—Y_2	1PD01—Hc6L—Y_2
公称通径/mm		$\phi 6$	
压力调整范围/MPa	0.6~8	4~20	16~31.5
灵敏度/MPa	0.6	1.5	2
通断调节区间/MPa	1.2~12	3~12	4~10
压力重复精度/MPa		0.15	
外泄量/(mL/min)		50	
质量/kg		1	

3. 流量控制阀

流量控制阀通过改变节流口的大小来调节通过阀口的液压油的流量，从而调节液压缸的速度和液压马达的转速。节流口有针式、槽式、缝隙式和薄刃式等几种形式。其中，槽式节流口有周向三角槽式和轴向三角槽式两种。轴向三角槽式节流

口的形状简单，制造方便，可获得较小流量和较好的稳定性能，因此应用广泛。常用的流量控制阀有节流阀和调速阀。

（1）节流阀　图1-31所示为节流阀的结构。阀芯2的右端开有轴向三角槽。液压油从进油口P_1进入，经孔道a和阀芯2右端节流口流入孔道b，再从出油口P_2流出。旋转调节旋钮4，利用推杆3使阀芯2做轴向移动，从而改变节流口通流面积的大小，以此来调节出口流量。弹簧1的作用是使阀芯2向左紧压在推杆上。由于液压缸的负载会经常发生变化，即节流口前后的压力差（p_1-p_2）也会变化，因此当节流口通流面积一定时，通过节流口的流量也是变化的，从而使液压缸的运动速度不平稳。这种节流阀的结构简单，制造方便，容易调节，但负载变化对流量稳定性的影响较大，因此适用于负载变化小、对运动速度平稳性要求不高的液压传动系统。可调节流量控制阀的职能符号如图1-31右下方所示。

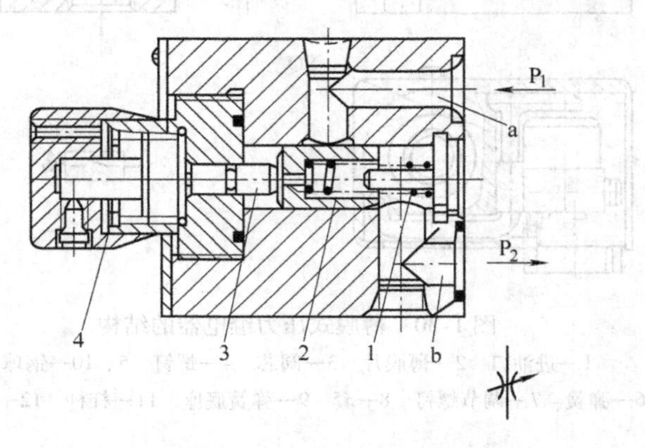

图1-31　节流阀的结构

1—弹簧　2—阀芯　3—推杆　4—调节旋钮

（2）调速阀　调速阀是由减压阀和节流阀串联而成的。图1-32为调速阀工作原理图。调速阀进油口压力为p_1（也是液压泵的出油口压力），由溢流阀调定，压力基本不变。进油口压力p经减压阀缝隙m后变为p_1。压力为p_1的液压油进入减压阀阀芯的c腔和d腔，通过节流口后变为p_2。压力为p_2的液压油进入液压缸，同时经孔a进入减压阀阀芯的b腔。油压p_2由液压缸的负载F决定。当负载F不变时，节流口前后压力差为p_1-p_2；当负载F变大时，p_2也变大，此时阀芯失去平衡而下移，减压缝隙m增大，降压阻力降低，使p_1增大；当负载F变小时，p_2也变小，此时阀芯又失去平衡而上移，减压缝隙m减小，降压阻力增加，使p_1减小，最终使节流口前后压差p_1-p_2基本保持一个常数。图1-33所示为调速阀的结构。液压油从进油口进入环槽f，经减压阀的阀口减压后流至e，再经孔g、节流阀2的轴向三角节流槽、油腔b、孔a由出油口流出。节

流阀前的液压油经孔 d 进入减压阀阀芯 3 大台肩的油腔，并经减压阀阀芯 3 的中心孔流入阀芯小端右腔；节流阀后的液压油则经孔 a、孔 c 通至减压阀阀芯 3 大端左腔。转动调节旋钮 1，使节流阀阀芯 2 轴向移动，即可调节所需的流量。由于调速阀出口流量比节流阀稳定，所以调速阀适用于执行机构负载变化大而对运动速度平稳性要求高的液压传动系统。

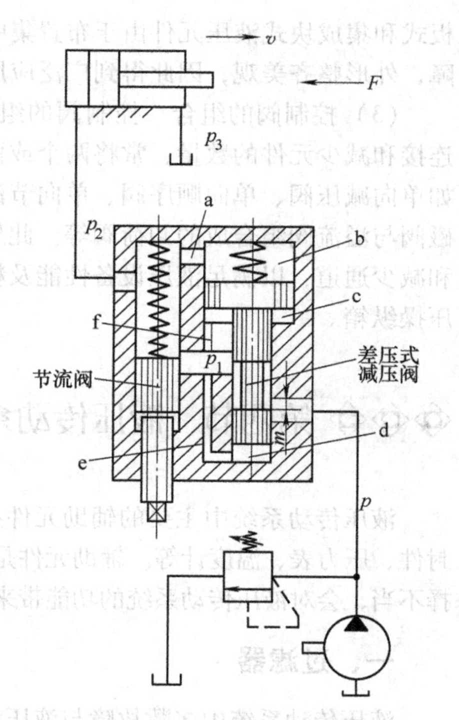

图 1-32　调速阀工作原理图

4. 控制阀的应用

（1）控制阀的选择

1）控制阀的规格。控制阀的规格是根据系统的最高工作压力和通过该控制阀的最大实际流量来选择的。例如：溢流阀按液压泵的额定压力和额定流量选择；选择流量阀时，要考虑最小稳定流量应满足执行元件最低稳定速度的要求。

2）控制阀的形式。控制阀的形式按照安装和操纵方式的要求来选择。

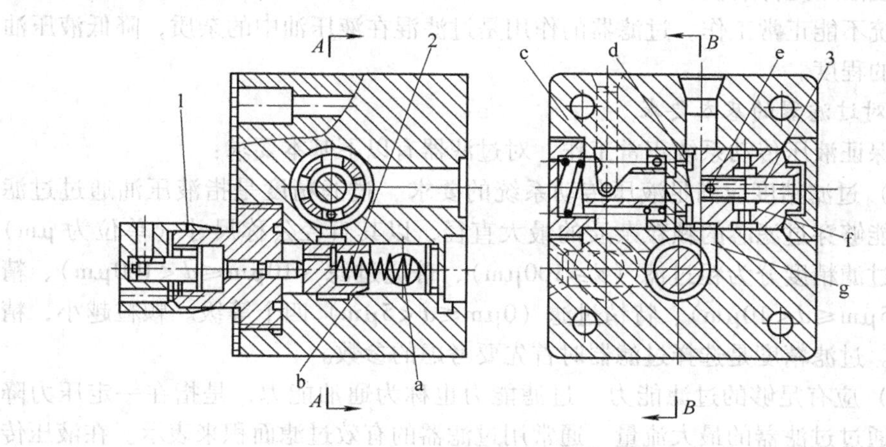

图 1-33　调速阀的结构

1—调节旋钮　2—节流阀　3—减压阀

3）控制阀的更换。更换控制阀时，应选择结构尺寸相同、技术参数一样的同类型号的控制阀。

（2）控制阀的连接形式　控制阀的连接形式分为板式、集成块式和管式等。

板式和集成块式液压元件由于布置集中，结构紧凑，安装维护方便，容易寻找故障，外形整齐美观，因此得到广泛应用。

（3）控制阀的组合　控制阀的组合是指在液压传动系统中，为了缩短管路连接和减少元件的数量，常将两个或两个以上的控制阀组成一体，成为组合阀，如单向减压阀、单向顺序阀、单向节流阀、单向调速阀、单向行程节流阀以及电磁阀与溢流阀组合成的卸荷阀等。此外，有的液压传动系统为了进一步缩小体积和减少通道，以满足液压设备性能及精度要求，往往把各种单个控制阀组合成液压操纵箱。

第四节　液压传动系统中的辅助元件

液压传动系统中主要的辅助元件有过滤器、蓄能器、油箱、管件、接头、密封件、压力表、温度计等。辅助元件是液压传动系统中不可缺少的组成部分，若选择不当，会对液压传动系统的功能带来影响，将造成液压传动系统不能正常工作。

一、过滤器

液压传动系统中多数故障与液压油的油质受到污染有关系。液压油中的污染物会造成液压元件磨损，卡死阀芯，堵塞孔隙，使液压元件失效，最终导致液压传动系统不能正常工作。过滤器的作用是过滤混在液压油中的杂质，降低液压油受污染的程度。

1. 对过滤器的基本要求

为保证液压传动系统正常工作，对过滤器有以下基本要求：

（1）过滤精度应满足液压传动系统的要求　过滤精度是指液压油通过过滤器时，能够穿过滤芯的颗粒杂质的最大直径，以其直径公称尺寸（单位为μm）表示。过滤精度分为粗过滤（$d \geqslant 100\mu m$）、普通过滤（$10\mu m \leqslant d < 100\mu m$）、精过滤（$5\mu m \leqslant d < 10\mu m$）、特精过滤（$0\mu m \leqslant d < 5\mu m$）四个等级。颗粒越小，精度越高。过滤精度是选择过滤器时首先要考虑的参数。

（2）应有足够的过滤能力　过滤能力也称为通油能力，是指在一定压力降下允许通过过滤器的最大流量，通常用过滤器的有效过滤面积来表示。在液压传动系统中，过滤器可根据系统的需要，分别安装在泵的吸油口处、出油路上、回油路上、分支油路上、或单独安装过滤系统。对于过滤器过滤能力的要求，应根据过滤器在液压传动系统中的安装位置来考虑。

（3）有良好的耐蚀性、足够的耐久性　过滤器应具有良好的耐蚀性，在使用过程中不能对液压油在化学方面或者机械方面造成新的污染。在规定的工作温

度下，应保持过滤性能的稳定和有足够的耐久性。

（4）清洗维护方便，容易更换滤芯　在液压传动系统中，过滤器的过滤精度越高，滤芯堵塞得越快，将直接影响过滤的性能。及时地清洗或更换滤芯是保证过滤器正常工作的常用方法。因此，在选用过滤器的时候，应考虑清洗维护方便，更换滤芯容易等因素。

（5）结构尽量简单、紧凑，价格低廉　由于过滤器的结构与材料不同，因此其价格肯定有差别。在满足液压传动系统过滤精度要求的前提下，过滤器的结构应尽量简单、紧凑，并且价格低廉，以降低成本。

2. 过滤器的类型

过滤器按过滤精度的不同可以分为粗过滤器和精过滤器两大类，按滤芯的结构不同可分为网式、线隙式、磁性、烧结式和纸芯式过滤器等，按过滤的方式不同可分为表面型、中度型和深度型等。

（1）网式过滤器　网式过滤器（见图1-34）的滤芯常用金属网制成，过滤精度与滤芯铜丝网的网孔大小及层数有关，主要用于粗过滤，过滤精度一般为80～400μm，额定流量压力损失不大于0.02MPa。网式过滤器具有结构简单、通流能力大、压力损失小及清洗方便的优点，但其过滤精度低。网式过滤器常安装在液压泵的吸油口处，以保护液压泵不受大颗粒度机械杂质的损坏。

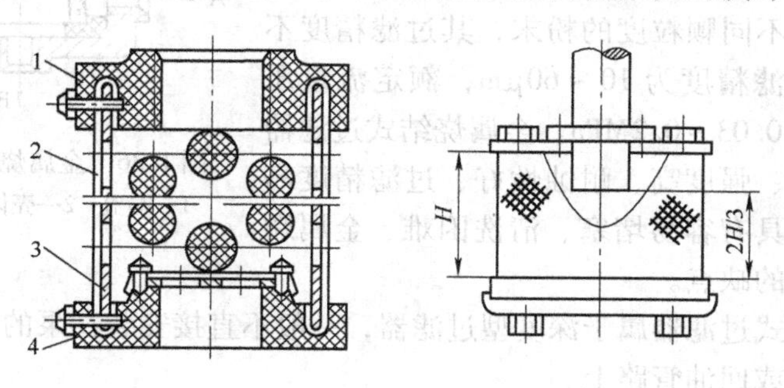

图1-34　网式过滤器
1—端盖　2—金属丝网　3—骨架　4—底座

（2）线隙式过滤器　线隙式过滤器（见图1-35）将金属线绕在筒形芯架的外部，利用金属线之间的缝隙来过滤液压油。线隙式过滤器的过滤精度一般为100～200μm，额定流量压力损失为0.03～0.06MPa。其具有通流能力大、过滤精度高的优点，但滤芯材料强度低，不容易清洗。线隙式过滤器一般用于液压泵的吸油口和低压系统中，当安装在吸油口处时，允许通过的液压油的量为额定流量的1/3～2/3。

（3）磁性过滤器　磁性过滤器的滤芯由几块永久磁铁组成，利用磁性材料可以把混在液压油中的铁屑或带磁性的杂质颗粒物吸住。磁性过滤器与其他种类

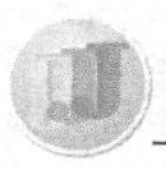

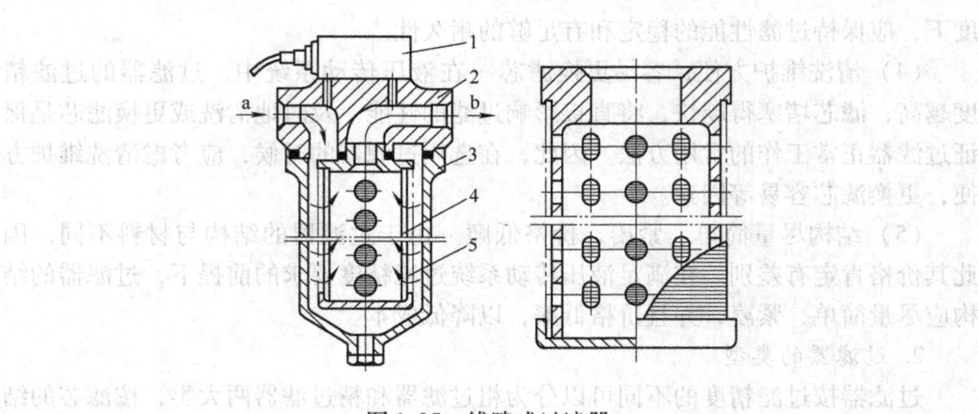

图1-35　线隙式过滤器

1—发信装置　2—端盖　3—壳体　4—骨架　5—金属丝

的过滤器配合，特别适用于机械加工设备。

（4）金属烧结式过滤器　金属烧结式过滤器（见图1-36）的滤芯一般由颗粒状锡青铜粉压制后烧结而成，有杯状、管状、蝶状和板状等多种形状。它利用锡青铜粉之间的微孔滤去液压油中的杂质。对于不同颗粒度的粉末，其过滤精度不同，常用的过滤精度为10～60μm，额定流量压力损失一般为0.03～0.2MPa。金属烧结式过滤器具有制作简单、强度高、耐蚀性好、过滤精度高的优点，但也具有容易堵塞、清洗困难、金属颗粒物容易脱落的缺点。

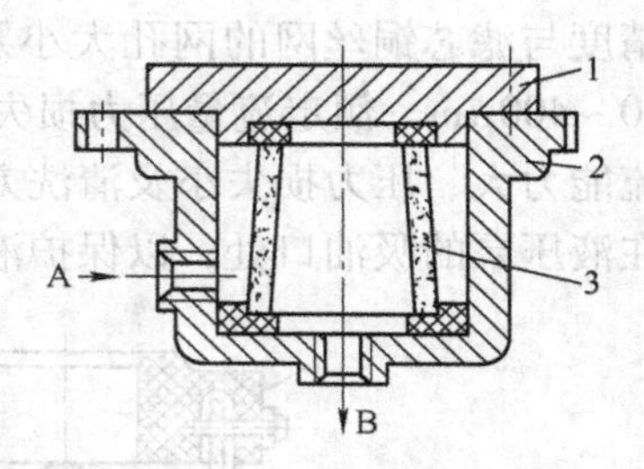

图1-36　金属烧结式过滤器

1—端盖　2—壳体　3—滤芯

金属烧结式过滤器属于深度型过滤器，一般不直接安装在泵的进油口，常安装在排油管路或回油管路上。

（5）纸芯式过滤器　纸芯式过滤器（见图1-37）是液压传动系统中使用

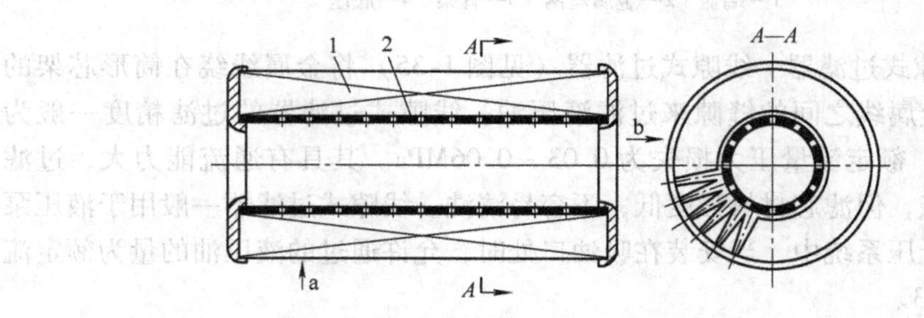

图1-37　纸芯式过滤器

1—滤芯　2—骨架

较为普遍的一种精过滤器。纸芯式过滤器的滤芯以处理过的滤纸作为过滤材料。0.35～0.75mm 的微孔纸制成的滤芯过滤精度比较高，一般为 10～20μm。高精度纸芯式过滤器的过滤精度可达 1μm 左右。纸芯式过滤器具有过滤精度高的优点，但也存在流通能力小、容易堵塞、无法清洗的缺点。为了增加过滤面积，常将纸质滤芯做成 W 形的波纹状。由于纸质滤芯被杂质堵塞后不能清洗，因此只能更换滤芯。纸芯式过滤器的额定流量压力损失较大，一般为 0.08～0.35MPa，常安装在排油管或回油管路上。

3. 过滤器的选择与安装

可根据液压传动系统使用的技术要求，按过滤器的过滤精度、工作压力、通油能力、工作温度、液压油的粘度等条件，选择相应类型、型号的过滤器。一般情况下过滤器只可单向使用，不可将其安装在液流方向可能变换的油路上。在液压传动系统中，根据不同的使用要求，过滤器的安装位置常有以下几种：

（1）安装在泵的吸油口处　在泵的吸油口处常安装表面型过滤器，目的是滤去较大的颗粒杂质以保护液压泵。为了不影响液压泵的吸油性能，防止气穴现象，所选过滤器的过滤（通油）能力应为液压泵流量的两倍以上，压力损失不得超过 0.02MPa。必要时，按图 1-38 中 1 所示将液压泵的吸油口置于油箱液面之下。

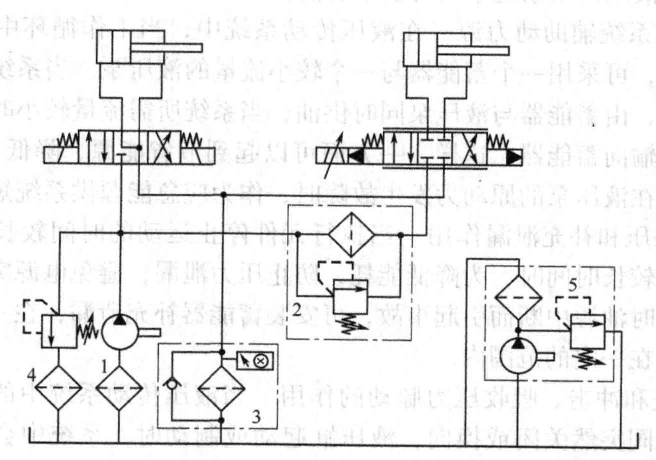

图 1-38　过滤器在液压传动系统中的不同安装位置

（2）安装在泵的出油口处　为防止可能侵入阀类等元件的污染物，可将过滤器安装在泵的出油口处，常采用过滤精度为 10～15μm 的过滤器，应能够承受油路上的工作压力和冲击压力，且压力降应小于 0.35MPa。如图 1-38 中 2 所示，此过滤器应有溢流阀和堵塞状态的发信装置，以防液压泵过载和滤芯损坏。

（3）安装在系统的回油路上　这种安装方法只能起到间接过滤的作用。由于回油路上的压力较低，其压力降对系统的影响不大，因此可选择强度低的过滤器。安装时一般将过滤器与一个单向阀并联（见图1-38中的3），起旁通作用，当过滤器堵塞达到一定的压力时单向阀打开。

（4）安装在系统的分支油路上 当液压泵的流量较大时，选择以上方法进行过滤，有可能使过滤机构偏大。为此，可在泵流量为20%～30%的分支路上，安装一个小规格的过滤器（见图1-38中的4），实现对液压油的过滤作用。

（5）单独过滤系统 在大型液压传动系统中可专设一个如图1－38中5所示的由液压泵与过滤器组成独立的过滤回路，专门用于清除系统中的杂质，还可与加热器、冷却器或排气器组合使用。

二、蓄能器

蓄能器是液压传动系统中的蓄能元件，可将压力液体的液压能转换为势能储存起来，当系统需要时再将势能转换为液能而做功。在液压传动系统中，蓄能器可以作为辅助的或者应急用的动力源，起到稳定系统的工作压力，补充系统产生的泄漏，吸收液压泵的脉动和回路上的液压冲击等作用。

1. 蓄能器的功能

蓄能器在液压传动系统中具有以下功能：

（1）用作系统辅助动力源 在液压传动系统中，当工作循环中所需的液流量变化较大时，可采用一个蓄能器与一个较小流量的液压泵，当系统所需流量在短期内较大时，由蓄能器与液压泵同时供油；当系统所需流量较小时，液压泵将多余的液压油输向蓄能器。这样，一方面可以起到节省能源、降低油温的作用；另一方面也可在液压泵的原动力发生故障时，作为应急能源供系统短期使用。

（2）起保压和补充泄漏作用 当执行元件停止运动的时间较长或液压传动系统要求保压较长时间时，为降低能耗，防止压力泄漏，避免电源突然中断或液压泵发生故障时油源中断而引起事故，可安装蓄能器补充泄漏，在一段时间内将系统压力维持在一定的范围内。

（3）起缓和冲击、吸收压力脉动的作用 当液压传动系统中的液压泵起动或停止，液压阀突然关闭或换向，液压缸起动或制动时，系统中会产生冲击压力，可由安装在冲击源和脉冲源附近的蓄能器来缓和和吸收液压冲击。例如，将蓄能器安装在液压泵的出油口处，可降低液压泵压力脉动的峰值。

2. 蓄能器的类型与结构

蓄能器有气体加载式、重力式、弹簧式、隔膜式四大类。

（1）气体加载式蓄能器 气体加载式蓄能器是液压传动系统中常用的蓄能器。其按使用的特点又分为囊式、活塞式和气瓶式，所充的气体一般为氮气。

1）囊式蓄能器。图1-39a所示为NXQ折合型囊式蓄能器，由壳体、皮囊、

充气阀与限位阀等元件组成。工作前通过充气阀向皮囊内充进一定压力的气体，然后关闭充气阀将气体封闭在皮囊内。把要储存的液压油从壳体底部限位阀处引到皮囊外腔，使皮囊受压缩而储存液压能。其工作压力为3.5～35MPa，容量范围为0.6～200L，温度适用范围为－10～＋65℃。

囊式蓄能器具有油气隔离，油中不易混入气体，反应灵敏，重量轻，结构小，充气方便，一次充气后能够长时间储存液压能的特点。折合型气囊容量大，适于蓄能，在液压传动系统中得到广泛的应用。

2）活塞式蓄能器（见图1-39b）。活塞式蓄能器由壳体、活塞、充气阀和限位阀等组成，活塞上装有密封圈，活塞的凹部面向气体，以增加气体室的容积，利用在缸筒中浮动的活塞把缸中的液压油和气体隔开。其最高工作压力为17MPa，容量为1～39L，温度适用范围为－4～＋80℃。

活塞式蓄能器结构简单，容易安装，维修方便，具有油气隔离、工作可靠、使用寿命长、结构尺寸小、重量轻的特点。由于活塞的惯性作用和密封件摩擦力的影响，造成活塞动作不够灵敏，因此对缸体的加工和活塞密封性能要求较高。

3）气瓶式蓄能器（见图1-39c）。气瓶式蓄能器由壳体、充气阀、限位阀组成，具有容量大、惯性小、反应灵敏、占地小、没有摩擦损失的特点。由于气体与液体之间无法隔离，使气体容易混入液压油内而影响液压传动系统的稳定性，使用时必须经常补充气体。气瓶式蓄能器最高工作压力为5MPa，适用于大流量，中、低压回路的蓄能。

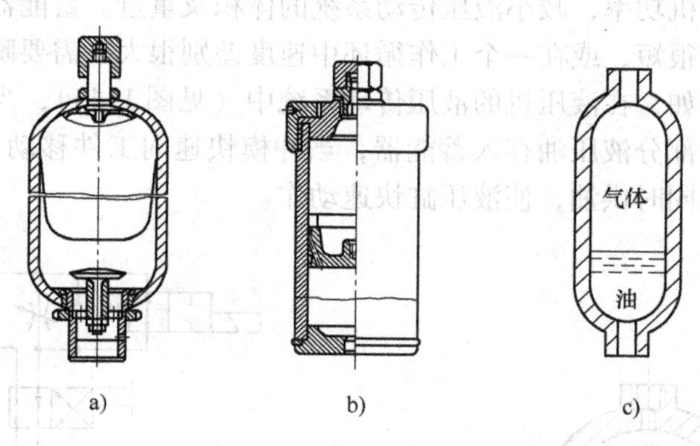

图1-39　气体加载式蓄能器

（2）重力式蓄能器　重力式蓄能器（见图1-40）由液压缸、活塞、配重等组成，利用在浮动活塞上的重物给液压缸施加压力，具有结构简单、压力恒定的优点，但也存在体积大、笨重、运动惯性大、反应不灵敏、密封处易泄漏及摩擦损失的缺点。其最高工作压力可达45MPa，常在大型设备中用于蓄能或稳定工作压力。

（3）弹簧式蓄能器 弹簧式蓄能器（见图1-41）由液压缸、活塞、弹簧等组成，利用弹簧的弹力来做功，具有结构简单、容积较小、反应较灵敏的特点。其产生的压力由弹簧的刚度和压缩量决定，工作时有噪声。其工作压力小于1.2MPa，常用于小容量和低压系统，在循环频率较低的情况下用于蓄能或缓冲。

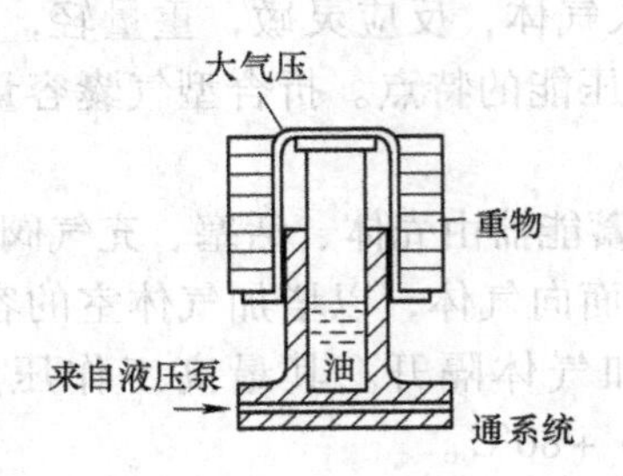

图1-40 重力式蓄能器

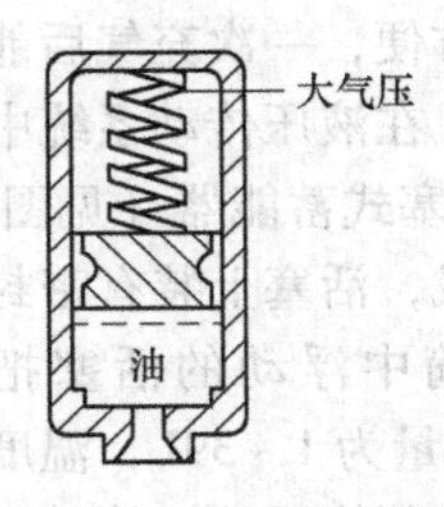

图1-41 弹簧式蓄能器

（4）隔膜式蓄能器 隔膜式蓄能器（见图1-42）的工作原理与气囊式蓄能器基本相同，容器呈球形，耐油橡胶隔膜将液压油和气隔开。隔膜式蓄能器具有重量与体积之比值最小的特点，容量很小，最高工作压力为7MPa，可用于蓄能、传送异性液体、吸收冲击力，在航空机械上得到广泛应用。

3. 蓄能器在液压传动系统中的应用

（1）用作辅助动力源 在液压传动系统工作时能补充泄漏量，减少液压泵供油，降低电动机功率，减小液压传动系统的体积及重量。蓄能器常用于间歇动作，且工作时间很短，或在一个工作循环中速度差别很大，需要瞬间补充大量液压油的场合。例如，在液压机的液压传动系统中（见图1-43），当模具接触工件慢进及保压时，部分液压油存入蓄能器，当冲模快速向工件移动及快速退回时，蓄能器与液压泵同时供油，使液压缸快速动作。

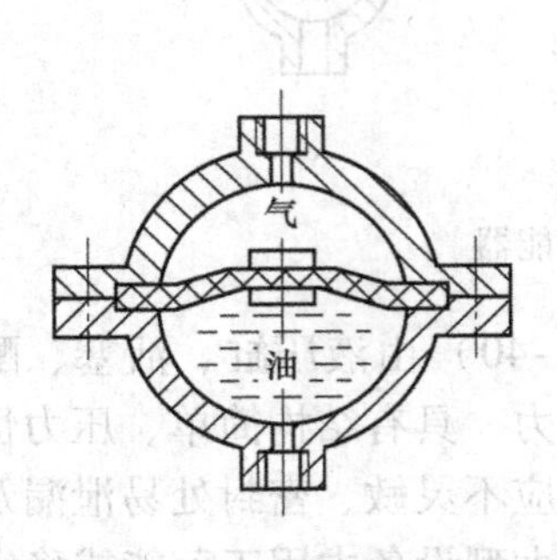

图1-42 隔膜式蓄能器

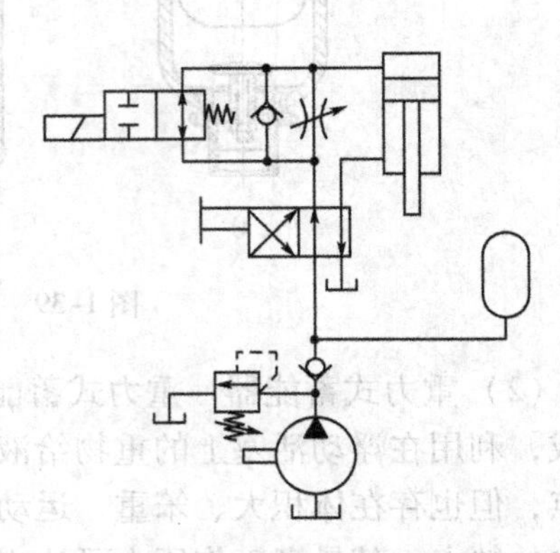
图1-43 蓄能器用作辅助动力源

（2）用于保持恒压 当液压传动系统产生泄漏时，蓄能器能及时地向液压传动系统补充供油，使系统压力保持恒定，常用于执行元件长时间不动作，且要求系统压力恒定的场合。例如，在液压夹紧系统中（见图 1-44），蓄能器从二位四通阀左位接入，当工件夹紧后油压升高，通过顺序阀 1、二位二通阀 2、溢流阀 3 使液压泵卸荷，利用蓄能器供油达到保持恒压的作用。

（3）用作应急动力源 当突然停电或发生故障时，液压泵失电中断供油，此时，蓄能器可提供一定的液压油作为应急动力源，保证执行元件能继续完成必要的动作。例如，当突然停电时（见图 1-45），由于二位四通阀右位接入，蓄能器放出液压油经单向阀进入液压缸的有杆腔，使活塞杆缩回，达到安全的目的。

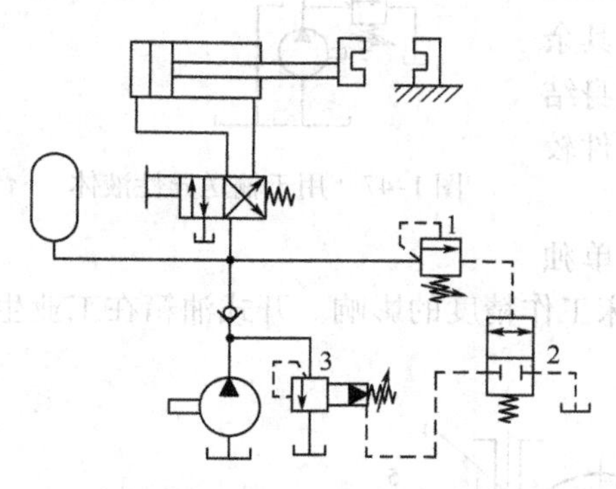

图 1-44 蓄能器用于保持恒压

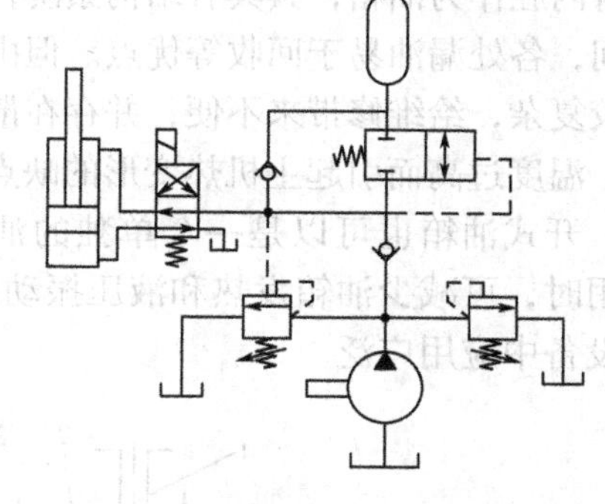

图 1-45 蓄能器用作应急动力源

（4）用于吸收液压冲击 通常将蓄能器安装在换向阀或液压缸前面，用以吸收或缓和换向阀突然换向时，因作用杆突然停止运动而产生的冲击压力。例如，当换向阀突然换向或停止时（见图 1-46），蓄能器能吸收液压冲击，达到防止压力剧增的目的。

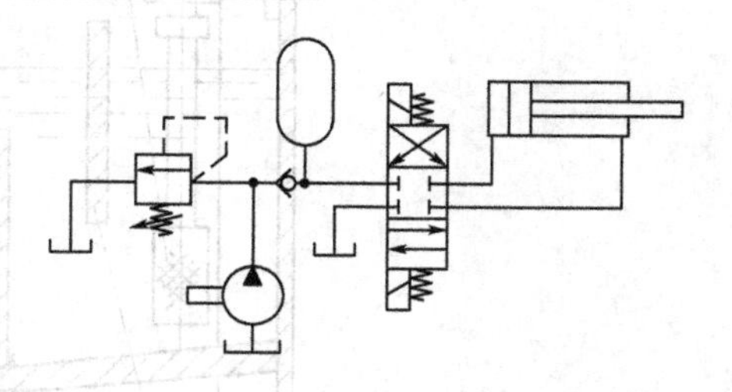

图 1-46 用于吸收液压冲击

（5）用于输送异性液体 蓄能器内的隔离件（隔膜式蓄能器中的隔膜、囊式蓄能器中的活塞）在液压油的作用下做往复运动，可输送被隔开的异性液体。例如，常将蓄能器安装于不允许直接接触工作介质的压力表或调节装置和管路之间，如图 1-47 所示。

三、油箱

油箱在液压传动系统装置中的主要功能是储存液压油和散热，也起着分离液压油中的气体及沉淀物的作用，保证供给系统充足的工作油液。合理地选择油箱的容积、类型和附件，可以使油箱充分发挥作用。

1. 油箱的种类

液压传动系统中的油箱有开式和闭式两种。

(1) 开式油箱　开式油箱（见图1-48）内的液面与大气相通。为防止液压油被大气污染，应在开式油箱的顶部设置空气过滤器，同时兼作注油口。

在液压传动系统中，常利用机器设备主机机身内腔作为油箱，其具有结构紧凑，不占其余空间，各处漏油易于回收等优点。但由于机身结构较复杂，给维修带来不便，并存在散热条件较差，温度过高而引起主机热变形的缺点。

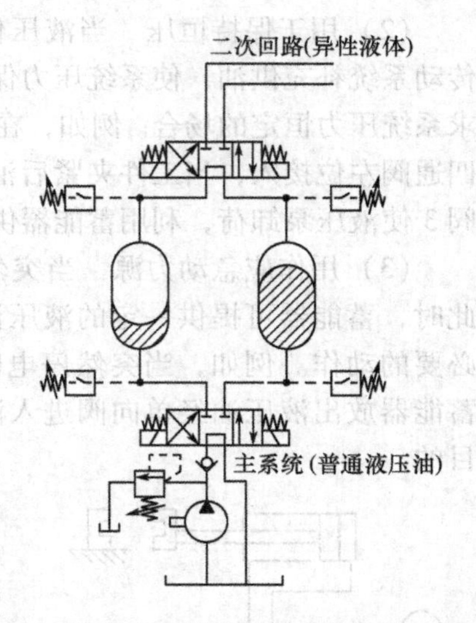

图1-47　用于输送异性液体

开式油箱也可以是一个单独的油箱，单独使用时，可减少油箱发热和液压振动对机床工作精度的影响。开式油箱在工业生产设备中应用广泛。

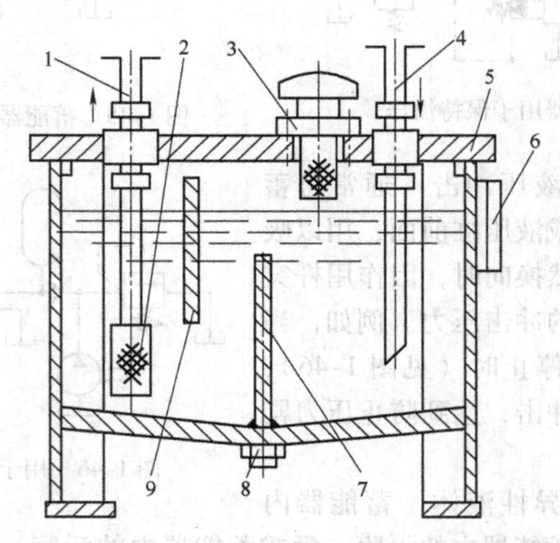

图1-48　开式油箱

1—吸油管　2—液压油过滤器　3—空气过滤器　4—回油管
5—箱盖　6—油位指示器　7—下隔板　8—放油阀　9—上隔板

开式油箱通常用钢板焊接而成。为避免箱体锈蚀影响油质，最好采用不锈钢板作为箱体材料。由于不锈钢油箱制造成本高，大多数情况下采用内涂防锈耐油涂料的镀锌钢板或普通钢板。图1-48为开式油箱的简图。图1-48中，1为吸油

管，4 为回油管；油箱中间有两个隔板 7 和 9，隔板 7 的作用是阻挡沉淀杂物进入吸油管 1，隔板 9 的作用是阻挡泡沫进入吸油管 1，液压油过滤器 2 的作用是过滤混入到液压油中的微小颗粒杂物，防止其进入油管而进入液压传动系统；杂质与旧油可以从放油阀 8 放出；空气过滤器 3 设在回油管一侧的上部，兼有加油和通气的作用；6 是油位指示器；当彻底清洗油箱时可将箱盖 5 打开。

（2）闭式油箱　闭式油箱内的液面不直接与大气连通，而是将通气孔与具有一定压力的惰性气体相接。近年来，为提高液压传动系统的抗污染能力，出现了充气型闭式油箱。其结构特点是：将压力为 0.05MPa 且经过过滤的压缩空气送入密封的油箱内，使油箱内的压力大于外部压力，这样外部的空气及灰尘无渗入油箱的可能，从而改善了吸油条件。由于回油管受到背压，为安全起见，这种油箱必须配备溢流阀和报警器，以防止充气压力的不稳定。这种充气型闭式油箱只是在特殊场合使用。

2. 对油箱的使用要求

用于液压传动系统的油箱应满足以下基本要求：

（1）油箱应有足够容量　油箱必须有足够大的容量，以保证液压传动系统工作时能够保持一定的液位，保证液压传动系统工作时液压泵不会把液压油吸空，同时也保证液压油全部回流时不会溢出。一般情况下，液位不可超过油箱高度的 80%，即油箱的有效容积。

油箱的有效容积一般按液压泵的额定流量估算。在低压系统中，有效容积常取液压泵额定流量的 2～4 倍，在中压系统中常取 5～7 倍，在高压系统中常取 6～12倍。对于负载大且连续工作的液压传动系统，可按热量平衡的原则来计算油箱的有效容积，具体计算方法可查阅有关手册。

（2）油箱工作温度的要求　油箱中液压油的温度一般为 30～50℃，最高不应超过 65℃，最低不低于 15℃。对于行走机械，油箱的工作温度允许达到 65℃，在特殊情况下可达 80℃。对于高压系统，为避免在工作时有漏油情况发生，油箱工作温度最好不要超过 50℃。当油箱容积无法增大而又无法满足散热要求时，需要设置冷却装置。

（3）吸油管与回油管安装距离的要求　为使液压油有充分的时间分离气泡、沉淀杂质和散发热量，油箱上的吸油管与回油管的安装距离应尽量远一些，两管之间用隔板进行隔离，隔板的高度为液位的 3/4 左右。吸油管的吸油口要安装粗过滤器，过滤器吸油口处的油管必须始终浸没在液压油中，避免吸入空气及气泡，但不可距离箱底和箱壁太近，以使油流畅通。回油管的回油口应在液面以下，以避免将空气带入液压油中。为增大排油面积，可将管口切成 45°，以降低流速，减小冲击和振动。切口应面向箱壁，以利于散热。卸油管不可插入液压油中，以免增加卸油处的背压。

(4) 对油箱刚度与强度的要求　液压油箱应有足够的刚度与强度。油箱一般用厚度为3~4mm的钢板焊接而成，尺寸高大的油箱可加焊角板、加强肋来增加刚度。如果要在盖板上面安装电动机、液压泵或其他液压元件，则不仅需要加厚，而且要采取局部加厚的方法。

(5) 防止油液渗漏和污染的要求　油箱上的盖板、管口等处要妥善密封。为防止油箱出现负压而设置的通气孔必须安装空气过滤器，在注油器上面要加装过滤器。

(6) 方便清洗与维护的要求　为方便清洗、维护和排放污油，应使油箱底部适当倾斜，并且与地面保持一定的距离，在箱底最低处安装放油阀或者放油塞。油箱内壁应进行抛丸或喷砂处理，涂上耐油的防锈涂料或进行其他防锈处理。油箱的结构应考虑能够方便地拆装过滤器和清洗内部。

(7) 观察液面高度的要求　为了能够观察往油箱注油时液位上升的情况以及在系统工作时的液位情况，在油箱的侧壁上应安装液位计。

(8) 对安装其他辅件的要求　若需要在油箱上安装热交换器、温度计或其他辅件，则应合理地确定这些辅件的安装位置。

四、其他辅件

1. 管路

在液压传动系统中，管路中常用的管子有钢管、铜管、橡胶软管、尼龙管和塑料管等。考虑配管和工艺上的方便，吸油管路和回油管路一般可采用低压有缝钢管，也可采用橡胶软管或塑料软管。高压回路一般采用无缝钢管，中低压油路常采用铜管。控制回路中液压油的流量较小，常采用小直径铜管，超高压液压传动系统应采用无缝钢管。两个相对移动件之间的连接常采用橡胶软管，泄油回路中常采用塑料管。

在多数情况下，液压管路中的液体流动属于层流，压力损失正比于液体在管道内的平均流速。在高压管路中，通常的流速为3~4m/s；在吸油管路中，通常的流速为0.6~1.5m/s。管路内径的选择是以降低流动造成的压力损失为前提的，根据流速确定管径是常用的简便方法。

在装配液压传动系统时，油管的弯曲半径不可太小，一般情况下为管道半径的3~5倍，应尽量避免小于90°的弯管，且弯曲处的内侧不应有明显的皱褶、扭伤，其圆度不可超过管径的10%。为防止振动和碰撞，平行或交叉的油管之间要有适当的间隔并且用管夹固定。

2. 接头

在液压传动系统中，各元件之间的连接是通过管道和接头实现的。常用的管接头主要有焊接式接头、卡套式接头和扩口式接头及软管接头等。其中，焊接式接

头和卡套式接头多用于钢管连接，适用于中、高压系统；薄壁式管接头和扩口式管接头常用于薄壁钢管、铜管、尼龙管或塑料管的连接，适用于低压系统；软管接头常用于橡胶软管，用于两个相对运动件之间的连接。接头的基本类型见表1-12。

表1-12　接头的基本类型

类型	结构图	特点
端直通管接头		利用不同长度的直通管接头制成，为避免安装接头部位的干涉，主要用于螺孔间距较小的地方，常与端面管接头交错安装
焊接管接头		利用接管与管道焊接而成；接头体与接管之间用O形密封圈端面密封；具有结构简单，容易制造，密封性好，对管道的尺寸精度要求不高的优点，但对焊接质量要求高，装拆不便；工作压力可达63MPa，工作温度为-25～80℃，适用于以油为介质的管道系统
卡套式管接头		利用卡套变形卡住管道并进行密封，具有结构先进、性能良好、重量轻、体积小、易制造、密封性好的优点；对管道的尺寸及卡套精度要求高，管材常用冷拔钢管，工作压力可达63MPa；适用于油、气及一般腐蚀性介质的管道系统
扩口式管接头		利用管道端部扩口进行密封，不需要其他密封件；结构简单，常用于薄壁管件的连接；适用于以油、气为介质的压力较低的管道系统
承插焊管件		利用承插焊管件，将所需要长度的管道插入管接头与内端接触后，将管道与管接头焊接成一体，可省去接管，但对管道尺寸要求严格，适用于以油、气为介质的管道系统
锥密封焊接式管接头		利用接管一端的外锥表面和O形密封圈与接头内锥表面相配合，用螺纹联接后拧紧；工作压力可达16～31MPa，工作温度为-25～80℃，适用于以油为介质的管道系统

（续）

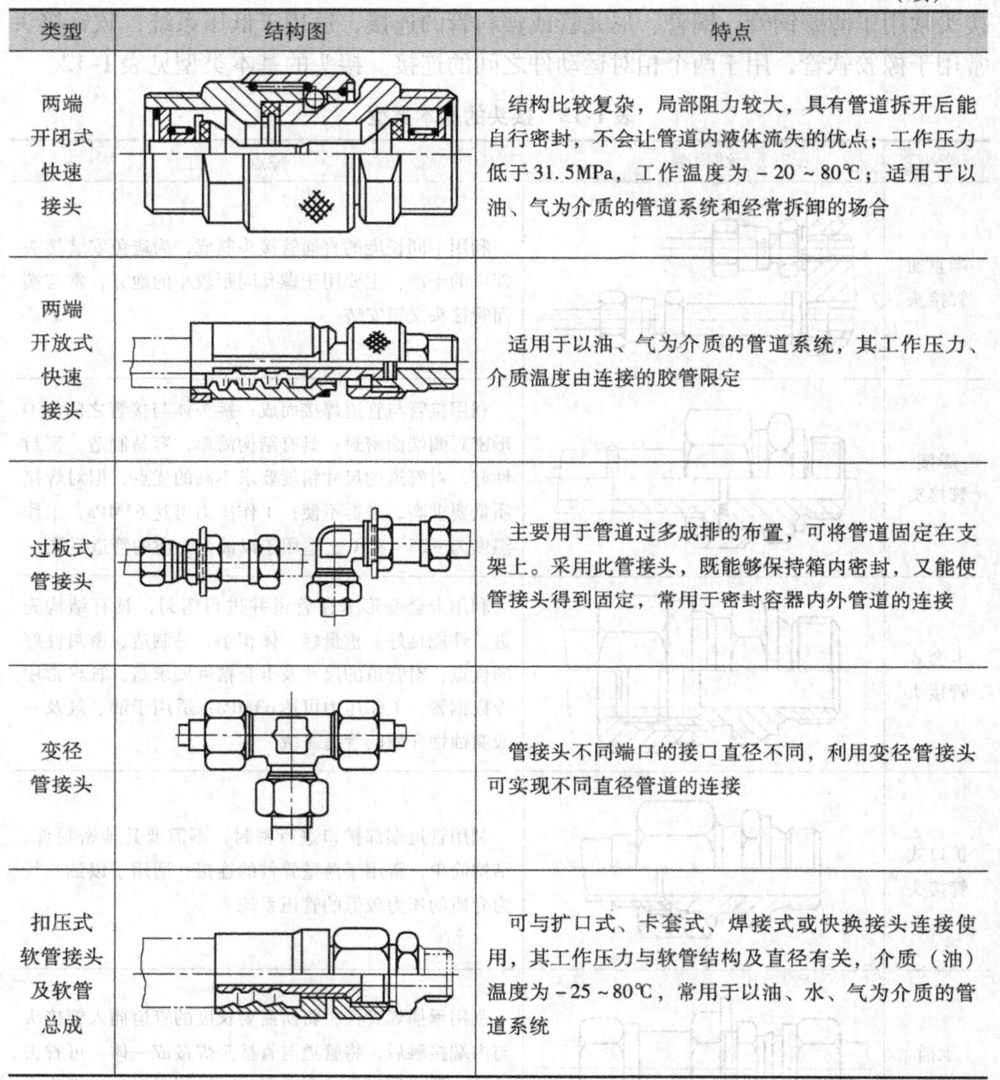

类型	结构图	特点
两端开闭式快速接头		结构比较复杂，局部阻力较大，具有管道拆开后能自行密封，不会让管道内液体流失的优点；工作压力低于31.5MPa，工作温度为-20～80℃；适用于以油、气为介质的管道系统和经常拆卸的场合
两端开放式快速接头		适用于以油、气为介质的管道系统，其工作压力、介质温度由连接的胶管限定
过板式管接头		主要用于管道过多成排的布置，可将管道固定在支架上。采用此管接头，既能够保持箱内密封，又能使管接头得到固定，常用于密封容器内外管道的连接
变径管接头		管接头不同端口的接口直径不同，利用变径管接头可实现不同直径管道的连接
扣压式软管接头及软管总成		可与扩口式、卡套式、焊接式或快换接头连接使用，其工作压力与软管结构及直径有关，介质（油）温度为-25～80℃，常用于以油、水、气为介质的管道系统

3. 密封装置与密封件

液压传动系统是依靠压力进行控制和传动的。液压传动系统如果密封不良，则会出现不允许的泄漏。液压油外泄漏将会污染环境，内泄漏将会使空气吸入油腔，影响液压泵的工作性能和执行元件运动的平稳性，泄漏严重时也会影响系统的容积效率，造成工作压力达不到系统的要求。若密封过度，虽阻止了泄漏，但会增大液压元件内的运动摩擦力，造成密封部分的剧烈磨损，降低系统的机械效率，缩短密封件的使用寿命。密封装置是解决液压传动系统泄漏问题最重要、最

有效，也是最直接的手段。

（1）对密封装置的要求

1）在系统要求的工作压力和一定的温度范围内，应具有良好的密封性能，能随着压力的增加自动地提高密封性能。

2）应减小密封装置与运动件之间的摩擦力，保持稳定的摩擦因数。

3）有足够的耐蚀性和良好的耐磨性，不易老化，工作寿命长。

4）应具有结构简单，使用、维护方便，质优价廉的特点。

（2）常用的密封件　在液压传动系统中，常用成型填料作为密封件。成型密封件泛指用橡胶、塑料及金属材料经模压或车削加工成型的环状密封圈。其结构简单、紧凑，密封性能良好，品种多，工作范围广。常用的密封件有 O 形密封圈、唇形密封圈等。

1）O 形密封圈：一般用耐油橡胶制成，其横截面呈圆形。O 形密封圈制造容易、装拆方便、成本低、结构紧凑、摩擦阻力小，有良好的密封作用，在液压传动系统中得到广泛应用。

O 形密封圈的安装沟槽除矩形之外，也有 V 形、燕尾形、半圆形及三角形等。在安装时，用于固定密封的 O 形密封圈应达到 15% ~20% 的压缩率，用于往复运动密封的 O 形密封圈应达到 10% ~20% 的压缩率，用于回转运动密封的 O 形密封圈应达到 5% ~10% 的压缩率。

2）唇形密封圈：根据截面形状可分为 Y 形密封圈、V 形密封圈、U 形密封圈、L 形密封圈等。

唇形密封圈依靠其张开的唇边压向形成间隙的两个零件的表面。唇形密封圈的特点是能随着工作压力的变化自动调整密封性能，无内压时，仅仅因唇尖的变形而产生很小的接触压力。在密封的情况下，由于与密封介质接触的每一点上均有与介质压力相等的法向压力，所以唇形密封圈底部将受到轴向压缩，唇部受到周向压缩，与密封面接触变宽，同时接触应力增加。当内压再升高时，接触压力的分布形式和大小进一步改变，唇部与密封面配合得更紧密，所以密封性更好，具有“自封作用”。Y 形密封圈能有效地封住 32MPa 的高压。

唇形密封圈主要用于往复密封，且只能单向起作用。在安装 Y 形密封圈时，只有将其唇口对着压力高的一侧，才能使其发挥作用。

复习思考题

1. 液压传动有哪些特点？
2. 液压传动系统由哪些元件组成？

3. 简述齿轮泵的工作原理及结构特点。
4. 简述变量泵的工作原理及应用特点。
5. 如何选择液压泵额定流量?
6. 简述控制阀的种类及选择方法。
7. 简述（举例说明）三位四通换向阀的中位滑阀机能。
8. 简述溢流阀的作用以及调整系统压力的方法。
9. 液压传动系统中有哪些主要的辅助元件？其作用如何？

第二章

液压传动系统常用回路及其应用

培训学习目标 熟悉和掌握基本液压回路的组成、原理、性能及其应用。

一个完整的液压传动系统无论多么复杂，都是由一些能够完成某种特定控制功能的基本回路组成的。基本液压回路是由若干个液压元件组成的，用以完成某个特定功能的简单回路。液压回路的种类很多，按其中系统中的功能一般可分为压力控制回路、速度控制回路和方向控制回路等。

熟悉和掌握基本液压回路的组成、原理和性能，是学习和使用液压设备的重要基础，也是使用液压传动系统和分析并排除液压设备故障的重要基础。

第一节　压力控制回路

压力控制回路是利用压力控制阀来控制液压缸压力的回路，可实现调压、限压、减压、卸荷和平衡等控制。

一、调压回路

图 2-1 所示为调压回路。它可分为单级调压回路和多级调压回路等。图2-1a 所示为单级调压定量泵供油系统。液压泵 1 的出口连接一个溢流阀 2，溢流阀 2 的调压值根据负载需要的最高油压及系统的压力损失来确定，但又不能调得太高，否则会增大功率损耗并使油液发热。根据经验，溢流阀调压值一般为系统中执行元件最大工作压力的 1.05 ~ 1.10 倍。二级调压定量泵供油系统如图 2-1b 所示。液压泵 1 出油口连接两个溢流阀，由一个二位二通电磁换向阀控制，起到远程调压作用。其远程控制的原理是：先导式 Y 型溢流阀 2 的远程控制口接一个

远程调压阀3（即溢流阀），远程调压阀3的出油口接二位二通电磁阀4。当二位二通电磁阀4的电磁铁断电时（图2-1b所示位置，左位接入系统），液压泵1出油口压力由Y型溢流阀2调定；当二位二通电磁阀4的电磁铁通电时（即右位接入系统），液压泵1的出油口压力就由远程调压阀3调定。远程调压阀3调定的压力值应低于先导式Y型溢流阀2的调定值，否则远程调压阀3不起作用，也就得不到两种油压。采用适当的控制阀还能实现三级调压甚至多级调压。

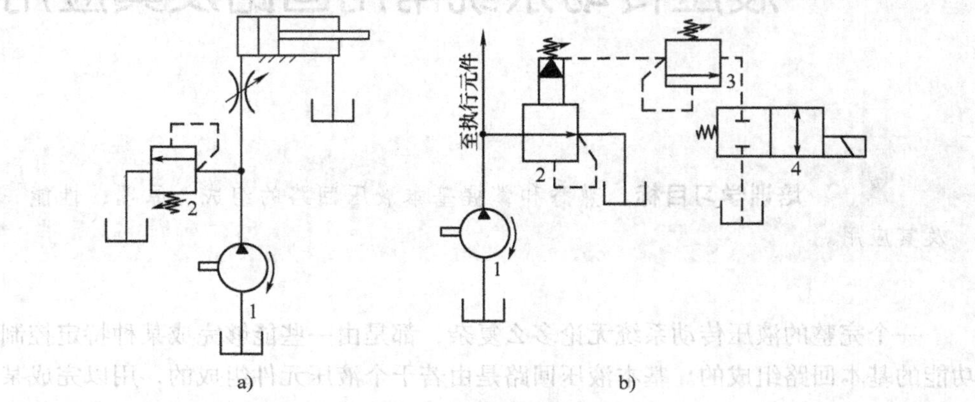

图2-1 调压回路

1—液压泵 2—先导式Y型溢流阀 3—远程调压阀 4—电磁阀

二、减压回路

在液压传动系统中，当某个执行元件或某条支油路所需工作压力必须低于由溢流阀调定的主油路油压时，可采用减压回路。减压回路在液压传动系统中的定位、夹紧油路中应用非常普遍。图2-2所示为减压回路。液压泵出油口压力由溢流阀1调定，以满足主油路油压的需要。定位夹紧的支油路油压由减压阀2调定，减压阀的调压值必须满足定位夹紧所需的工作油压，调定后的减压阀出口压力基本不变。为使减压阀正常工作，减压阀的最低调压值应大于0.5MPa，最高调压值应至少比溢流阀调压值低0.5MPa。减压阀出油口一般都接一个单向阀3，目的是当主油路执行元件快进时，阻止支油路中的液压油反流，这样支油路中的定位夹紧系统短时间内不会使夹紧的工件松开。有些减压回路在单向阀出口处再设置一个蓄能器，目的是在停电状态下也能确保支油路仍有足够的油压，避免发生事故。

三、卸荷回路

卸荷回路的作用是在液压泵不停转的情况下，使液压泵出油口的液压油流回油箱，而液压泵在无压力或很低的压力下运转，以减小功率损耗，降低系统发

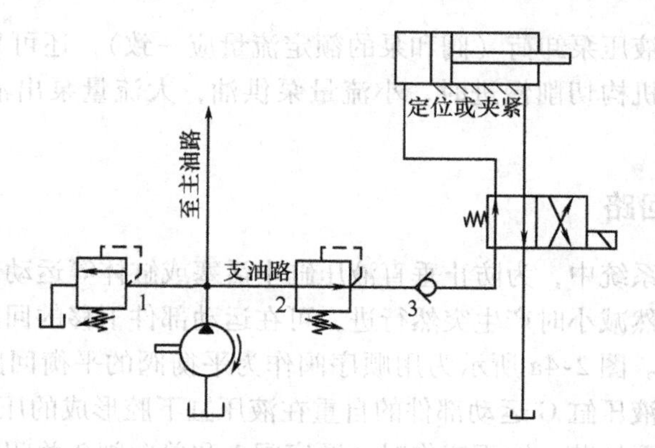

图 2-2　减压回路

1—溢流阀　2—减压阀　3—单向阀

热，延长液压泵和电动机的使用寿命。

图 2-3 所示为卸荷回路。图 2-3a 所示回路采用三位四通电磁阀 2 的 M 型中位滑阀机能来实现液压泵 1 的卸荷，即阀 2 处于中位时，液压泵 1 出油口的液压油通过阀 2 直接流回油箱。图 2-3b 所示回路采用溢流阀 3 和电磁阀 4 的组合来实现卸荷。当阀 4 的电磁铁通电，即上位接入系统时，液压泵 1 输出的液压油先由阀 3 控制口经阀 4 流回油箱，阀 3 主阀失去平衡而移动，进、出油口连通，液压泵中大量的液压油经阀 3 出油口流回油箱。卸荷回路也可用二位二通或二位三

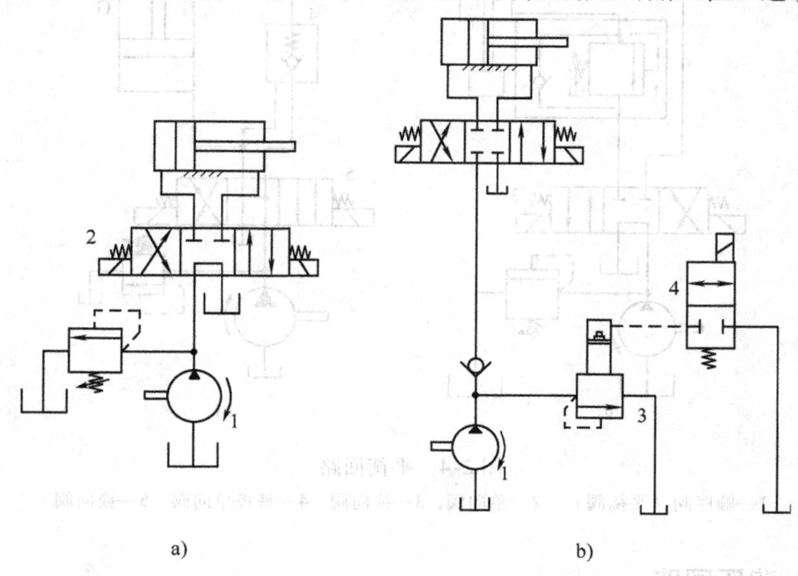

图 2-3　卸荷回路

1—液压泵　2—电磁换向阀　3—溢流阀　4—电磁阀

通电磁阀直接使液压泵卸荷（阀和泵的额定流量应一致），还可采用双泵供油的办法，即当执行机构切削慢进时，小流量泵供油，大流量泵出油口的液压油回油箱。

四、平衡回路

在液压传动系统中，为防止垂直液压缸中活塞或缸体等运动部件因自重而下落，或当载荷突然减小时产生突然行进，可在运动部件下移的回路上，设置平衡阀或液控单向阀。图2-4a所示为用顺序阀作为平衡阀的平衡回路。顺序阀1的调压值应略大于液压缸G运动部件的自重在液压缸下腔形成的压力。当换向阀3分别处于中位、泵卸荷、缸不工作时，顺序阀1和单向阀2关闭，液压缸下腔中的液压油无法流出，运动部件不会自行下滑；当换向阀右位接入系统时，液压缸上腔通入液压油，使液压缸下腔产生的压力大于顺序阀的调压值，顺序阀打开，活塞等运动部件下行，不会产生超速下降现象。图2-4b所示为采用液控单向阀4的平衡回路。当换向阀5中位接入时，液压泵和液控单向阀控制口卸荷，液控单向阀将液压缸G上腔回路切断，使液压缸G不会因自重而下滑。换向阀5中位滑阀机能应采用H型，使液控单向阀控制口液压油卸掉。

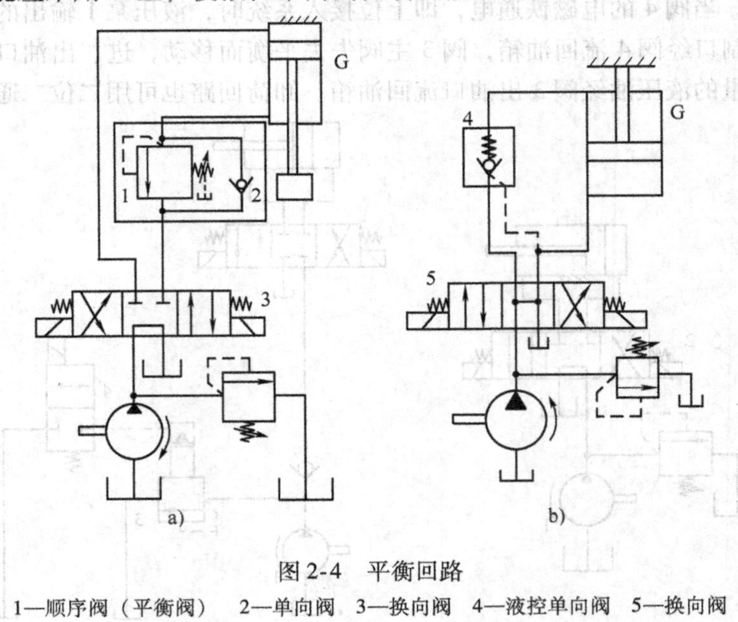

图2-4　平衡回路

1—顺序阀（平衡阀）　2—单向阀　3—换向阀　4—液控单向阀　5—换向阀

五、背压回路

在液压传动系统中，为了提高液压缸回油腔的压力（常称为背压），增加进

给运动时的平稳性，一般在液压缸的回油路上设置顺序阀或溢流阀作为背压阀。图2-5所示为背压回路。当换向阀3的右位接入系统时，液压油进入液压缸G的右腔，左腔中的液压油经换向阀3和背压阀2流回油箱。背压阀的调压值一般为0.3~0.5MPa，太低效果差，太高损失大。普通单向阀也可用作背压阀，不过弹簧应更换刚度较大一点的，以确保开启压力达到0.3~0.5MPa。图2-5中的溢流阀1是系统的调压阀。

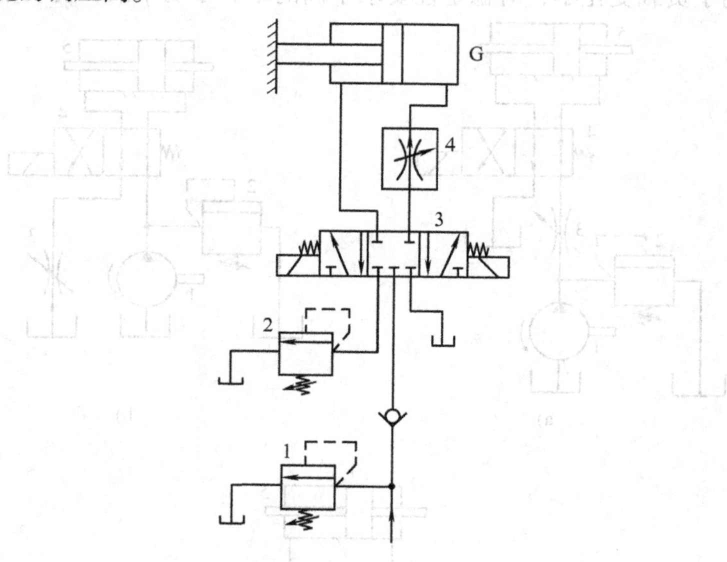

图2-5　背压回路

1—溢流阀　2—背压阀　3—换向阀　4—调速阀

第二节　速度控制回路

速度控制回路是控制液压传动系统中执行元件运动速度的回路，常用的有调速回路、增速回路和速度换接回路。

一、调速回路

调速回路用于调节液压缸等执行元件的运动速度，以适应切削进给的需要。调速方式有以下三种：

1. 定量泵节流调速

用定量泵供油，由流量控制阀改变流量，以实现执行元件运动速度的调节。根据流量控制阀在油路中安置位置的不同，定量泵节流调速分为进油路节流调速、回油路节流调速和旁油路节流调速三种。

（1）进油路节流调速 此调速回路将节流阀3设置在液压泵1和液压缸5之间的进油路上，如图2-6a所示。调节节流阀3的节流开口大小，便能控制进入液压缸5的液压油流量，定量泵输出的多余液压油经溢流阀2流回油箱。这种调速既有节流损失又有溢流损失，发热大，效率低，回油路上无背压，运动平稳性较差，适用于负载变化小，对稳定性要求不高的中、小功率液压传动系统。

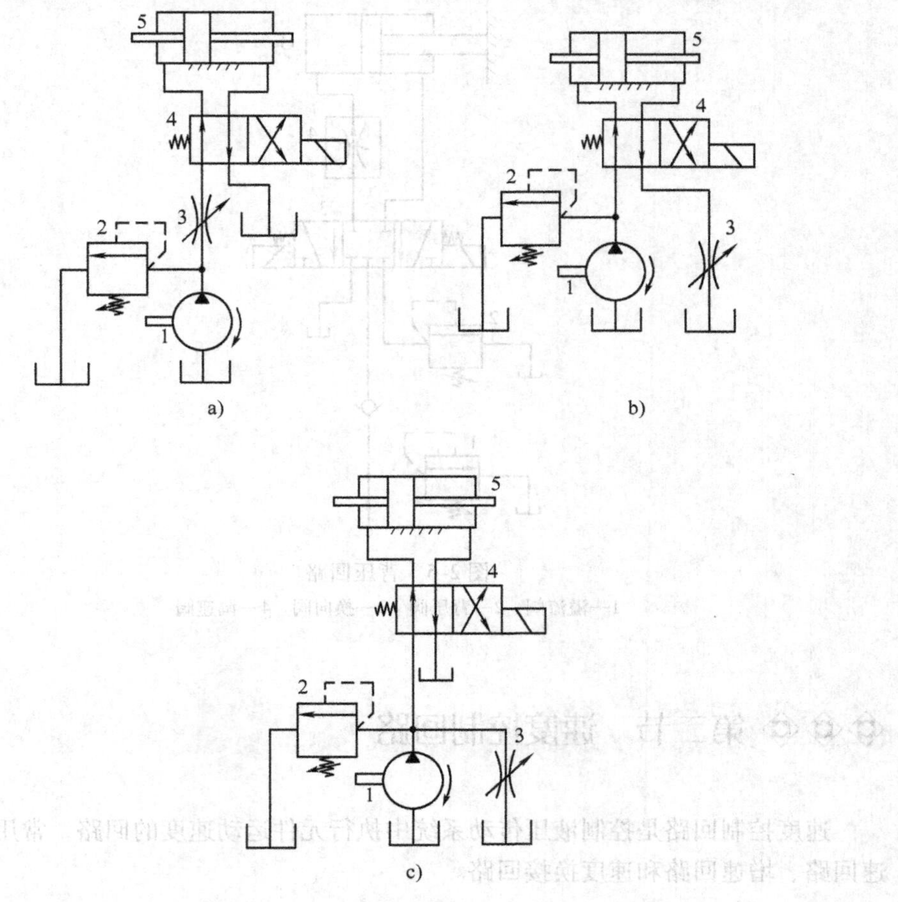

图2-6 定量泵节流调速

1—液压泵 2—溢流阀 3—节流阀 4—换向阀 5—液压缸

（2）回油路节流调速 此调速回路将节流阀3设置在液压缸5和油箱之间的回油路上，如图2-6b所示。调节节流阀3的节流口大小就能控制进入液压缸5的液压油流量，定量泵1提供的多余液压油经溢流阀2流回油箱。这种调速与进油路节流调速一样，有节流损失和溢流损失，发热大，效率低，但液压缸的回

油腔存在背压，运动平稳性较好，适用于负载变化较大，对稳定性要求较高的中、小功率液压传动系统。

（3）旁油路节流调速　此调速回路将节流阀3设置在与液压缸5并联的旁油路上，如图2-6c所示。调节节流阀3的节流开口大小就能调节流回油箱的液压油流量。若流回的液压油越多，则进入液压缸的液压油就越少；反之，若流回的液压油越少，则进入液压缸的液压油就越多。以此间接控制进入液压缸的液压油流量。定量泵1提供的多余液压油经溢流阀2流回油箱，回路中溢流阀仅起液压传动系统的安全保护作用。这种调速回路有节流损失，无溢流损失，发热小，效率较高，运动平稳性差，适用于负载变化很小，对速度平稳性要求低的大功率液压传动系统。

2. 变量泵节流调速

这种调速方式也称为容积节流调速。它将变量泵与流量控制阀联合起来调节速度。如图2-7所示，变量泵1供油，通过节流阀2调节进入液压缸3的液压油流量来调节液压缸的运动速度，并使变量泵输出的液压油流量自动与液压缸所需的液压油流量相适应。设变量泵1输出的液压油经节流阀2后进入液压缸3的流量为q_L，当泵输出的液压油流量q_B大于节流阀2的液压油流量q_L时，变量泵的供油压力上升，使变量泵的供油量自动减少，直至$q_B \approx q_L$；反之，当变量泵输出的液压油流量q_B小于节流阀2的液压油流量q_L时，变量泵的供油压力下降，使变量泵的供油量自动增加，直至$q_B \approx q_L$。由此可见，节流阀在这里的作用不仅使进入液压缸的液压油流量保持恒定，而且还使变量泵的供油量基本不变，从而使变量泵和液压缸的流量匹配。节流阀在油路上的安置位置也有三种，其速度刚性、运动平稳性、承载能力和调速范围都和定量泵节流调速相似，但变量泵节流调速没有溢流损失，发热少，功率利用好，效率高，适用于中、大功率的液压传动系统。若用调速阀替代节流阀，则可提高速度刚性和运动平稳性。

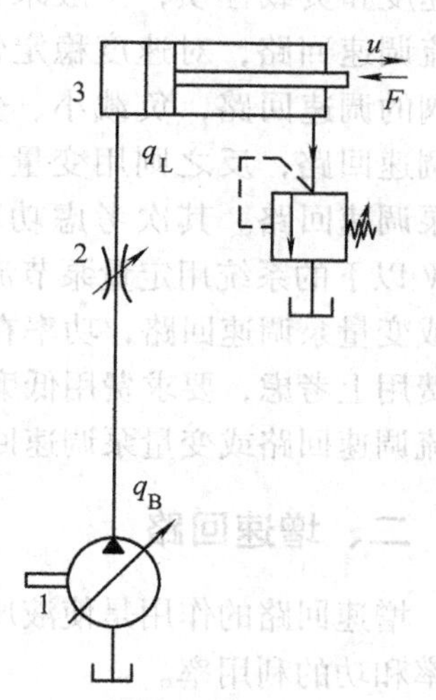

图2-7　变量泵节流调速
1—变量泵　2—节流阀　3—液压缸

3. 变量泵调速

这种调速也称为容积调速。它是用改变变量泵输出的液压油流量来调节速度的。图2-8中的变量泵1输出的液压油直接进入液压缸4，液压缸4的运动速度所需的液压油流量通过变量泵输出的液压油流量来调节。这种调速回路没有节流损失和溢流损失，发热少，效率高，功率利用好，工作压力随着负载变化而变化。由于变量泵有泄漏，因此液压缸运动速度会随着负载的加大而减小，在低速下的承载能力很差。这种调速回路适用于负载功率大，运动速度高的场合，如大型机床的主体运动系统或进给运动系统。图2-8中的单向阀2在变量泵停止工作时用于防止系统中的液压油倒回冲击泵并引起起动不平稳，溢流阀3用于限定回路中的最大压力，起安全保护作用。

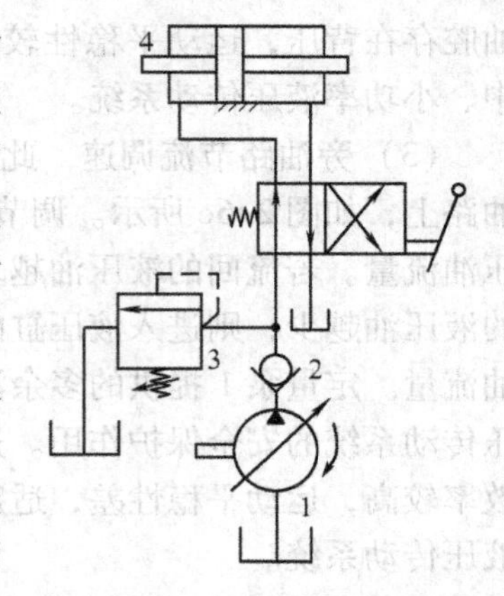

图2-8　变量泵调速

1—变量泵　2—单向阀
3—溢流阀　4—液压缸

在选择调速回路时，首先要考虑液压缸的运动速度和负载性质，一般来说，速度低的系统用节流调速回路，对速度稳定性要求高的系统用调速阀的调速回路，负载小、变化也小的系统用节流调速回路，反之则用变量泵节流调速回路或变量泵调速回路。其次考虑功率大小，一般功率在3kW以下的系统用定量泵节流调速，功率为3~5kW的系统用变量泵节流调速回路或变量泵调速回路，功率在5kW以上的系统则用变量泵调速回路。最后从设备费用上考虑，要求费用低廉时用定量泵节流调速，允许费用高的则可用变量泵节流调速回路或变量泵调速回路。

二、增速回路

增速回路的作用是使液压缸在空行程时获得尽可能快的运动速度，以提高生产率和功的利用率。

1. 差动连接的增速回路

图2-9所示为单活塞杆液压缸差动连接增速回路。当二位三通电磁阀3的电磁铁断电处于图2-9所示位置时，液压泵1供给的液压油进入液压缸2的左、右两腔，连成差动形式，活塞快速向右运动；电磁阀3通电，左位接入系统，液压缸无杆腔进油，有杆腔回油，接成非差动形式。差动连接也可用三位四通换向阀P型中位机能或其他方法来实现。

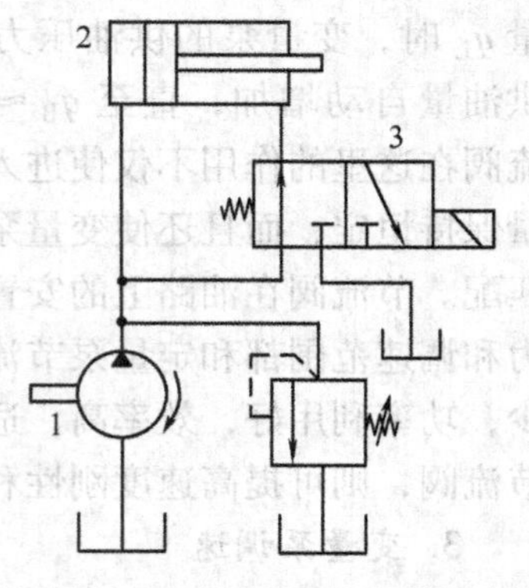

图2-9　单活塞杆液压缸差动连接增速回路

1—液压泵　2—液压缸　3—电磁阀

2. 双泵供油增速回路

图2-10所示为双泵并联增速回路。该回路中的供油动力可以是双联泵，也可以是两只并联的液压泵。两只液压泵中一只为小流量泵，一只为大流量泵。小流量泵1的流量规格

可按液压缸最大工作进给速度确定，工作压力由溢流阀 5 调定，应满足克服最大负载的需要；大流量泵 2 起增速作用，与小流量泵 1 的流量加在一起应能满足液压缸空行程快速运动所需流量的要求。液控顺序阀 3 用于控制大流量泵 2 的卸荷，其调压值应比空行程快速运动时工作压力高 0.5～0.8MPa。该回路的工作过程为：快速运动时，由于负载（阻力）小，系统压力低，液控顺序阀 3 关闭，大流量泵 2 供给的液压油经单向阀 4，与小流量泵 1 供给的液压油汇合在一起进入液压缸，实现快速运动；当液压缸实现切削进给运动时，系统压力升高，单向阀 4 被油压关闭，而液控顺序阀 3 被打开，大流量泵 2 输出的液压油经液控顺序阀 3 流回油箱卸荷，此时仅由小流量泵 1 向液压缸供油，实现切削进给运动。这种回路节省功率，减少液压油发热，传动效率较高。

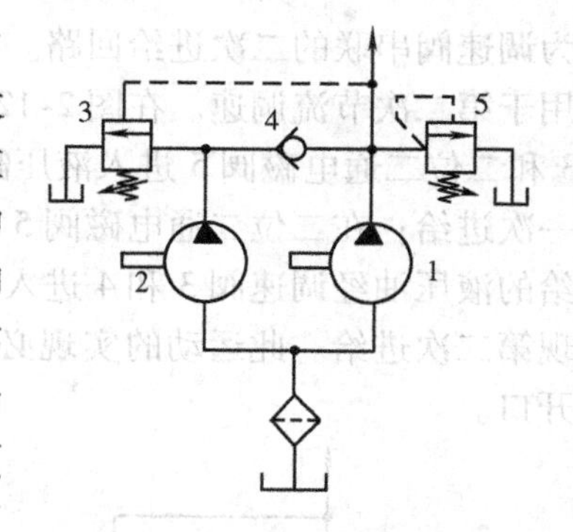

图 2-10　双泵并联增速回路
1—小流量泵　2—大流量泵　3—液控顺序阀　4—单向阀　5—溢流阀

三、速度换接回路

速度换接回路的作用是实现液压缸运动速度的切换，常有快速转换成慢速（2 进）、第一慢速转换成第二慢速两大类。

1. 快速—慢速切换回路

图 2-11 所示为带有行程换向阀的快速—慢速切换回路。在图 2-11 所示状态，二位四通电磁换向阀 1 左位接入系统，二位二通行程换向阀 2 下位接入系统，液压缸快速向右运动；当活塞运动到挡块压下行程换向阀 2 时，行程换向阀 2 上位接入系统，行程换向阀关闭，液压缸回油必须通过节流阀 3，实现定量泵节流调速，活塞由快速转换成慢速。这种切换回路，切换位置准确，速度转换比较平稳，但不能随意更改行程换向阀的安装位置。将图 2-11 中的行程换向阀改为电磁换向阀，并通过挡块压下电气行程开关来控制电磁换向阀工作，也可实现上述速度的切换。电磁换向阀的安装位置比较灵活，但切换平稳性和准确性都比行程换向阀差。

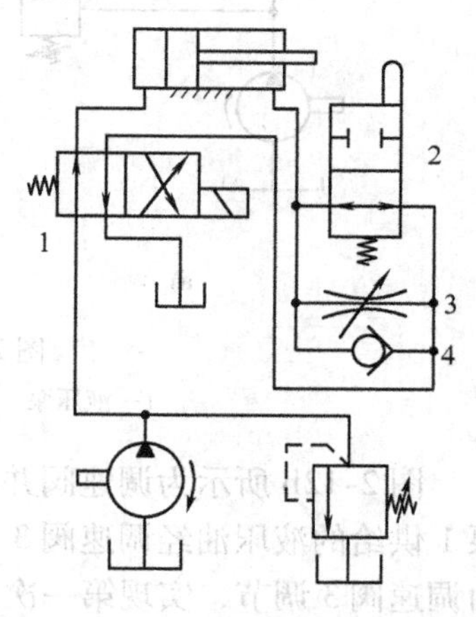

图 2-11　带有行程换向阀的快速—慢速切换回路
1—电磁换向阀　2—行程换向阀　3—节流阀　4—单向阀

2. 慢速—慢速切换回路

图 2-12 所示为慢速—慢速切换回路，也称为二次进给回路。图 2-12a 所示

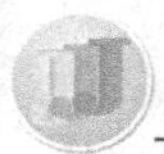

为调速阀串联的二次进给回路。其中，调速阀3用于第一次节流调速，调速阀4用于第二次节流调速。在图2-12a所示状态下，液压泵1供给的液压油经调速阀3和二位二通电磁阀5进入液压缸，液压缸的运动速度由调速阀3调节，实现第一次进给；在二位二通电磁阀5的电磁铁通电后（右位接入系统），液压泵1供给的液压油经调速阀3和4进入液压缸，液压缸的运动速度由调速阀4调节，实现第二次进给。此运动的实现必须是调速阀3的节流开口大于调速阀4的节流开口。

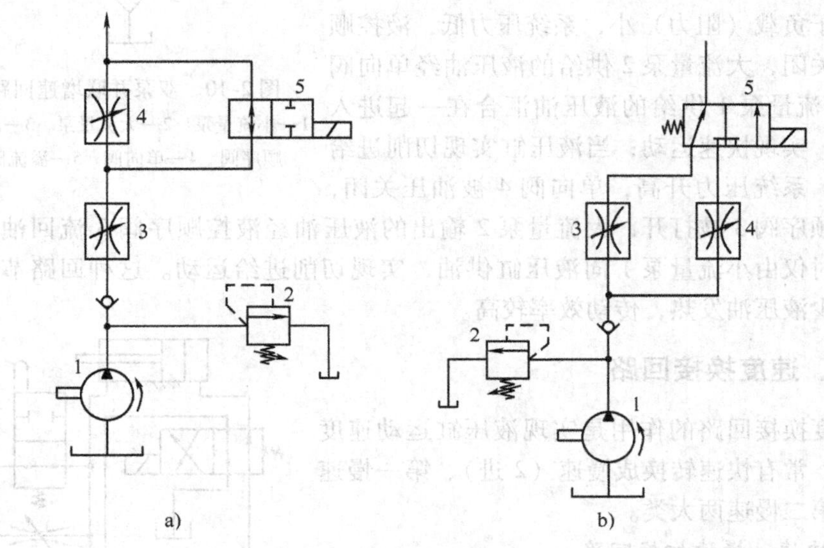

图2-12 慢速—慢速切换回路

1—液压泵 2—溢流阀 3、4—调速阀 5—电磁阀

图2-12b所示为调速阀并联的二次进给回路。在图2-12b所示状态下，液压泵1供给的液压油经调速阀3和二位三通电磁阀5进入液压缸，液压缸运动速度由调速阀3调节，实现第一次进给；在二位三通电磁阀5的电磁铁通电后（右位接入系统），液压泵1供给的液压油经调速阀4和二位三通电磁阀5进入液压缸，液压缸运动速度由调速阀4调定，实现第二次进给。这种并联式的二次进给回路，当一个调速阀工作时，另一个调速阀出口被封闭，其减压阀处于最大开口位置，当转入工作状态时，减压阀来不及反应，使调速阀中通过的液压油流量开始瞬间过大，会产生液压缸的突然前冲现象，但两只调速阀节流开口之间无须规定大小。

二次进给回路在机床液压传动系统中应用比较广泛，一般第一次进给速度较快，用于粗加工，第二次进给速度较慢，用于精加工。

第三节　顺序动作回路

在一个液压泵要驱动几个液压缸，而这些液压缸的运动又需要按一定的顺序依次进行时，应采用顺序动作回路。

一、用单向顺序阀控制的顺序动作回路

图2-13所示为用单向顺序阀控制的顺序动作回路。该回路中有两只单向顺序阀3和4。在图2-13所示状态下，液压泵供给的液压油进入液压缸1的左腔和单向顺序阀4的进油口，液压缸1先向右运动①，此时进油路压力较低，单向顺序阀4处于关闭状态；当液压缸1向右运动到行程终点碰到挡铁后，油压升高，当达到和超过单向顺序阀4中顺序阀的调压值时，顺序阀打开，液压油进入液压缸2的左腔，液压缸2向右运动②；当液压缸2向右运动到行程终点时，挡铁压下电气行程开关（图中未画出）发信，二位四通电磁换向阀5通电，右位接入系统，此时液压油进入液压缸2的右腔和单向顺序阀3的进油口，液压缸2先向左返回③；当液压缸2向左到达行程终点，油压升高到单向顺序阀3中顺序阀的调压值时，顺序阀打开，液压缸1向左返回④，由此实现了液压缸1和液压缸2的依次顺序动作。这里要指出的是：在用顺序阀控制的顺序动作回路中，顺序动作是否准确可靠，很大程度上取决于顺序阀的性能和调压值；为保证顺序动作可

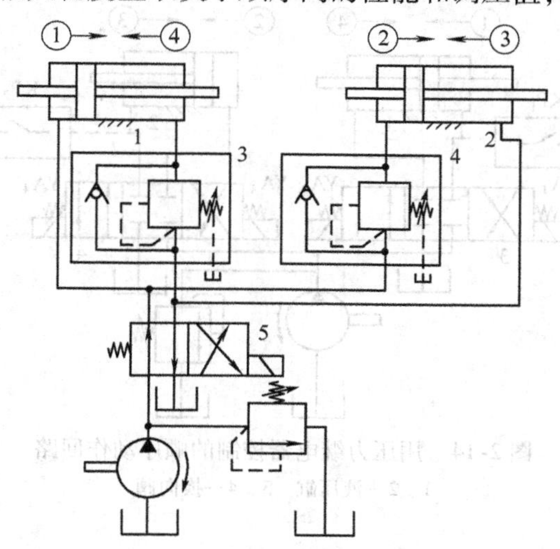

图2-13　用单向顺序阀控制的顺序动作回路

1、2—液压缸　3、4—单向顺序阀　5—换向阀

靠有序，顺序阀调压值应比先动作缸所需的最大压力高0.8~1MPa，避免由于压力波动或外载变化而产生误动作；在接法上，只有顺序阀的进油口接先动作缸，出油口接后动作缸，才能确保动作顺序；只有将顺序阀与一个单向阀并联或采用单向顺序组合阀才能实现液压缸的返回运动。这种回路适用于液压缸数少，阻力变化小的液压传动系统。

二、用压力继电器控制的顺序动作回路

图2-14所示为用压力继电器控制的动作回路。该回路中用了两只压力继电器 KP_1 和 KP_2。当三位四通电磁换向阀3的电磁铁 YA_2 通电时，三位四通电磁换向阀3右位接入系统，液压油进入液压缸1左腔推动活塞向右运动①，当液压缸1行程终了时，油压升高，使压力继电器 KP_1 动作发出电信号，使三位四通电磁换向阀4的电磁铁 YA_4 通电，三位四通电磁换向阀4右位接入系统，液压油进入液压缸2左腔推动活塞向右运动②，实现液压缸1先动作，液压缸2后动作；当液压缸2行程到终点时，压力继电器发电信号使 YA_3 通电（YA_4 断电），液压缸2向左返回③，当液压缸2向左行程终了时，油压升高，使压力继电器 KP_2 动作发出电信号，使 YA_1 通电（YA_2 断电），液压缸1向左返回④，实现液压缸2先动作，液压缸1后动作。在该回路中，压力继电器控制两只液压缸依次先后顺序动作。为了防止压力继电器发生误动作，应保证压力继电器的性能，其在回路中的调整压力应比先动作的液压缸最高工作压力高0.3~0.5MPa，但应比溢流阀的调压值低0.3~0.5MPa。

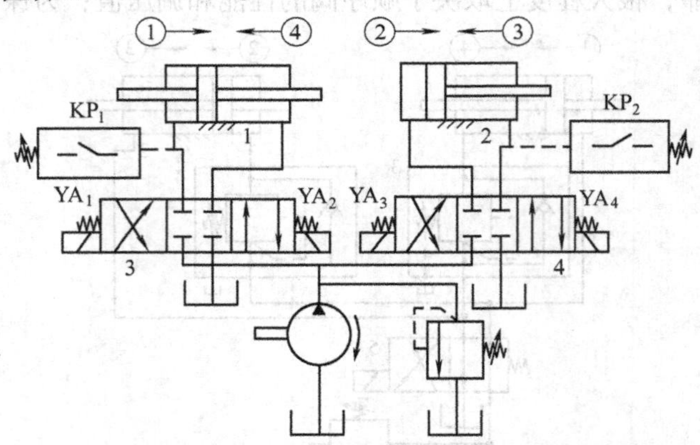

图2-14 用压力继电器控制的顺序动作回路

1、2—液压缸 3、4—换向阀

三、用电气行程开关控制的顺序动作回路

图2-15所示为用电气行程开关控制的顺序动作回路。这种回路是利用运动

部件到达一定位置时电气行程开关发出电信号来控制液压缸顺序动作的。当电磁铁 YA_1 通电时，液压缸 1 向左运动①。当液压缸 1 行程终了触动电气行程开关 ST_1 发出电信号时，使 YA_2 通电，液压缸 2 向左运动②，实现液压缸 1 先动作，液压缸 2 后动作。当液压缸 2 向左行程终了时，ST_2 发出电信号，使 YA_1 断电，液压缸 1 向右返回③。当液压缸 1 向右行程终了时，ST_3 发出电信号，使 YA_2 断电，液压缸 2 向右返回④，实现液压缸 1 先动作，液压缸 2 后动作。在该回路中，电气行程开关控制两只液压缸依次先后顺序动作。这种回路，液压缸的顺序动作比较可靠，要改变液压缸的顺序时，调整也比较方便。

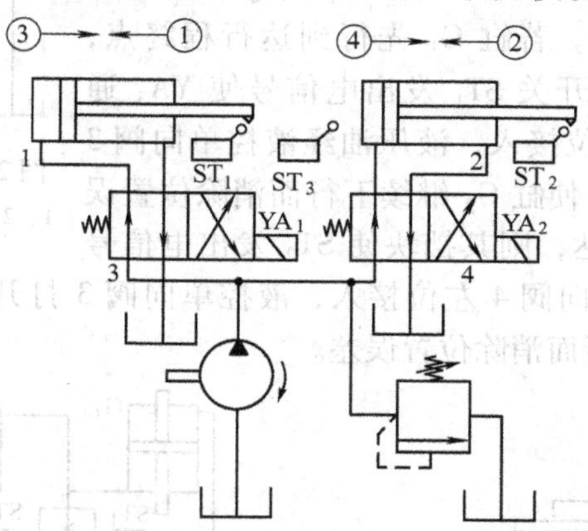

图 2-15 电气行程开关控制的顺序动作回路

1、2—液压缸 3、4—换向阀

第四节 其他控制回路

一、方向控制回路

方向控制回路用于控制液压缸的起动、停止和换向。它有换向回路、锁紧回路和行程制动控制的方向回路等。

（1）换向回路 换向回路用来改变液压缸的运动方向，可用机动、电动和电液动等各种换向阀来实现，尤其是电磁换向阀在自动化程度要求较高的机床液压传动系统中被普遍应用。在大流量液压传动系统中，电液动换向阀应用也很广泛。

（2）锁紧回路 锁紧回路用来使液压缸停止在规定位置而不因外力作用而发生漂移或窜动。图 2-16 所示为采用两只液控单向阀（液压锁）的液压缸锁紧回路。当三位四通换向阀 3 处于中位时，H 型中位滑阀机能使两只液控单向阀 1 和 2 的控制口液压油流回油箱，液压缸左、右两腔中的液压油被封闭。锁紧回路也可直接用三位换向阀的O型或M型中位机能锁紧液压缸，由于间隙泄漏关系，锁紧效果不及液控单向阀。

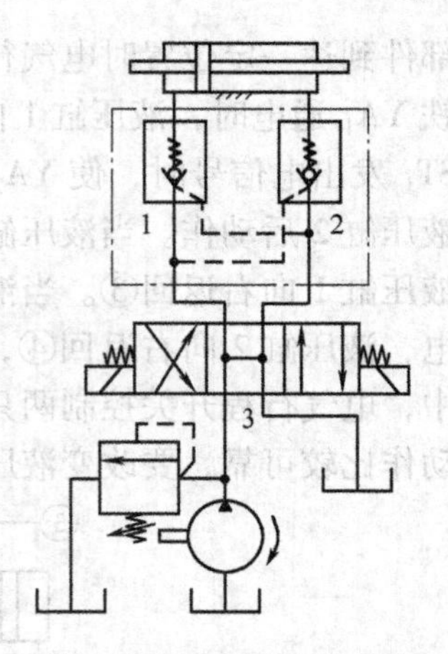

图2-16　液压缸锁紧回路
1、2—液控单向阀　3—换向阀

二、同步回路

当液压设备上有两个以上液压缸需要同速同位移动时，可采用同步回路。图2-17a所示同步回路采用缸G_1、G_2并联，分别用二通流量控制阀1、2调节运动速度。图2-17b所示的是采用缸G_1、G_2串联带有补偿装置的同步回路。若缸G_1先行到达行程终点，则挡块触动电气行程开关ST_1发出电信号使YA_3通电，电磁换向阀4右位接入，液压油经液控单向阀3进入缸G_2上腔补油，使缸G_2继续下行而消除位置误差；若缸G_2先行到达，则其挡块使ST_2发出电信号使YA_4通电，电磁换向阀4左位接入，液控单向阀3打开，缸G_1下腔接通油箱，使缸G_1继续下行而消除位置误差。

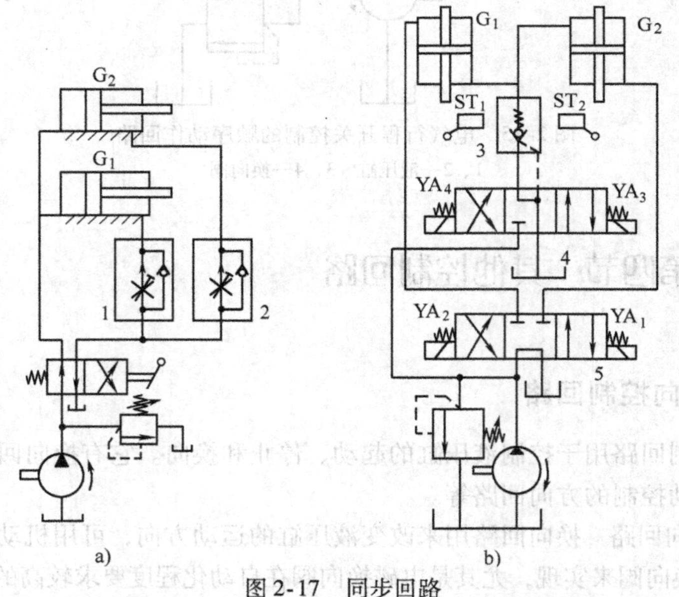

图2-17　同步回路
1、2—二通流量控制阀　3—液控单向阀　4、5—换向阀

三、防干扰回路

1. 蓄能器防干扰回路

图2-18所示回路利用蓄能器保压来达到防干扰的目的。该回路中G_1缸用于

夹紧工件，当进给缸 G_2 快速运动时，主油路压力会下降。为保证 G_1 缸保持原来的夹紧力不变，蓄能器 2 与单向阀 1 起到供油保压的作用。

2. 多缸快、慢速防干扰回路

图 2-19 所示为多缸快、慢速防干扰回路。两缸的快速运动由低压大流量液压泵 2 供油，两缸的慢速运动则由高压小流量液压泵 1 供油。由于快慢速的供油渠道不同，因此可避免相互的干扰。

此回路中的两液压缸均能完成快进、工进、快退的自动工作循环，并保证工进时速度平稳，快进时可使阀 7、阀 8 均处于左位，此时液压泵 2 提供的液压油分别经阀 5、阀 7 进入 G_1 缸的两腔，同时液压油也经阀 6、阀 8 进入 G_2 缸的两腔，使两缸均实现差动连接，产生快速运动。当阀 5 左位接入，而阀 8 仍左位接入时，液压泵 1 提供的液压油先后经调速阀 3、阀 5 和阀 7（右位）进入 G_1 缸左腔，实现工作进给。而液压泵 2 供给的液压油则经阀 6（右位）及阀 8 进入 G_2 缸两腔，实现差动快进，两缸快、慢速互不干扰。如果阀 5、阀 6 均处于左位，阀 7、阀 8 均处于右位，则液压泵 2 的油路被封闭，液压油不能进入两个液压缸，只有液压泵 1 的供油分别经调速阀 3、4 及二位五通换向阀进入 G_1 缸和 G_2 缸，使两缸均实现工作进给。当工进结束后，两缸均可由液压泵 2 供油，实现快速退回。这种回路具有工作可靠的优点，但效率较低，常用在对速度平稳性要求较高的多缸系统中。

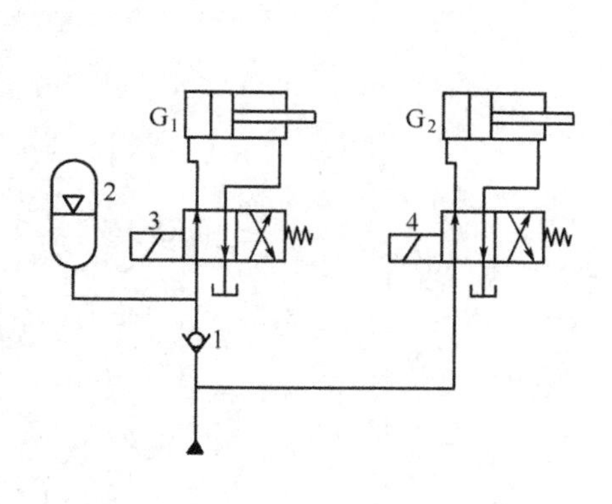

图 2-18　蓄能器防干扰回路

1—单向阀　2—蓄能器　3、4—换向阀

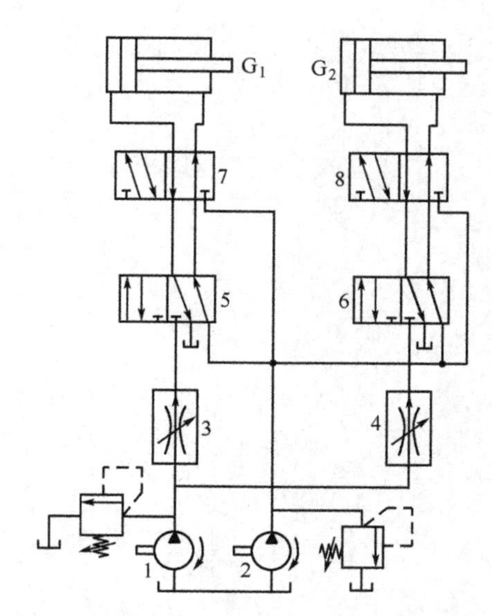

图 2-19　多缸快、慢速防干扰回路

1、2—液压泵　3、4—调速阀

5、6、7、8—换向阀

复习思考题

1. 液压传动系统中有哪些常用的主要回路?
2. 压力控制回路有哪些类型?简述这些回路在液压传动系统中的作用。
3. 卸荷回路的作用有哪些?采用卸荷回路有哪些好处?
4. 如何实现变量泵的调速?
5. 简述增速回路的种类及作用。
6. 在压力继电器控制的顺序动作回路中,对压力继电器有何要求?
7. 试述各种节流调速的原理和作用。
8. 锁紧回路在液压传动系统中有何作用?哪些元件可起到系统的锁紧作用?

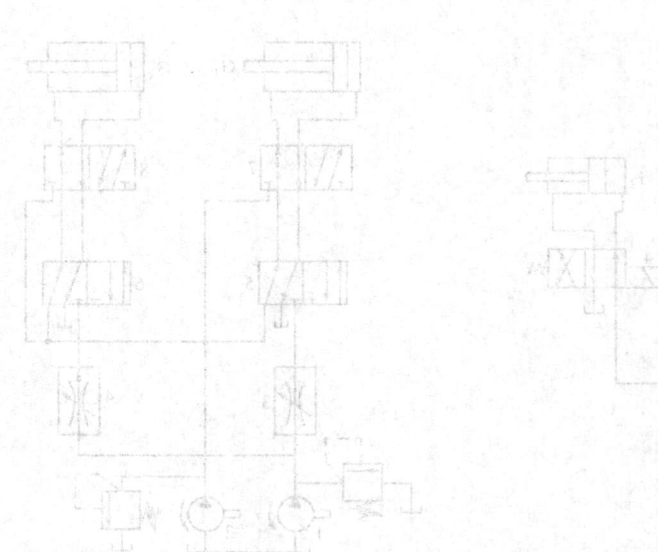

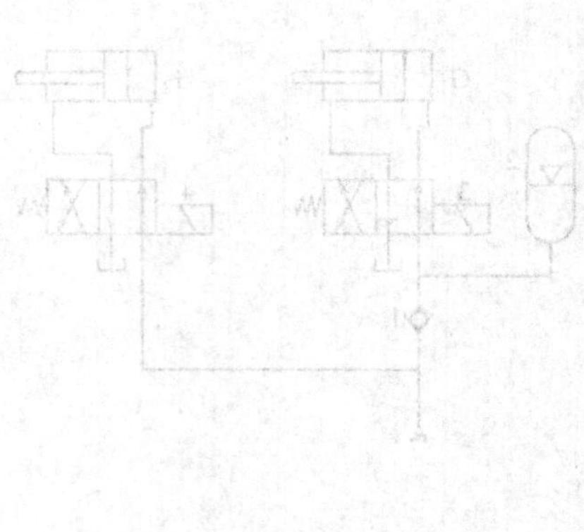

第三章

液压传动系统的安装、调试与常见故障的排除

培训学习目标 掌握液压传动系统安装、调试的基本知识与技能，能检查、分析系统中常见故障产生的原因，掌握排除故障的方法。

液压传动系统的安装是保证液压传动系统正常可靠运行的一个重要环节。液压传动系统安装工艺不合理以及在安装过程中出现错误，都会影响液压传动系统的正常运行。

第一节 液压传动系统的安装

在安装液压传动系统前，应按照安装的设计要求，熟悉相关的技术资料并做好各项准备工作。由于液压元件在运输和储存过程中容易被污染和锈蚀，为保证液压传动系统正常运行，所有的液压元件都要达到产品样本上所规定的主要技术指标，并按《液压系统通用技术条件》（GB/T 3766—2001）和《液压件从制造到安装达到和控制清洁度的指南》（GB/Z 19848—2005）等的规定进行安装。

在安装液压元件前必须对其进行严格的质量检查和测试。若确认液压元件被污染，则需进行拆洗，且要正确地清洗，准确地重新组装并测试，应符合《液压元件通用技术条件》（GB/T 7935—2005）的有关规定，合格后才能安装。在安装压力表、电接触压力表、压力继电器、液位计及温度计等各种自动控制仪表前，也应对其进行检验，以避免因仪表的不准确而产生事故。

一、液压泵的安装

1）液压泵的吸油高度应尽量小些，一般液压泵的吸油高度应小于500mm，安装时应按液压泵的使用说明书进行。

2）液压泵和电动机轴的连接一般采用挠性联轴器，其同轴度误差小

于0.1mm。

3）在安装液压泵前，应检查电动机的功率、转速与液压泵是否相适应。液压泵的旋转方向和进、出油口不得接反。

二、液压缸的安装

在机床上安装液压缸时，以导轨为基准，液压缸侧母线应与V形导轨平行，上母线与平导轨平行，误差小于0.10mm/1000mm。为防止垂直安装的液压缸因自重而跌落，应配置好机械装置的重量和调整好液压平衡用的背压阀弹簧力。液压缸中的活塞杆应校直，误差应小于0.2mm/1000mm。液压缸的负载中心与推力中心最好重合，以免受颠覆力矩作用，保护密封件不受偏载。密封圈的预压缩量不要太大，以保证在全程内移动灵活，无阻滞现象。为防止液压缸缓冲机构失灵，应检查单向阀钢球是否漏装或接触不良。

三、控制阀的安装

1）在安装各种控制阀前，必须检查其是否与设计清单符合（规格、型号、功能等），不要装错外形相似的溢流阀、减压阀和顺序阀。应将以上三种阀的调压弹簧全部放松，待调试时再将其逐步旋紧（调压）。特别要注意的是，不要随意将溢流阀的遥控口用油管接通油箱。

2）一般应使方向控制阀保持轴线水平位置，以便对移动阀芯进行操纵。

3）在安装各类板式阀时，要检查出油口处的密封圈是否符合要求。在安装前，密封圈应突出安装平面，以保证安装后有一定压缩量，防止泄漏。几个固定螺钉要均匀拧紧，以使安装平面全部接触。

四、油路油管的安装

1）油管接头连接的要求是牢固、密封、不泄漏（漏气）。在油管的接合处常涂以密封胶，可提高油管的密封性。

2）吸油管下端应安装过滤器，以保证油液清洁。一般采用过滤精度为0.1~0.2mm的过滤器，并要有足够的通油能力。

3）回油管应插入油面之下，以防止产生气泡，并与吸油管相距远一些。泄漏油管不应有背压，为保证管路通畅，应单独设置回油管。

4）当采用扩口薄壁管接头时，应先将铜管或钢管端口用专用工具（扩张器）扩张好，以免紧固后泄漏。

5）在安装橡胶软管时要防止其扭转，并留有一定的松弛量。软管接头与软管的连接要可靠，不要使软管承受拉力或在接头处弯曲，以使其在冲击压力作用下也不会拔脱喷油。若使用橡胶管，则还需隔热。

6）管路要求越短越好，尽量垂直或平行，少拐弯，避免交叉，与元件的接

合应在管子的转弯部位。弯管半径应按标准要求（一般应大于管子外径的3倍）选择。

五、其他辅件的安装

1. 油箱的安装

在安装油箱前应仔细地对其进行清洗，用压缩空气将其吹干燥后再用煤油检查焊缝质量。油箱的底部要高于地面150mm以上，以方便搬移、放油和散热。油箱底面应有足够的支承面积，以方便在安装过程中进行位置调整。

2. 换热器的安装

安装在油箱上的加热器的位置必须低于油箱极限液面位置，加热器的表面耗散功率不得超过0.7W/cm^2；在使用换热器时，应设置液压油的冷却或加热的测温点。

3. 过滤器的安装

为了能够清楚地显示何时需要清洗或更换滤芯，必须加装显示滤芯污染程度的指示器或设置测试装置。

4. 蓄能器的安装

不同类型的蓄能器适用的对象有所不同，其安装位置应根据其作用来选定。安装过程中应注意以下方面：

1）用于吸收液压冲击和压力脉冲的蓄能器应尽可能地安装在振动源附近。

2）安装在管路上的蓄能器必须用支板或支架固定。

3）气囊式蓄能器要出油口向下，垂直安装。

4）为防止液压泵停止工作时蓄能器储存的液压油倒流，在液压泵与蓄能器之间要安装单向阀。

5）在蓄能器与系统之间应安装截止阀，供充气、检修蓄能器或长时间停机时使用。

6）安装的蓄能器以及其所加载的充气气体种类必须符合制作商的规定，其安装位置必须远离热源。

7）装拆蓄能器前必须卸压，禁止在蓄能器上进行焊接、铆接或机械加工。

5. 密封件的安装

选用的密封件的材料必须与其相接触的工作介质相容，密封件承载的压力、温度以及密封件的安装应符合有关标准的规定，同时应注意密封件的保质期。

第二节　液压传动系统的调试

无论是新制造的液压设备，还是经过大修的液压设备，在安装完成后，都必须经过认真的调试才能投入生产。在调试过程中，应仔细地观察设备的动作和自动循环状态，对相关的参数应进行必要的调试和测定，以保证系统工作可靠。

一、调试前的准备工作

一些液压传动系统调试不当或有误，将造成液压设备长期在非理想的工况下运行，甚至在错误的技术条件下运行，从而引发液压设备故障。通过正确的调试可以检查、发现、修正设计、制造和安装过程中的不足与缺陷。对液压传动系统进行调试，是确定液压传动系统和液压生产线能否按设计要求进行正常生产运行的一个重要环节。在调试液压设备或液压传动系统前，要做好必要的准备工作。

1）由液压技术专家牵头，由液压技术人员和专业技术工人组成调试队伍。

2）认真熟悉液压传动系统的工作原理、设计意图和设计要求，了解液压传动系统中各个元件的技术性能，特别要了解各个元件的生产厂商，以便确认每个元件的可靠性以及在调试过程中可能出现的问题。

3）要了解液压设备的工作对象，对用于机床加工类的液压设备，应掌握其加工对象的性能和精度要求。

4）根据测试对象制订详细的调试方案、工作程序以及有关技术责任等。

5）准备好必需的检测仪器、相关设备以及备用的元件。

二、空载试机

1）空载起动液压泵，使其以额定转速、规定转向运转，检查是否有异常声响，是否漏气（油箱液面上是否有气泡），卸荷压力是否在允许范围内。在液压缸处于停位或低速运动时，调整压力阀，使系统压力升高到规定值。调整润滑系统的压力和流量。若在低温下起动液压泵，则要开开停停，使油温上升后再起动。

2）通过操纵手柄，使各执行元件逐一空载运行，速度由慢到快，行程也逐渐增加，直至低速全程运行，以排除系统中的空气。检查接头各元件接合处是否泄漏，油箱液位是否下降，过滤器是否露出油面（执行元件运动后大量液压油要进入油管，填充其空腔）。

3）使各执行元件按预定的工作循环或顺序动作，同时调整各调压弹簧的预定值（溢流阀、减压阀、顺序阀、压力继电器、限压式变量泵的限定压力等）、变量泵偏心距或倾角、挡铁及限位开关位置、电磁铁的吸动或释放等。检查各动作的协调（联锁、联动、同步）和顺序的正确性以及起动、停止、速度换接的运动平稳性，是否有误信号、误动作和爬行、冲击等现象。要重复多次，使工作循环趋于稳定。一般空载运转2h后，再检查油温及液压传动系统要求的精度（如换向、定位、分度精度和停留时间等）。

三、负载试机

一般液压设备可进行轻负载、最大工作负载和超负载试机。负载试机的目的是检查液压设备在承受负载后是否能实现预定的工作要求，如速度负载特性、功率损耗及油温是否在允许值内（一般液压机床液压传动系统油温为30～50℃，压力机液压传动系统油温为40～70℃，工程机械液压传动系统油温为50～80℃），液压冲击和振动噪声（噪声要求低于80dB）是否在允许范围内以及泄漏情况等。对金属切削机床液压传动系统要进行机床的工作精度试验，即在规定的切削规范内加工试件，看其是否能达到所规定的尺寸精度、几何公差和表面粗糙度等要求。对高压液压传动系统要进行试压，试验压力为工作压力的2倍或大于压力剧变时的尖峰值，并由低到高分级试压，检查泄漏和耐压强度是否合格。

试验时，应对流量、压力、速度、油温、电磁铁和电动机的电流值等各项参数做好现场记录，以便日后查对。

◈◈◈ 第三节　液压传动系统的使用与维护

正确使用液压设备并进行精心保养，可以防止液压元件过早磨损，避免系统产生故障，能有效延长设备的使用寿命。对液压设备进行主动的保养与维护，可以使液压设备经常处于良好的使用状态。

一、液压传动系统使用时应注意的事项

1）开机前应检查系统中各调节手轮是否正常，电气开关和行程挡块位置是否牢固等，然后对导轨及活塞杆外露部分进行擦拭。

2）要定期检查并及时更换液压油，新设备使用三个月即应清洗油箱并更换新油，以后每隔半年至一年进行一次清洗和换油。

3）在液压传动系统运行时，应密切注意液压油温升，正常工作时，油箱中液压油温度不应超过60℃。由于冬季气温低，液压油粘度较大，因此应设法使液压油升温后再进行工作。

4）注意过滤器的使用，清洗滤网应和清洗油箱同时进行，过滤器滤芯也应定期清洗或更换。

5）熟悉液压元件控制机构的操作特点，严防因调节错误而造成事故。应注意各液压元件调节手轮的转动方向与压力、流量变化之间的关系等。

6）若设备停用搁置，则应将各调节手轮放松，防止弹簧产生永久变形（弹簧力丧失）而影响元件性能。

二、液压设备的日常维护

液压设备的维护一般分为日常维护、定期维护和综合维护。日常维护是指液压设备的操作人员每天在设备使用前、使用中以及使用后对设备进行的例行检查，主要检查油箱内的油质、油量、油温、漏油情况及压力调节与噪声、振动等情况，发现问题时及时排除。检查的主要项目如下：

1. 起动设备之前的检查

1）检查油箱的液位是否正常。

2）检查行程开关与限位块是否紧固。

3）检查手动与自动循环装置是否正常。

4）检查电磁阀是否处于初始状态。

2. 监视设备的工作状态

1）监视系统压力是否稳定在规定的范围之内。

2）监视噪声、振动是否异常。

3）监视液压油的温升是否属于正常状态。

4）监视液压传动系统是否有油液泄漏现象。

5）监视设备的额定电压是否保持在正常的波动范围内。

3. 使用后的检查

在使用后检查设备是否恢复初始状态。

◆◆◆ 第四节　液压传动系统常见故障的诊断与排除

液压设备是由机械、液压、电器以及仪表等装置组成的一个整体。液压设备故障将影响其正常使用。常将液压传动系统中某回路中某项液压功能失灵、失效、失控、失调或不完全的现象称为液压故障。液压故障会导致液压机构某项技术指标达不到或偏离正常状态。对液压传动系统产生的故障进行分析、诊断并予以排除，是保证液压传动系统正常工作的有效方法。

一、故障诊断的步骤

液压传动系统中产生的故障，一般情况下是由系统中某个元件产生的故障造成的，因此只需要将出现故障的元件予以更换或修理即可。诊断故障可按以下步骤进行：

1）液压设备运转不正常、无运动、不稳定、运动方向不正确，或运动速度不符合要求，动作顺序混乱，作用力输出不稳定，系统泄漏、爬行、温度异常升

高等现象，都可以归纳为流量、压力和方向三大问题。

2）审核液压回路图，检查每个元件，确认其性能与作用并评定其质量情况。

3）列出与故障有关的元件清单，然后逐个进行分析，不可遗漏对故障产生重要影响的元件。

4）按清单所列的元件，凭以往的经验及检查元件的难易程度排列顺序。必要时，列出重点检查的元件以及重点检查的部位，选用适宜的检测仪器。

5）按清单中列出的重点检查元件进行初检，通过初检来判断这些元件的使用与安装是否合适，元件的测量装置、仪器的测试方法是否合适，元件的外部信号是否合适以及对外部的信号是否响应等。要特别注意某些元件已经出现的过高温度、噪声及振动和泄漏等故障的先兆。

6）若初检未检查出产生故障的元件，则需要用仪器来做进一步检查。

7）对检测出的故障元件应进行修理或者更换，以达到排除故障的目的。

8）在将故障排除后，要分析此故障产生的前因后果，必要时应针对隐患采取相应的补救措施。

二、液压传动系统常见故障的排除

液压传动系统的常见故障有：噪声和振动、系统发热和油温过高（超过规定值）、工作台爬行、工作台速度不够以及失压（或压力波动）和冲击等。这里要指出的是，不同行业的液压设备，其故障也有所不同。造成故障的各种原因虽然很复杂，但是主要原因是：空气杂质和水分混入油液、液压油的性能差、泵阀的质量差以及安装调试使用不当。下面介绍主要的常见故障及其排除方法。

1. 液压传动系统产生噪声及振动

液压传动系统产生噪声及振动的原因及其排除方法见表3-1。

表3-1　液压传动系统产生噪声及振动的原因及其排除方法

故障原因	排除方法
吸油管路有气体——吸油管路密封不好，漏气；吸油管道内径太小，管道过长；吸油管浸入油面太浅，吸油高度过高；过滤器堵塞或通流面积小，补油泵供油不足；油箱不透空气，液压油粘度过大	检查漏气处并予以排除；按吸油管流速要求确定其管径，排列好管路；吸油口应浸入油箱2/3处，一般吸油高度不应超过500mm；清洗过滤器，计算过滤器通流面积，通流量应为流量的2倍；检查补油泵工作是否正常；油箱应与大气相通，通气口应注意防尘；按工作环境和不同季节选用粘度合适的液压油
溢流阀动作失灵——油液中的脏物堵塞阻尼小孔；弹簧变形、卡死或损坏，阀座损坏，配合间隙不合适	清洗换油，疏通阻尼小孔；检查并更换弹簧；检查滑阀是否卡死，修研阀座或配滑座

（续）

故障原因	排除方法
机械振动——油管互相碰撞；油管因油中有气体而产生振动；液压泵和电动机安装不同轴	油管（尤其是长管）应分开固定，不与床身接触；增加支承和固定夹；重新安装联轴器，保证同轴度误差在0.1mm以内
系统进入气体——停机时空气进入系统	利用排气装置排气，开机后快速全程往复数次进行排气

2. 液压泵产生的故障及其排除方法

（1）齿轮泵产生的故障及其排除方法　见表3-2。

表3-2　齿轮泵产生的故障及其排除方法

故障名称	产生原因	排除方法
齿轮泵输油量不足及压力不高	1. 轴向间隙与径向间隙过大 2. 各连接处泄漏，使空气进入 3. 液压油粘度大或温升过高 4. 电动机旋转方向反了，造成液压泵不吸油，并且油箱吸入口有大量气泡 5. 滤油网及管道堵塞	1. 需拆卸检查，视具体情况合理修复 2. 检查各连接处螺纹配合情况，并紧固 3. 选用合适的液压油 4. 检查电动机的旋转方向 5. 清除污物，定期清洗过滤器
齿轮泵的旋转不舒畅	1. 轴向间隙及径向间隙过小 2. 装配不良，盖板与轴的同轴度差，长轴上的弹簧紧固脚太长，滚针轴承质量较差等 3. 齿轮泵和电动机的联轴器同心度差 4. 油液中的杂质被吸入齿轮泵内	1. 需拆卸检查后修复 2. 拆卸检查，重新装配，并符合齿轮泵的技术要求 3. 要求齿轮泵与联轴器的同心度误差不超过0.1mm 4. 严防杂物进入油箱，保持油箱清洁
齿轮泵噪声严重及存在压力波动	1. 滤油网被污物堵塞及吸油管贴近过滤器底面 2. 吸油管露出油箱液面，或伸入油箱较浅及吸油位置太高 3. 油箱内油液不足 4. 齿轮泵的泵体与泵盖是硬接触，若接触表面的平面度不好，则齿轮泵在工作时吸入空气，同时，各接合面及管道泄漏也易吸入空气 5. 齿轮的齿形精度不好 6. 齿轮泵的骨架式油封损坏，或装配时骨架油封弹簧脱落	1. 清除滤油网上的污物，使吸油管与过滤器底面间保持适当的距离 2. 吸油管应伸入油箱内2/3深，齿轮泵吸油高度不得超过500mm 3. 按油标线注油 4. 若泵体与泵盖平面度不好，则可在平板上对其进行研磨加工，使平面度误差不超过0.005mm（注意不要影响内泄回油通道）；同时紧固各连接件 5. 更换齿形精度合格的齿轮 6. 更换骨架油封或重新安装弹簧

（续）

故障名称	产生原因	排除方法
齿轮泵的压盖及骨架油封被冲出	1. 压盖堵塞前、后盖板回油通道，造成回油不畅，从而产生很大的压力 2. 骨架油封与齿轮泵的前盖配合过松 3. 装配时若将泵体方向装反，使出油口接通卸荷槽，则会形成压力，冲出骨架油封 4. 泄漏通道被污物阻塞	1. 将压盖取出重新压入，并注意不要堵塞回油通道 2. 检查骨架油封与齿轮泵前盖的配合间隙，采取适当措施进行修复 3. 纠正泵体装配方向 4. 清除泄漏通道内的污物

（2）叶片泵产生的故障及其排除方法　见表3-3。

表3-3　叶片泵产生的故障及其排除方法

故障名称	产生原因	排除方法
输油量不足及压力提不高	1. 各连接处密封不严，吸入空气 2. 个别叶片移动不灵活 3. 叶片或转子装反 4. 定子内环表面起线，造成叶片接触不良 5. 配流盘内孔磨损 6. 转子槽与叶片间隙过大 7. 吸油不舒畅	1. 紧固各连接处 2. 不灵活的叶片应单槽研配 3. 纠正转子和叶片安装方向 4. 修复定子内环或反转180°后装上，并在对称位置重新加工定位孔 5. 换新或修复配流盘 6. 根据转子槽单配叶片 7. 清洗过滤器，定期更换液压油，加油至油标规定线
油液吸不上或没有压力	1. 叶片在转子槽内配合过紧 2. 液压油粘度过大，叶片移动不灵活 3. 配流盘与壳体接触不良	1. 研配叶片 2. 根据作用要求调换粘度较小的液压油 3. 研刮配流盘与壳体的接触面
噪声严重	1. 定子圆弧表面拉毛 2. 配流盘端面与内孔不垂直或叶片本身垂直不好 3. 配流盘压油腔三角节流槽太短 4. 转轴密封圈过紧 5. 叶片倒角太小 6. 叶片高度尺寸不一致 7. 吸入口空气侵入 8. 联轴器安装质量差或松动	1. 抛光定子圆弧表面 2. 修磨配流盘端面或叶片侧面，使其垂直度误差在0.01mm以内 3. 为避免困油及噪声，在配流盘压出腔处开有三角节流槽，若太短，则可用什锦锉适当修长 4. 调整密封圈 5. 将叶片一侧倒角改为C1或加工成圆弧形，以使叶片运动时减少作用力突变 6. 每一组叶片的高度尺寸差不超过0.01mm 7. 紧固吸入口管路接头 8. 修复联轴器

3. 液压传动系统发热和油温过高

液压传动系统发热和油温过高的故障原因及其排除方法见表3-4。

表3-4 液压传动系统发热和油温过高的故障原因及其排除方法

故障原因	排除方法
泄漏比较严重——液压泵压力调整得过高；运动零件磨损，使密封间隙增大；工作管路连接处密封不好或损坏；液压油粘度过高	在保证系统工作压力下，尽量降低液压泵的压力，更不应该使其在超过额定压力的情况下工作；检修并更换磨损件，保证正常密封间隙；检查各连接处，更换已损坏的密封件；选用适当粘度的液压油
系统设计不合理——调速宽、功率大的系统用定量泵，溢流阀溢油量大；损失大，产生热量大，被液压油吸收 由于选择回路不当，当系统不工作时，油从溢流阀回油或换向时速度换接冲击大	采用大、小泵供油系统；中、高压系统不工作时应卸荷，若卸荷元件有故障，则应检查卸荷阀是否失灵
油箱散热不良——油箱容量小，散热面积不足	油箱的容量（按设计要求）应有足够的散热面积，若受结构限制，则可增添冷却器

4. 工作台速度不够

工作台速度不够的故障原因及排除方法见表3-5。

表3-5 工作台速度不够的故障原因及排除方法

故障原因	排除方法
液压泵供油不足，压力不够；液压泵磨损，容积率下降；电动机功率不足	检查并按液压泵的轴向与径向配合精度要求修泵；检查电动机功率
溢流阀失灵——溢流阀弹簧太松、太软或失效	调整溢流阀或更换弹簧
油液串腔——活塞与液压缸配合间隙太大	修复液压缸，保证密封，消除内漏
系统漏油——接头松动；纸垫击穿；板式结构内部串通	检修并更换纸垫，消除内漏

5. 工作台爬行

工作台爬行的故障原因及排除方法见表3-6。

表3-6 工作台爬行的故障原因及排除方法

故障原因	排除方法
空气进入系统——液压泵吸入空气造成系统进气，液压缸两端的密封圈太松，系统有外泄漏	调整液压缸两端的锁紧螺母

（续）

故障原因	排除方法
油液不干净——系统清洗不干净，造成灰尘、棉丝、金属末、橡胶末进入油箱，堵塞进油小孔；不按时换油	保持系统清洁；及时换油；改进油箱结构
导轨润滑油过少，润滑压力不稳定	调整润滑压力，一般机床为0.08～0.12MPa，大型机床为0.18MPa；采用防爬行导轨润滑油
液压缸安装与导轨不平行	以导轨为基准，调整液压缸，使侧母线与V形导轨平行，上母线与平导轨平行（磨床液压缸平行度误差为0.05mm/m，一般液压缸平行度误差为0.1mm/m），活塞杆应校直，使平行度误差控制在0.2mm/m内
液压元件故障——节流阀性能不好；板式阀体内部串腔；液压缸划伤	最小流量不稳定，可更换节流阀；检修板式阀体串腔；修磨液压缸
新修复的机床导轨刮研点阻力大	导轨修复后应用磨石抛光或加研磨剂，拖动工作台，研磨修光

6. 压力波动及冲击

压力波动和冲击的故障原因及排除方法见表3-7。

表3-7　压力波动和冲击的故障原因及排除方法

故障原因	排除方法
压力波动——吸油管插入油面太浅或吸油口密封不好，吸油口靠近回油口，有空气吸入；管接头、液压油密封不好有泄漏；溢流阀的阀体孔和阀芯磨损，弹簧太软，阀的缓冲作用不足	增大油位，使吸油管深入油箱油面高度的2/3处，修理吸油口的管接头，改善密封，移开回油口位置，排除空气；检查各密封部位，保证密封良好；检查、修理或更换损坏的零件
冲击——工作压力调整得过高；背压阀调整不当，压力太低；用针形节流阀作缓冲，因节流变化大，稳定性差；系统内存在大量空气；液压缸两端活塞杆螺母松动；缓冲节流装置调节不当或调节失灵	调整压力阀，降低工作压力；调整背压阀，适当提高背压阀压力；改用三角槽式节流阀；排除系统内的空气；适当旋紧螺母；将节流阀的调节螺钉适当旋进，增加缓冲阻尼，若仍不起作用，则可检查单向阀的封油情况

复习思考题

1. 在液压传动系统安装前要做哪些准备工作？

2. 如何进行液压缸的安装？
3. 在安装液压传动系统管路时应注意哪些问题？
4. 如何进行液压传动系统安装后的空载试机？
5. 举例说明如何排除工作台移动速度不正常故障。
6. 举例说明如何排除工作台爬行故障。
7. 举例说明如何防止压力波动及冲击。

第四章

液压传动技能训练

培训学习目标　通过典型事例的培训，掌握液压传动各种回路的基本操作技能。

训练1　自动铝液汲取勺机构液压节流控制系统

在铝材料熔炼炉上设计安装一个由液压传动系统控制的自动铝液汲取勺机构，操作要求为：从炉中汲取液态铝，放在压铸机槽中；勺的运动由液压缸操纵，运动速度应可控制；当控制阀不工作时，汲取勺不允许沉在炉中。

根据操作要求设计液压传动系统回路，如图4-1所示。

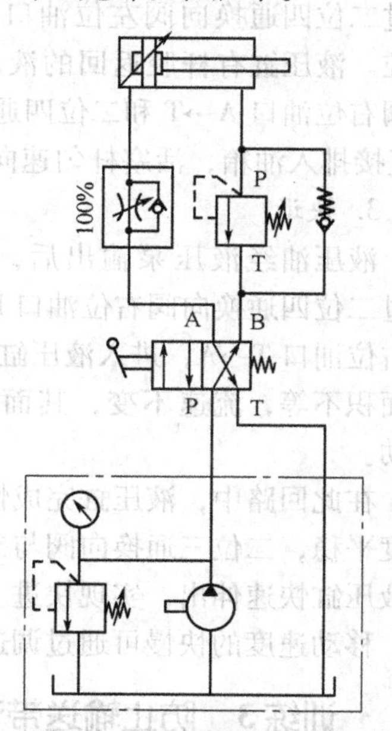

图4-1　自动铝液汲取勺机构液压节流控制系统

1. 设计思路

1）为保证控制阀不工作时汲取勺不沉在炉中，设计时采用了手柄式二位四通换向阀，可保证汲取勺不工作时始终处在换向阀的初始位置。

2）考虑到自动铝液汲取勺机构从炉中汲取液态铝时有一定的自重，在设计时采用了溢流阀作为支承。

3）设计速度时采用了单向节流阀。

2. 动作步骤

（1）汲取动作　当操作手柄式二位四通换向阀处于左位时，液压泵提供的液压油经二位四通换向阀P→A油口和调速阀进入液压缸无杆腔，液压缸活塞杆伸出，自动铝液汲取勺机构从炉中汲取液态铝。

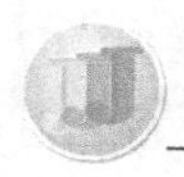

（2）浇注动作　汲取动作完成后，使二位四通换向阀处于右位，此时液压泵提供的液压油经二位四通换向阀 P→B 油口和溢流阀进入液压缸有杆腔，液压缸活塞杆退回，将从炉中汲取的液态铝放在压铸机槽中。

• 训练 2　平面磨床砂轮进给液压差动控制系统

平面磨床砂轮主轴在磨削时，由液压传动系统控制。在进给磨削前，磨头伸出快速移动，磨削时工进，当磨头缩回时实现快速收缩。为满足平磨工作要求，需设计一个带二位三通换向阀的差动回路，且速度必须可调，如图 4-2 所示。

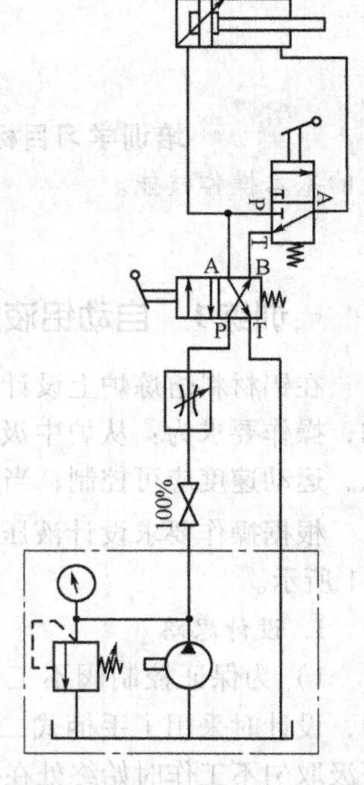

图 4-2　差动连接的液压回路

1. 快进

液压油经液压泵输出后，经截止阀、调速阀，通过二位四通换向阀左位油口 P→A 进入液压缸无杆腔。液压缸有杆腔返回的液压油通过二位三通换向阀左位油口 A→P。此时，液压泵输出的液压油和返回的液压油合流后进入液压缸无杆腔，活塞杆实现快速差动向外运动。

2. 工进

液压油经液压泵输出后，经截止阀、调速阀，通过二位四通换向阀左位油口 P→A 进入液压缸无杆腔。液压缸有杆腔返回的液压油通过二位三通换向阀右位油口 A→T 和二位四通换向阀左位油口 B→T 直接排入油箱，活塞杆匀速向外运动。

3. 快退

液压油经液压泵输出后，经截止阀、调速阀，通过二位四通换向阀右位油口 P→B 和二位三通换向阀右位油口 T→A，进入液压缸有杆腔。由于两腔受压面积不等，流速不变，其面积比值即为速度变化的倍数，活塞杆快速向内运动。

在此回路中，液压缸完成快进、工进、快退的自动工作循环，并保证工进时速度平稳，二位三通换向阀与二位四通换向阀同时换向，形成了差动回路，可实现液压缸快速伸出，实现快进。

移动速度的快慢可通过调速阀来调节。

• 训练 3　防止输送带漂移的先导式液控单向阀调整控制系统

当输送带输送工件经过烘箱时，输送带受力不均匀，影响到两边滚轮的张紧

力，从而导致输送带漂移。为使输送带不脱离滚轴，保证正常的输送，可通过调整转动滚筒的位置来保持输送带张紧力一致。为此，可将一端滚轮的端面位置固定，在另一端加装一个双作用液压缸，通过设置一个可开启的先导式液控单向阀（见图4-3）来防止输送带漂移。按操作要求，当阀门不动作时，采用三位四通换向阀（中位机能为O型）来调整滚轮的位置，正常工作时系统处于卸荷状态。

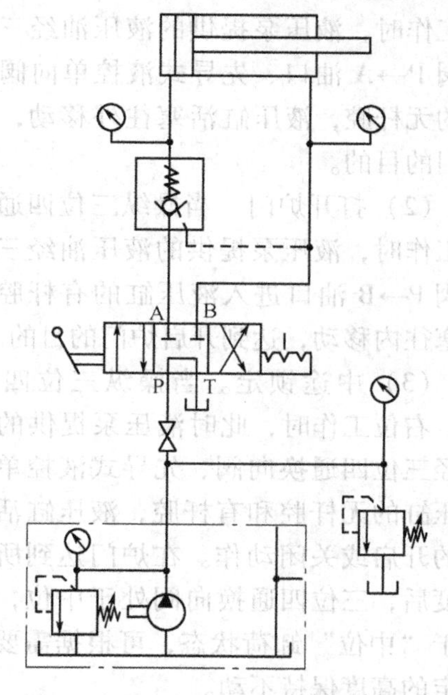

图4-3 先导式液控单向阀调整回路

1. 张紧滚轮动作

调整时，操纵三位四通换向阀，使液压油经液压泵、截止阀，由三位四通换向阀左位，通过先导式液控单向阀进入液压缸的无杆腔，使活塞杆向右移动，可调整滚动轮一侧达到张紧输送带的目的。

2. 放松滚轮动作

当操纵三位四通换向阀右位工作时，液压泵提供的液压油经三位四通换向阀、先导式液控单向阀进入液压缸的有杆腔，通过液压缸活塞杆的收缩动作来修正滚轴的位置，调整滚动轮一侧放松张紧力，使输送带不脱离滚轴。调整完成后，阀门不动作时系统处于“中位”卸荷状态，从而达到防止输送带漂移的目的。

训练4 用换向阀控制炉门开关的卸荷系统

炉门的开闭及高度由液压缸控制。为了在开闭炉门的过程中减少炉内的热量损耗，要求根据零件的高度确定炉门的开闭高度，并使其达到一定高度时保持不动。

根据操作要求设计出液压传动系统回路，如图4-4所示。

1. 设计思路

为保证炉门开闭的高度能够根据工件高度进行调整，并在达到一定高度时保持不动，设计时采用了三位四通换向阀（中位机能为O型），使系统处于卸荷状态，同时在回路中设置一个可开启的先导式液控单向阀来防止因阀门漏油而引起的活塞杆来回蠕动。

2. 操作过程

(1) 关闭炉门 当操纵三位四通换向阀左位工作时，液压泵提供的液压油经三位四通换向阀 P→A 油口、先导式液控单向阀进入液压缸的无杆腔，液压缸活塞往外移动，达到关闭炉门的目的。

(2) 打开炉门 当操纵三位四通换向阀右位工作时，液压泵提供的液压油经三位四通换向阀 P→B 油口进入液压缸的有杆腔，液压缸活塞往内移动，达到开启炉门的目的。

(3) 中途锁定。当操纵三位四通换向阀左、右位工作时，此时液压泵提供的液压油分别经三位四通换向阀、先导式液控单向阀进入液压缸的无杆腔和有杆腔，液压缸活塞杆做炉门的开启或关闭动作。在炉门达到所需的开闭高度后，三位四通换向阀处于中位，此时系统处于“中位”卸荷状态，可根据需要使炉门在一定的高度保持不动。

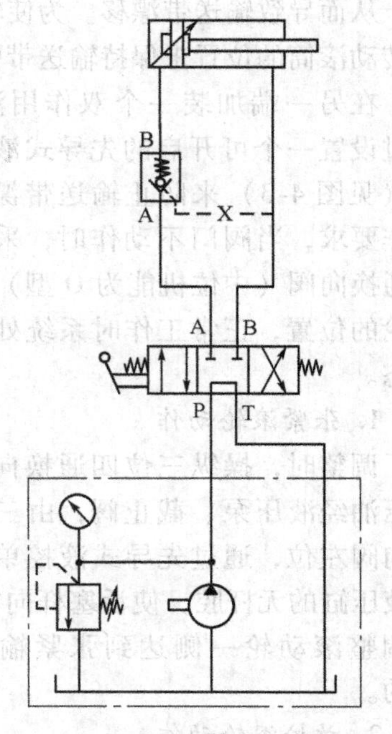

图 4-4 用换向阀控制的卸荷回路

● 训练5 独臂起重机吊具起降控制液压传动系统

在一个简易的液压独臂起重机上，选用一个双作用液压缸来完成吊具的升降运动，要求吊具可以在移动范围内任意位置停留，起降可以控制。

根据操作要求设计液压传动系统回路，如图 4-5 所示。

1. 设计思路

1) 在液压起重机起吊物体时，物体的重量产生了负压力，因此设计时采用了溢流阀作为支承。

2) 为保证液压吊具升到一定高度并保持不动，设计时采用了三位四通换向阀（中位机能为 O 型），使系统处于卸荷状态。

2. 操作动作

(1) 物件起吊 当操纵二位四通换向阀处

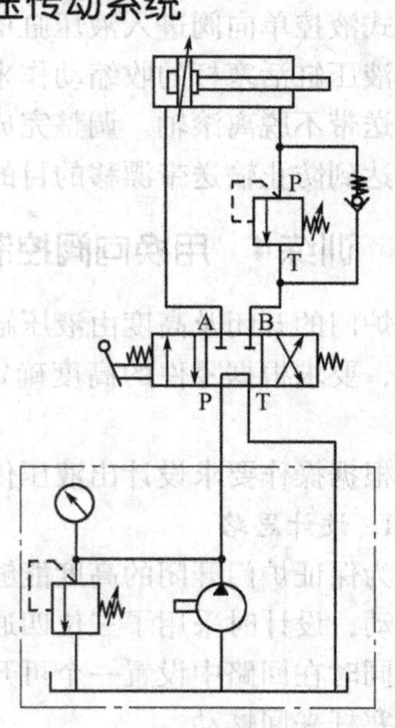

图 4-5 吊具起降控制液压传动系统

于右位时，液压泵提供的液压油经二位四通换向阀右位，通过单向阀、溢流阀进入液压缸有杆腔，液压缸活塞杆退回，物件起吊。

（2）物件放落　当操纵二位四通换向阀处于左位时，液压泵提供的液压油经二位四通换向阀左位进入液压缸无杆腔，液压缸活塞杆往外移动，物件放落。

（3）中途锁定　当操纵三位四通换向阀处于中位时，系统处于“中位”卸荷状态，可根据需要在一定的高度时保持不动。

• 训练6　叠合工件夹紧压合顺序控制系统

在一台设备上叠合装配零部件，在装配过程要求液压缸A先夹紧零件，当夹紧力达到设定值后，再由液压缸B将第二个零件压合。在装配完成后释放时，液压缸B的活塞杆必须先退回，然后夹紧杆退回。在顺序动作回路中，两液压缸分别完成顺序自动工作循环，并保证工进时速度平稳。

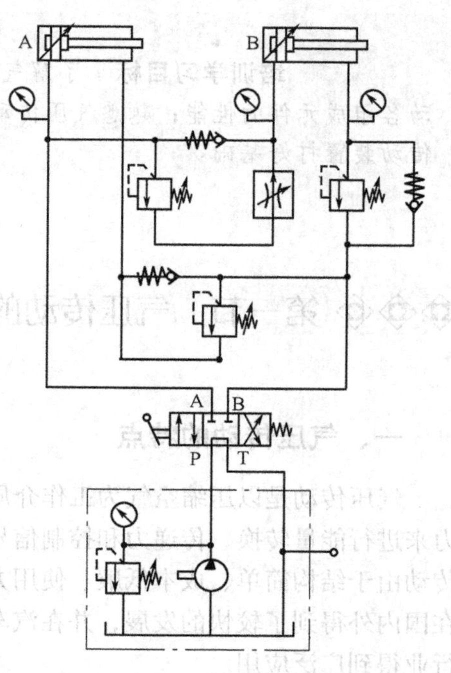

图4-6　夹紧压合顺序动作回路

1. 夹紧压合过程

如图4-6所示，启动回路后，液压泵输出的液压油通过三位四通换向阀左位P→A油口进入液压缸A无杆腔，活塞杆伸出后夹紧零件。当液压油压力达到设定值时，溢流阀打开，液压油通过节流阀输入到液压缸B无杆腔，活塞杆伸出将第二个零件压入。

2. 放松复位过程

当零件叠合后，三位四通换向阀处于右位。液压油经三位四通换向阀右位P→B油口输入液压缸B，活塞杆退回。当液压缸B的活塞杆退回到初始状态时，压力升高后溢流阀打开，液压油进入液压缸A的有杆腔，活塞杆退回到初始状态。

第五章

气压传动基础知识

培训学习目标 了解气压传动的特点和工作原理，掌握气压传动各组成元件的性能；熟悉气压传动系统，为安装调试一些机床设备、气压传动装置打好基础。

◈◈◈ 第一节 气压传动的特点、工作原理和系统组成

一、气压传动的特点

气压传动是以压缩空气为工作介质，依靠密封工作系统对气体挤压产生的压力来进行能量转换、传递力和控制信号的一种传动方式和一门自动化技术。气压传动由于结构简单、成本低廉、使用方便和节能、高效及无污染等特点，近年来在国内外得到了较快的发展，并在汽车制造、运输、航天、纺织、包装、印刷等行业得到广泛应用。

1. 气压传动的优点

1）气压传动以压缩空气为工作介质，空气可以从大气中直接汲取，无供应上的困难且无需支付费用。用过的气体可以直接排到大气中，不会污染环境，并且处理方便，不必设置回收空气的容器和管道。

2）空气粘度很小（约为液压油动力粘度的万分之一），在管路中输送时的阻力远远小于液压传动系统，其流动阻力损失也很小，便于集中供气和远距离传输与控制。

3）气压传动工作压力低，一般在 1.0MPa 以下，对元件的材质和制造精度要求较低。

4）气压传动反应快、动作迅速、工作介质清洁，不存在介质变质的问题。同时，由于气压传动系统具有维护简单、使用安全，泄漏的废气不会像液压传动系统那样严重污染环境。无油的气动控制系统特别适用于电子元件的生产，也适用于食品及医药的生产。

5）工作环境适应性好，特别是在易燃、易爆、多尘埃、强磁、辐射振动等恶劣工作环境下，与液压、电子、电气控制相比较更显其优越性。

2. 气压传动的缺点

1）由于空气具有较大的可压缩性，因此气压传动的工作速度和工作平稳性不如液压传动。为保证气压传动系统的稳定性，常采用气液联动装置予以弥补。

2）气压传动装置尺寸较小，系统输出的作用力较低，一般为0.3～1.0MPa，因此产生的传动效率较低。

3）用于气压传动装置中的气信号的传递速度限制在340m/s（声速）范围之内，比电子及光速慢。气压传动装置的工作频率和响应速度远不如电子装置，且会产生较大的信号失真和延滞，所以不便在气压传动系统中构成或使用元件级数过多的复杂回路。

4）气压传动系统中的压缩空气排入大气时会产生噪声，在高速排气时会产生强烈的噪声。

综合气压传动的优缺点，若要适应工业自动化及用于柔性制造系统，则要求提高气压传动系统可靠性，降低成本，研究和开发系统控制技术以及机、电、气、液综合技术。显然气动元件的节能化、微型化、无油化是当前的发展方向。与电子技术相结合产生的自适应元件，如各类比例阀和电气伺服阀，使气压传动系统从开关控制进入到反馈控制。计算机的广泛应用为气压传动技术的发展提供了更加广阔的前景。

二、气压传动的工作原理

图5-1a为气动剪切机的工作原理示意图。空气压缩机1产生的压缩空气，经过冷却器2和除油器3进行降温及初步净化处理后储藏在储气罐4中，再经空气过滤器5、减压阀6和油雾器7及换向阀9到达气缸10，此时换向阀9的A腔压力将阀芯推到上位（图5-1a所示位置），使气缸10上腔充压，活塞处于下位，剪切机的剪口张开。当送料机构将工件11送入剪切机并达到规定位置时，行程阀8的顶杆受压，阀芯向右移动，行程阀将换向阀的A腔与大气相通，换向阀9的阀芯在弹簧力的作用下下移，使气缸上腔与大气相通，下腔与压缩空气相通，此时活塞带动剪刀快速向上运动将工件切下。工件被切下后，即与行程阀8脱开，此时行程阀8复位，阀芯将排气通道封闭，使换向阀9的A腔气压上升，其阀芯相应上移，气路换向，压缩空气进入气缸10的上腔，下腔排气，气缸10活

塞又恢复到图5-1a所示位置，进入预备状态。

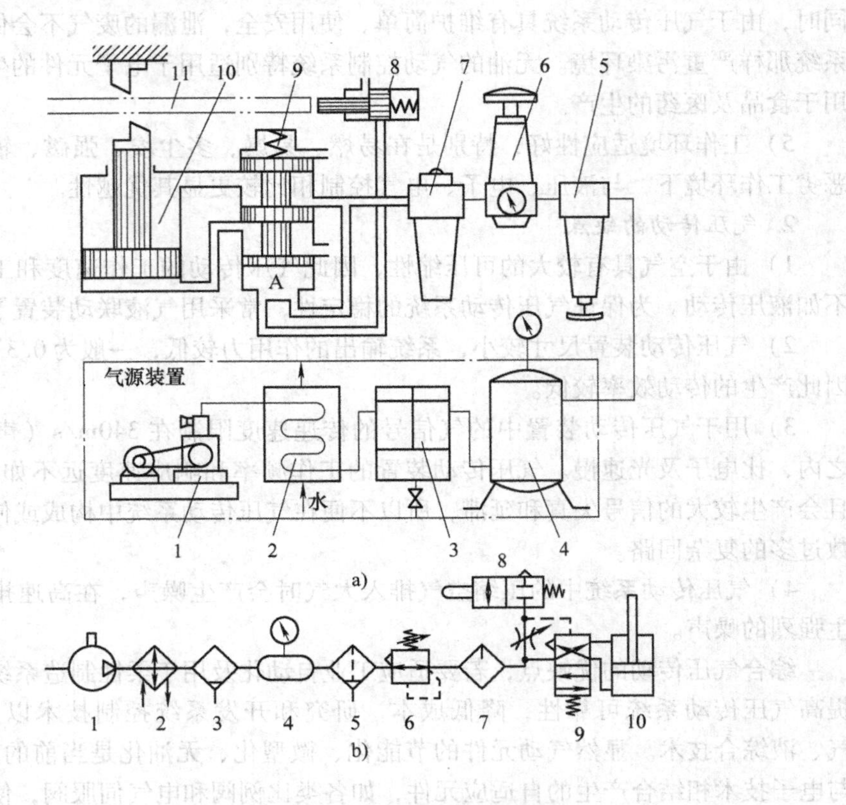

图5-1 气动剪切机的工作原理示意图

1—空气压缩机 2—冷却器 3—除油器 4—储气罐

5—空气过滤器 6—减压阀 7—油雾器 8—行程阀

9—换向阀 10—气缸 11—工件

图5-1b为用气压元件职能符号表示的气动剪切机的工作原理示意图。

三、气压传动系统的组成

由图5-1a可知，气压传动系统是由以下四个部分组成的。

1. 动力部分

空气压缩机（气泵）是动力元件，将电动机的机械能转变成气体的压力能，为各类气动设备提供动力。用气量较大的厂矿企业一般都专门建立压缩空气站，通过输送管道向各用气点分配压缩空气。

2. 执行部分

气缸或气马达是执行元件，将气泵提供的气压能转变为机械能，输出力和速

度（或转矩和转速），用以驱动工作部件。

3. 控制部分

减压阀、行程阀、换向阀等是控制元件，用以控制压缩空气的压力、流量和流动方向，以保证执行元件具有一定的输出力（或转矩）和速度（或转速）。

4. 辅助部分

冷却器、除油器、储气罐、空气过滤器、油雾器等是辅助元件，对保证系统可靠、稳定地工作起着重要作用。

第二节 气压元件

一、空气压缩机

空气压缩机是气压传动系统的动力来源，用于向系统提供压缩空气。图 5-2 为空气压缩机的工作原理示意图。在电动机驱动下，曲柄 9 做回转运动，通过连杆 8 带动活塞 1 做往复直线运动。当活塞 1 向下运动时，缸体 2 的密封工作腔增大，形成局部真空，排气阀 3 关闭，进气阀 7 打开，外界空气在大气作用下经空气过滤器 5 和进气管 6 从进气阀 7 进入缸体 2 内，实现吸气；当活塞 1 向上运动时，缸体 2 的密封工作腔减小，空气得到压缩，压力升高，此时进气阀 7 关闭，排气阀 3 打开，压缩空气经排气管 4 进入储气罐。这样循环地往复运动，产生压缩空气。

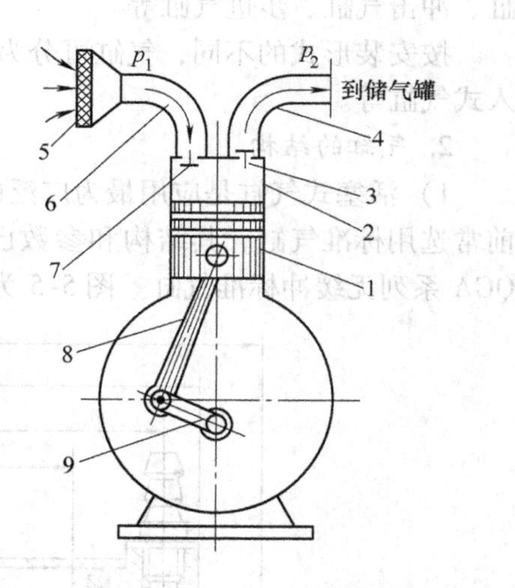

图 5-2 空气压缩机的工作原理示意图
1—活塞 2—缸体 3—排气阀
4—排气管 5—空气过滤器
6—进气管 7—进气阀
8—连杆 9—曲柄

二、气缸

气缸作为气动执行元件，是将压缩空气的压力能转化为机械能的元件，可分为气缸和气马达。气缸驱动机构做直线运动或摆动，气马达驱动机构做圆周运动。

1. 气缸的分类

气缸是气动系统中使用最多的一种执行元件。使用条件不同，其结构、形状也就不同。

按压缩空气对活塞端面作用力的不同，气缸可分为单作用气缸和双作用气缸。图5-3a所示为单作用气缸。图5-3b所示为双作用气缸。

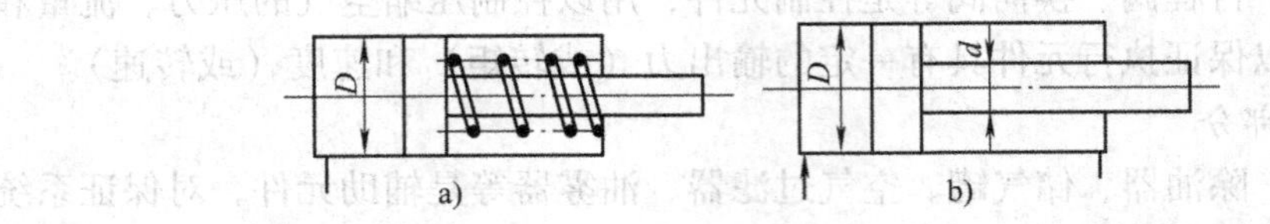

图5-3 单作用气缸和双作用气缸

按结构特征的不同，气缸可分为活塞式气缸、薄膜式气缸和伸缩式气缸。

按功能的不同，气缸可分为普通气缸、缓冲气缸、气-液阻尼缸、摆动气缸、冲击气缸、步进气缸等。

按安装形式的不同，气缸可分为固定式气缸、轴销式气缸、回转式气缸和嵌入式气缸等。

2. 气缸的结构

1）活塞式气缸是应用最为广泛的一种气缸，其结构与液压缸基本类似。目前常选用标准气缸，其结构和参数已系列化、标准化、通用化。图5-4所示为QGA系列无缓冲标准气缸。图5-5为QGB系列有缓冲标准气缸。

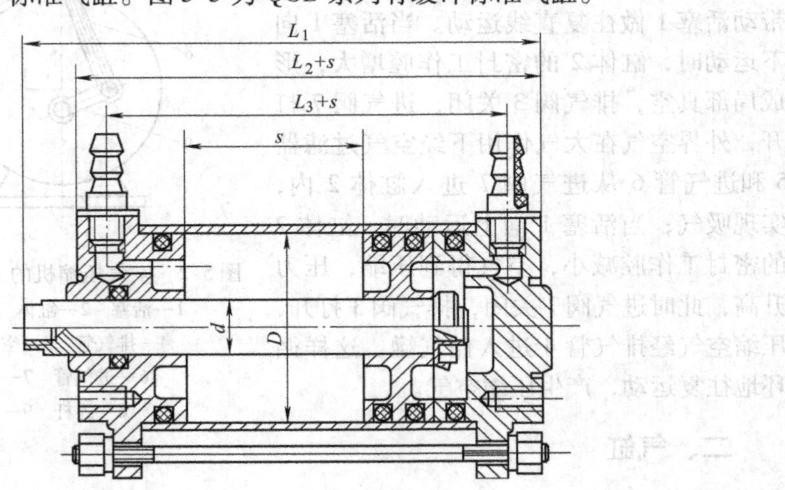

图5-4 QGA系列无缓冲标准气缸

2）薄膜气缸如图5-6所示。它主要由膜片和中间硬芯相连来代替普通气缸中的活塞，依靠薄膜片在气压作用下变形来使活塞杆前进。活塞的位移较小，一般小于40mm。这种气缸的特点是结构紧凑、重量轻、维修方便、密封性能好、制造成本低，主要应用于化工生产中的调节器上。

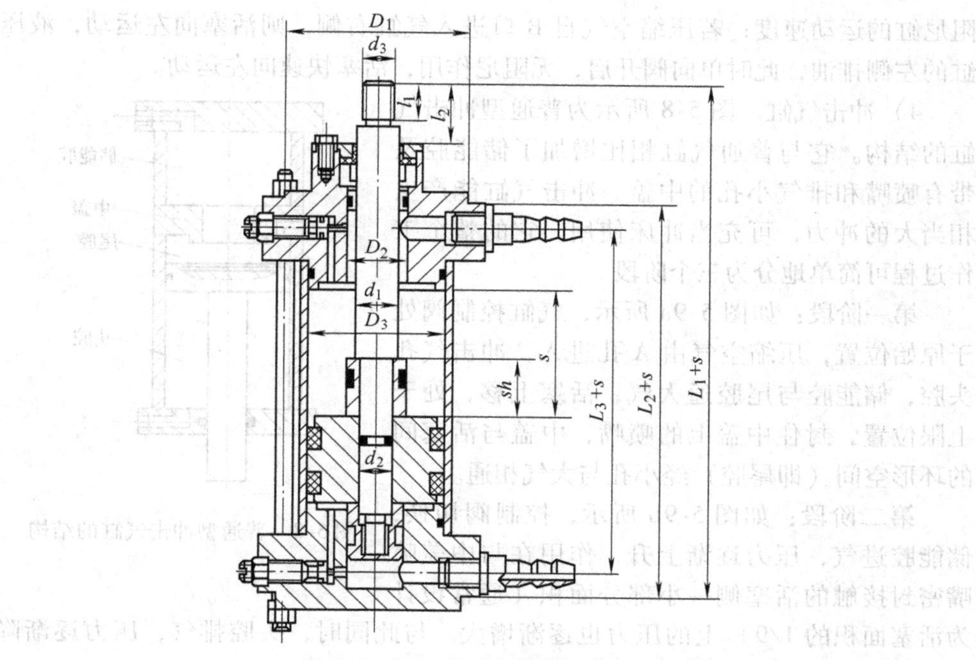

图 5-5　QGB 系列有缓冲标准气缸

3）气-液阻尼气缸是由气缸和液压缸组合而成的。它以压缩空气为能源，利用液压油的不可压缩性和控制流量来获得活塞的平稳运动和调节活塞的运动速度。与气缸相比，它传动平稳，停位准确，噪声小；与液压缸相比，它不需要液压源，经济性好，同时具有气压传动和液压传动的优点，因此得到越来越广泛的应用。图5-7为串联式气-液阻尼气缸的工作原理示意图。若压缩空气自 A 口进入气缸左侧，必然会推动活塞向右运动，因液压缸活塞与气缸活塞是同一个活塞杆，故液压缸也将向右运动，此时液压缸右腔排油，液压油由 A′口经节流阀对活塞的运行产生阻尼作用，调节节流阀，即可改变

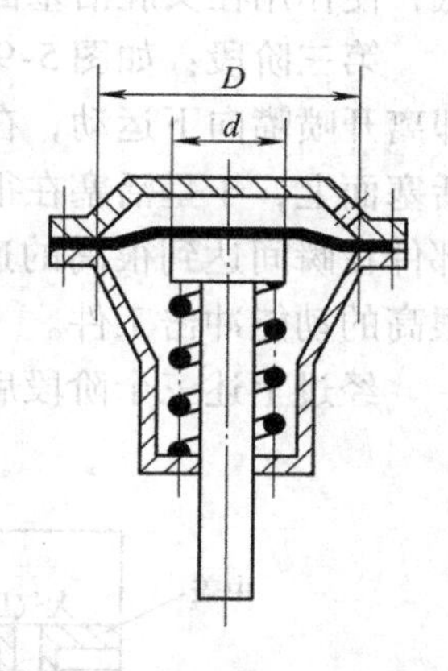

图 5-6　薄膜气缸

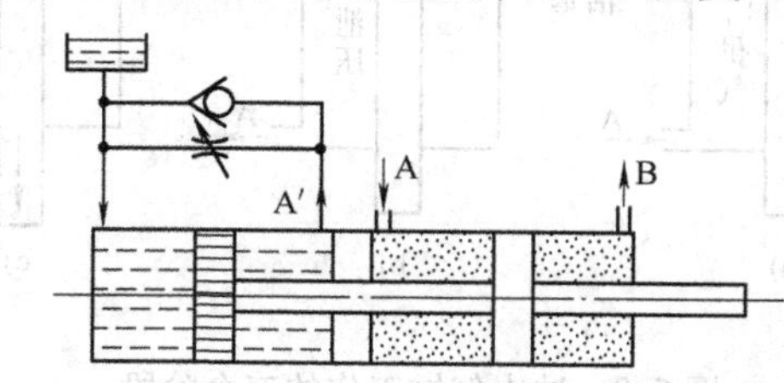

图 5-7　串联式气-液阻尼气缸的工作原理示意图

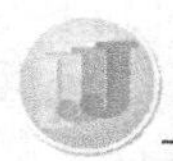

阻尼缸的运动速度；若压缩空气自 B 口进入气缸右侧，则活塞向左运动，液压缸的左侧排油，此时单向阀开启，无阻尼作用，活塞快速向左运动。

4）冲击气缸。图 5-8 所示为普通型冲击气缸的结构。它与普通气缸相比增加了储能腔及带有喷嘴和排气小孔的中盖。冲击气缸能产生相当大的冲力，可充当冲床使用。它的整个工作过程可简单地分为三个阶段。

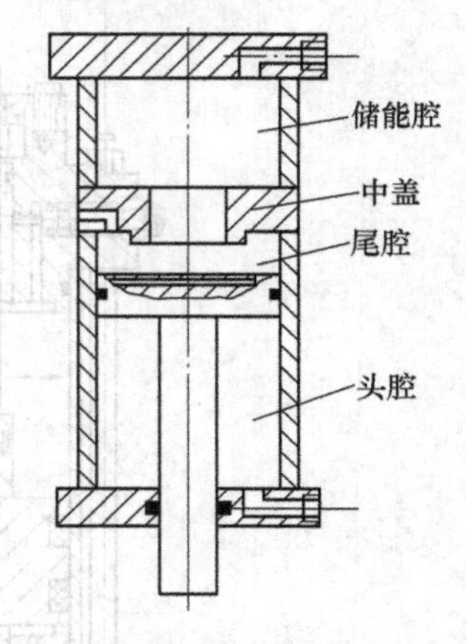

图 5-8 普通型冲击气缸的结构

第一阶段：如图 5-9a 所示，气缸控制阀处于原始位置，压缩空气由 A 孔进入，冲击气孔头腔，储能腔与尾腔通大气，活塞上移，处于上限位置，封住中盖上的喷嘴，中盖与活塞间的环形空间（即尾腔）经小孔与大气相通。

第二阶段：如图 5-9b 所示，控制阀切换，储能腔进气，压力逐渐上升，作用在与中盖喷嘴密封接触的活塞侧一小部分面积（通常设计为活塞面积的 1/9）上的压力也逐渐增大。与此同时，头腔排气，压力逐渐降低，使作用在头腔活塞面积上的压力逐渐减小。

第三阶段：如图 5-9c 所示，当活塞上下两边的压力不能保持平衡时，活塞即离开喷嘴向下运动，在喷嘴打开的瞬间，储能腔内的气压突然加到尾腔的整个活塞面上，于是活塞在很大的压差作用下加速向下运动，使活塞、活塞杆等运动部件在瞬间达到很高的速度（约为同样条件下普通气缸速度的 10 ~ 15 倍），以很高的动能冲击工件。

经过上述三个阶段后，控制阀复位，冲击气缸开始另一个工作循环。

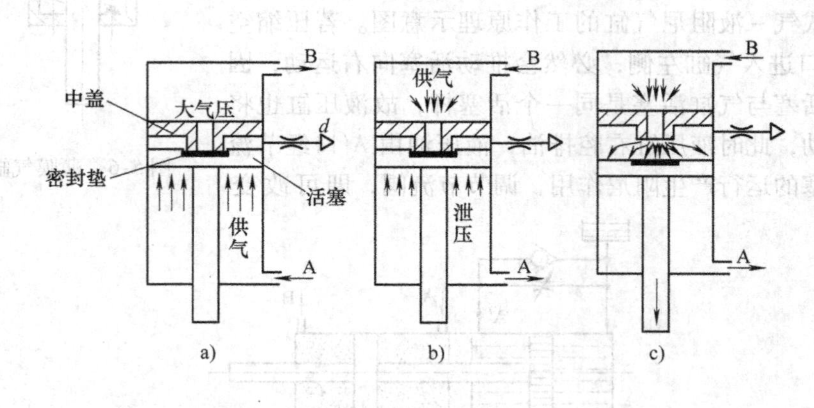

图 5-9 冲击气缸工作的三个阶段

3. 气缸运动速度和推力的计算

1）气缸运动速度。气缸运动速度的变化比较复杂，因此只计算其平均运动速度。

单作用气缸的运动速度为

$$v=\frac{q}{A_1}$$

双作用气缸的运动速度为

$$v=\frac{q}{A_2}$$

式中 v——气缸运动平均速度（m/s）；
q——压缩空气体积流量（m^3/s）；
A_1——气缸无杆侧面积（m^2）；
A_2——气缸有杆侧面积（m^2）。

在一般条件下，气缸的平均运动速度约为0.5m/s。

2）气缸推力。气缸推力与压缩空气的压力及气缸面积有关。

单作用气缸的推力为

$$F=p_1A_1-F_t$$

双作用气缸的推力为

$$F=p_1A_1-p_2A_2$$

式中 F——气缸推力（N）；
F_t——弹簧力（N）；
A_1——气缸无杆侧面积（m^2）；
A_2——气缸有杆侧面积（m^2）；
p_1——气缸无杆侧压力（MPa）；
p_2——气缸有杆侧压力（MPa）。

上述计算公式忽略了摩擦阻力、活塞加速度等因素。

4. 气缸密封装置

气缸密封装置用以防止压缩空气的泄漏。密封装置设计、安装得好坏，对气缸的性能有重要的影响。一般要求气缸密封装置应具有良好的密封性，制造简单，装拆方便，成本低，寿命长。气缸的密封主要指活塞、活塞杆处的动密封及缸盖等处的静密封。气缸的密封装置通常为O形密封圈和Y形密封圈。

5. 气缸缓冲装置

由于气缸活塞运动速度较快，当活塞到达行程末端时，会以很快的速度撞击端盖，这样会引起气缸振动和损坏。为避免气缸冲击，常在气缸内设置缓冲装置。

气缸缓冲装置通常由缓冲柱塞、柱塞孔、节流阀和单向阀组成，如图5-10所示。当活塞在气缸中间向右运动时，气缸有杆侧的气体经柱塞孔2和主排气道直接排出，排气畅通。当活塞运动到行程末端时，缓冲柱塞1进入柱塞孔2，主排气道被堵塞，活塞有杆侧的气体需经单向阀4和排气道排出。从缓冲柱塞进入柱塞孔到活塞运动到底的一段行程称为缓冲行程。在缓冲行程中，环形空间的空气被压缩，压力升高形成气垫，以吸收活塞运动部件的能量，使活塞等运动部件减速，即把运动部件的动能变成气体的压力能。

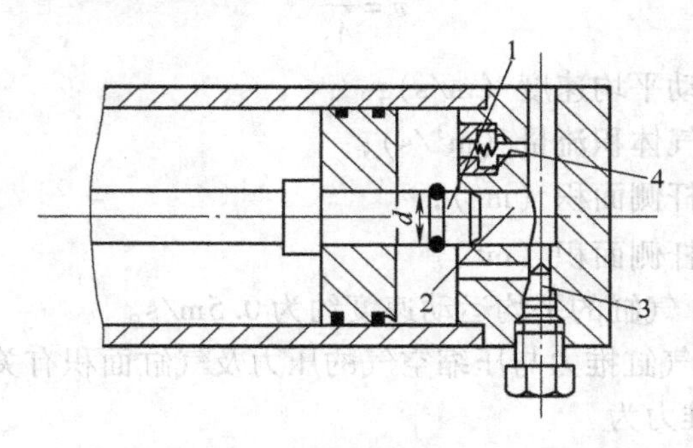

图5-10 气缸缓冲装置的结构

1—柱塞 2—柱塞孔 3—节流阀 4—单向阀

在气缸内设置缓冲装置来实现缓冲是一种常用的方法。此外，也有缸外设置缓冲回路的方法，可参阅缓冲回路。

6. 气马达

气马达是利用压缩空气的能量实现旋转运动的机械。按结构不同，气马达可分为叶片式、活塞式、齿轮式等，最为常用的是叶片式和活塞式。叶片式气马达制造简单，结构紧凑，但低速起动转矩小，低速性能不好，适用于低功率或中功率的机械，目前在矿山机械及风动工具中应用较普遍。

图5-11为双向旋转叶片式气马达的工作原理示意图。压缩空气从进气口A进入气室后立即喷向叶片Ⅰ，作用在叶片的外伸部分，产生转矩，带动转子逆时针转动，输出旋转的机械能，废气从排气口C排出，残余气体则从

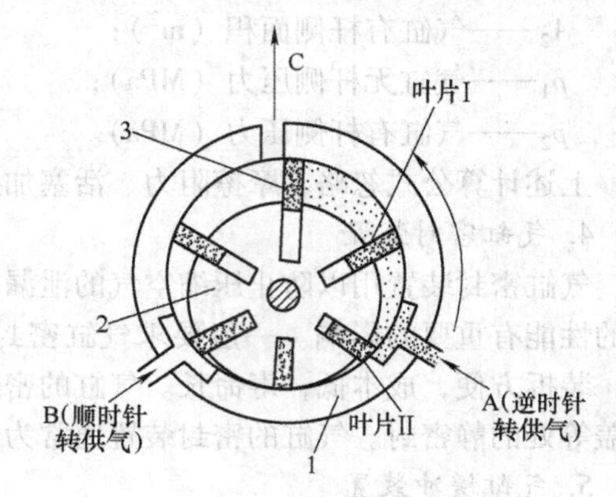

图5-11 双向旋转叶片式气马达的工作原理示意图

1—定子 2—转子 3—叶片

B 排出（二次排气）；若进、排气口互换，则转子反转，输出相反方向的机械能。转子转动的离心力和叶片底部的气压力、弹簧力（图中未画出）使得叶片紧密地抵在定子 1 的内壁上，以保证密封，提高容积效率。

三、气压控制元件

气压控制元件主要是控制阀，分为方向控制阀、压力控制阀和流量控制阀三大类。

1. *方向控制阀*

（1）单向阀　气流只能向一个方向流动而不能反方向流动的阀。其工作原理、结构和图形符号如图 5-12 所示。当压缩空气从右端的 P 口进入单向阀时，气体压力作用在密封垫 4 和阀芯 2 上，克服弹簧 3 的作用力后，阀芯 2 向左移动，打开阀口，压缩空气经阀芯 2 上的径向孔和轴向孔从 A 口流出。当压缩空气从左端 A 口进入单向阀时，气体压力和弹簧力一起作用在阀芯 2 上，使阀芯 2 右移，关闭阀口，压缩气体不能通过。

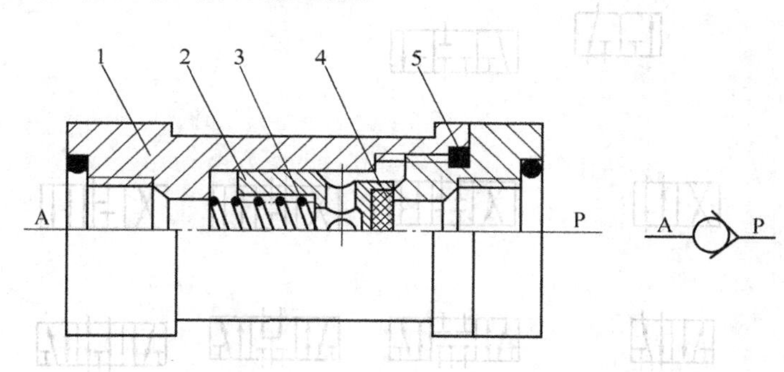

图 5-12　单向阀

1—阀套　2—阀芯　3—弹簧　4—密封垫　5—密封圈

（2）换向阀　用于改变气体通道，使气体流动方向发生变化，从而改变气动执行元件的运动方向。

气动换向阀按阀芯结构的不同可分为滑阀式、截止式、平面式、旋塞式和膜片式，其中以截止式换向阀和滑阀式换向阀应用较多。气动换向阀按控制方式的不同可分为二位二通换向阀、二位三通换向阀、二位四通换向阀、二位五通换向阀、三位四通换向阀、三位五通换向阀及多位多通换向阀等。图 5-13 所示为换向阀操作方式图形符号。图 5-14 所示为换向阀的位和通路图形符号。

1）滑阀式换向阀是应用较广的一种换向阀，其工作原理如图 5-15 所示，图 5-15a 所示为三通阀，上图为阀的初始位置，阀芯在弹簧力作用下位于右端，压缩空气从输入口 P 流向输出口 A，A 口有输出，B 口无输出，即 P→A。下图为

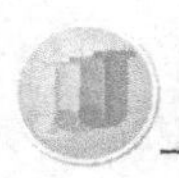

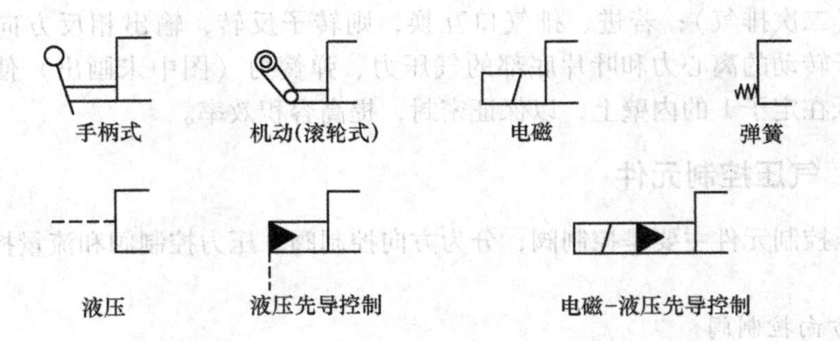

图 5-13　换向阀操作方式的图形符号

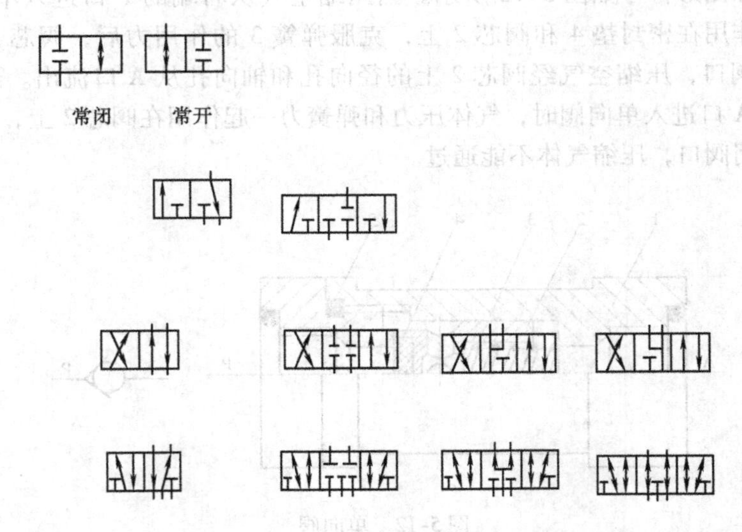

图 5-14　换向阀的位和通路图形符号

注：阀的气口可用字母表示，也可用数字表示。用数字表示时，
1 表示输入口（进气口），2、4 表示输出口（工作口），3、5 表示排气口，
12、14 表示控制口，10 表示输出信号清零的控制口。

阀的工作状态，阀芯在控制力作用下克服弹簧力移向左端，关断 P 口与 A 口之间的通路，接通 P 口与 B 口，于是 A 口无输出，B 口有输出，即 P→B。图 5-15b 所示为五通阀的初始位置，阀芯处于右端，阀内通道为 P→A，B→S，当阀芯在控制力作用下移向左端工作位置时，阀内通道为 P→B，A→R。

根据阀芯的位置不同，滑阀式换向阀可分为二位阀和三位阀；根据内部通路数的不同，滑阀式换向阀可分为二通阀、三通阀、四通阀、五通阀等。

2）截止式换向阀。截止式换向阀的阀芯沿着阀座轴向移动，对阀门通道起着开关作用，控制进气和出气。图 5-16 所示为二通截止式换向阀。如图5-16a所

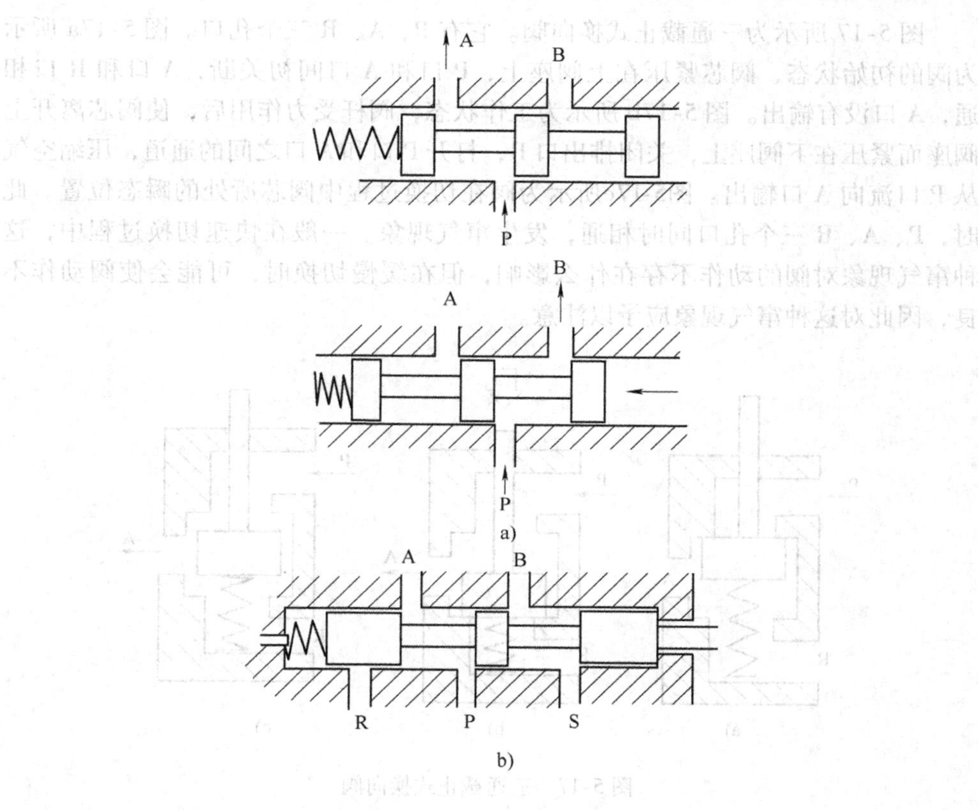

图 5-15　滑阀式换向阀

示，在从阀的 P 口输入工作气压后，阀芯在弹簧力和气体压力作用下紧压在阀座上，压缩空气不能从 A 口流出。如图 5-16b 所示，在阀杆受到向下的作用力后，阀芯向下移动，脱离阀座，压缩空气就能从 P 口流向 A 口。这就是截止式换向阀的切换原理。

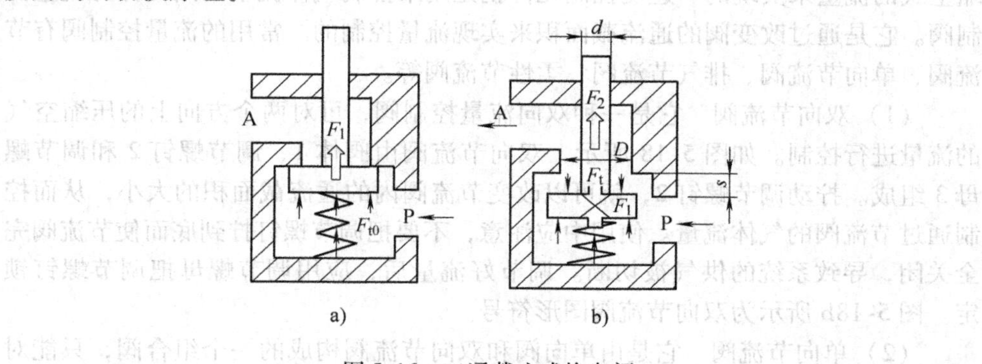

图 5-16　二通截止式换向阀

图5-17所示为三通截止式换向阀。它有P、A、R三个孔口。图5-17a所示为阀的初始状态，阀芯紧压在上阀座上，P口和A口间初关断，A口和R口相通，A口没有输出。图5-17b所示为工作状态，阀杆受力作用后，使阀芯离开上阀座而紧压在下阀座上，关闭排出口R，打开P口和A口之间的通道，压缩空气从P口流向A口输出。图5-17c所示为阀在切换过程中阀芯所处的瞬态位置。此时，P、A、R三个孔口同时相通，发生窜气现象。一般在快速切换过程中，这种窜气现象对阀的动作不存在什么影响，但在缓慢切换时，可能会使阀动作不良，因此对这种窜气现象应予以注意。

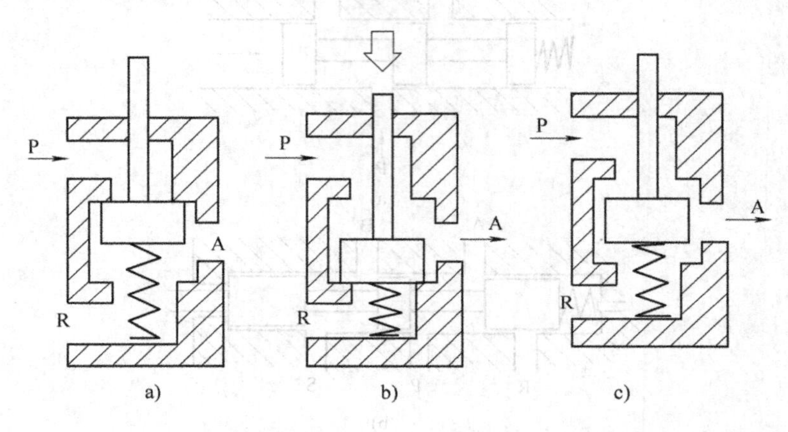

图5-17 三通截止式换向阀

除了上述两种普遍使用的换向阀外，还有气压控制换向阀、电磁控制换向阀、延时阀等。

2. 流量控制阀

在气压传动系统中，经常要求控制执行元件的运动速度。这一般是靠调节压缩空气的流量来实现的。速度控制元件就是用来控制气体流量的阀，称为流量控制阀。它是通过改变阀的通流截面积来实现流量控制的。常用的流量控制阀有节流阀、单向节流阀、排气节流阀、柔性节流阀等。

（1）双向节流阀　它是一种双向流量控制阀，可对两个方向上的压缩空气的流量进行控制。如图5-18所示，双向节流阀由阀体1、调节螺钉2和调节螺母3组成。拧动调节螺钉2，就可以改变节流阀内的通流截面积的大小，从而控制通过节流阀的气体流量。使用中应注意，不要把调节螺钉拧到底而使节流阀完全关闭，导致系统的供气被切断。调节好流量后，应用调节螺母把调节螺钉锁定。图5-18b所示为双向节流阀图形符号。

（2）单向节流阀　它是由单向阀和双向节流阀构成的一个组合阀，只能对一个方向上的压缩空气流量进行控制。如图5-19所示，当压缩空气从左向右流

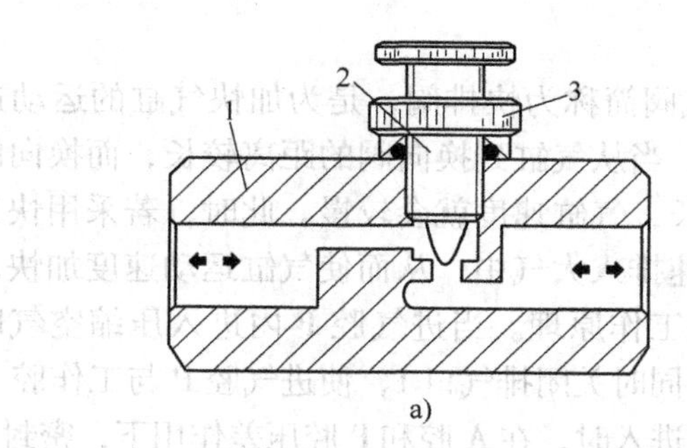

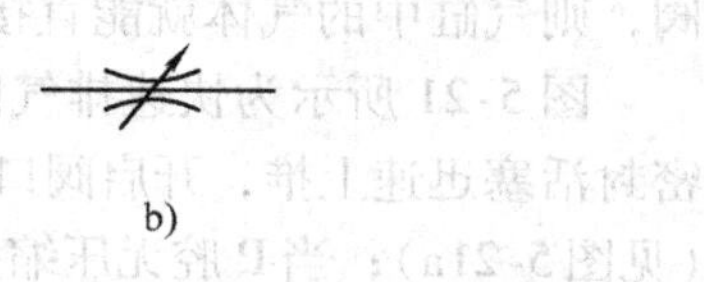

图 5-18 双向节流阀

a）结构 b）图形符号

1—阀体 2—调节螺钉 3—调节螺母

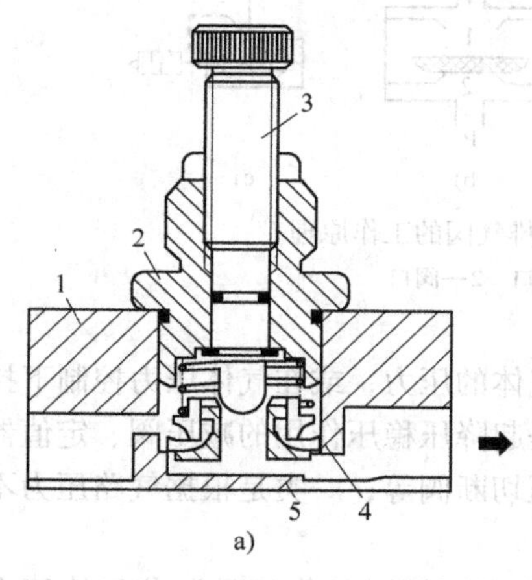

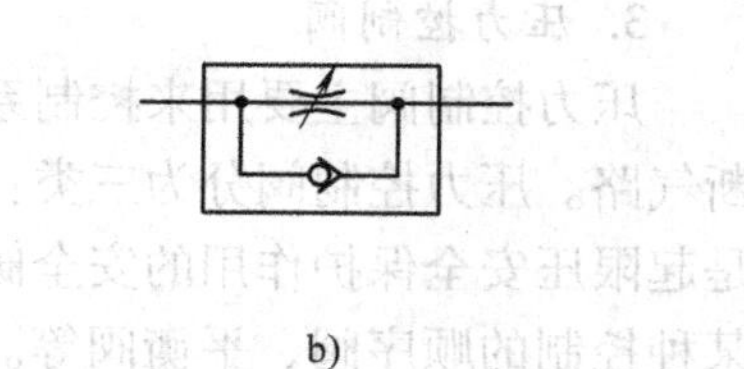

图 5-19 单向节流阀

a）结构 b）图形符号

1—阀体 2—端盖 3—调节螺钉 4—弹簧片 5—阀座

动时，单向阀关闭，气流从节流口流过，起控制流量作用；当气流从右向左流动时，单向阀打开，无节流作用。

（3）排气节流阀 其节流原理和双向节流阀一样，也是靠调节通流面积来调节阀的流量。图 5-20 所示为其工作原理，气流从 A 口进入阀内，由节流口 1 节流后经消声套 2 排出。它不仅能调节执行元件的运动速度，还能起降低排气噪声的作用，通常安装在换向阀的排气口处与换向阀联用，起单向节流阀的作用。它实际上是节流阀的一种特殊形状。其结构简单，安装方便，能简化回路，

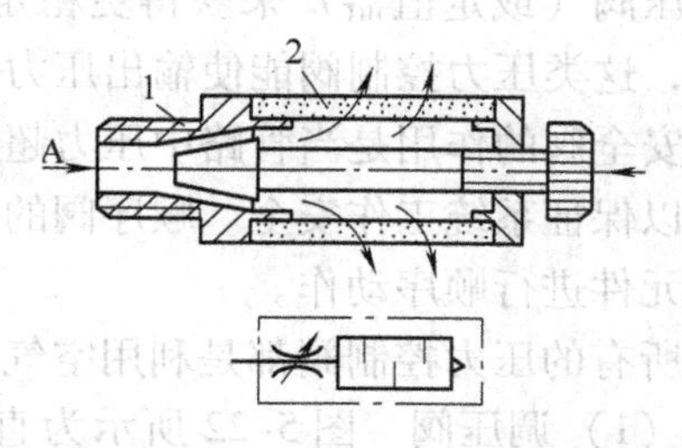

图 5-20 排气节流阀的工作原理

1—节流口 2—消声套

因此应用广泛。

（4）快速排气阀　快速排气阀简称为快排阀，是为加快气缸的运动速度进行快速排气用的。气缸在工作中，当从气缸到换向阀的距离较长，而换向阀的排气口又较小时，排气时间就会较长，气缸速度就会较慢。此时，若采用快速排气阀，则气缸中的气体就能直接快速排入大气中，从而使气缸运动速度加快。

图5-21所示为快速排气阀的工作原理。当进气腔P内进入压缩空气时，将密封活塞迅速上推，开启阀口2，同时关闭排气口1，使进气腔P与工作腔A相通（见图5-21a）；当P腔无压缩空气进入时，在A腔和P腔压差作用下，密封活塞迅速下降，关闭P腔，使A腔通过阀口1经T腔快速排气，如图5-21b、c所示。

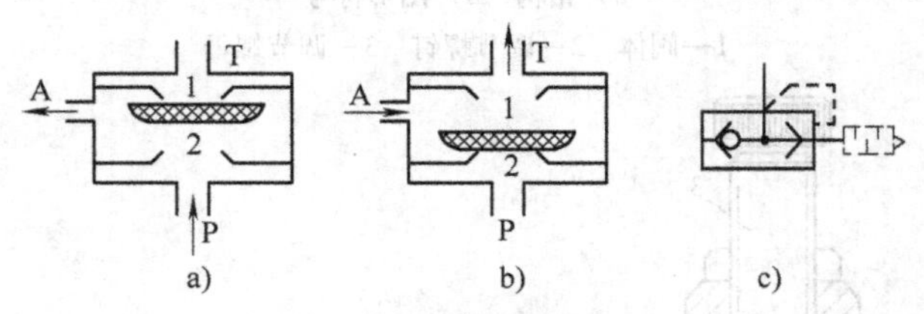

图5-21　快速排气阀的工作原理

1—排气口　2—阀口

3. 压力控制阀

压力控制阀主要用来控制系统中气体的压力，或在气体压力控制下接通或切断气路。压力控制阀分为三类：一类是起降压稳压作用的减压阀、定值器；一类是起限压安全保护作用的安全阀、限压切断阀等；一类是根据气路压力不同进行某种控制的顺序阀、平衡阀等。

减压阀（在气压传动系统中又称为调压阀）的作用是调节气体压力，并保证供气压力值保持稳定。气压传动系统将比使用压力高的压缩空气储于储气罐中，然后减压到适用于系统的压力，故每台气压传动装置的供气压力都需用减压阀来减压。对低压控制系统（如气动测量），除用减压阀降低压力外，还需用精密减压阀（或定值器）来获得更稳定的供气压力。当输入压力在一定范围内改变时，这类压力控制阀能使输出压力保持不变。

安全阀的作用是当管路中压力超过允许压力时，会自动排气，使系统压力下降，以保证系统工作安全。顺序阀的作用是按气压的大小来控制两个以上的气动执行元件进行顺序动作。

所有的压力控制阀都是利用空气压力和弹簧力相平衡的原理来进行工作的。

（1）调压阀　图5-22所示为直动式调压阀的工作原理及图形符号。当顺时针方向旋转调整手柄1时，调压弹簧2（实际上有两个弹簧）推动下弹簧座3、膜片4和阀芯5向下移动，使阀口开启，气流通过阀口后压力降低，从右侧输出二次压力气。与此同时，有一部分气流由阻尼孔7进入膜片室，在膜片下产生一

个向上的推力与弹簧力平衡，调压阀便有稳定的压力输出。当输入压力 p_1 增高时，输出压力 p_2 也随之增高，使膜片下的压力也增高，将膜片向上推，阀芯5在复位弹簧9的作用下上移，从而使阀口8的开度减小，节流作用增强，使输出压力降低到调定值为止；反之，若输入压力下降，则输出压力也随之下降，膜片下移，阀口开度增大，节流作用降低，使输出压力回升到调定压力，以维持压力稳定。调节调整手柄1以控制阀口开度的大小，即可控制输出压力的大小。常用调压阀的最大输出压力为1.0MPa，其输出流量随着阀的通径大小而改变。

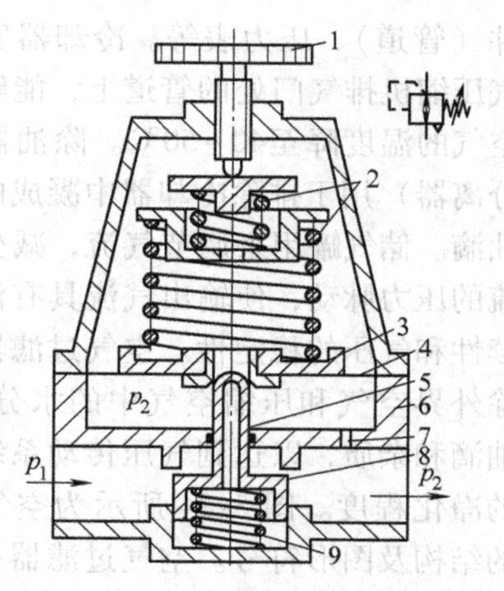

图5-22 直动式调压阀的工作原理及图形符号

1—调整手柄 2—调压弹簧 3—下弹簧座 4—膜片 5—阀芯 6—阀套 7—阻尼孔 8—阀口 9—复位弹簧

（2）压力顺序阀 它是由一只限压阀和一只换向阀组合而成的，如图5-23所示。图中左侧为限压阀，右侧为换向阀。在原始状态时，限压阀的弹簧力使限压阀关闭，压缩空气不能通过限压阀去推动换向阀换向，整个压力顺序阀处于关闭状态。只有当控制端12（X）口有压力信号输入，且压力达到预定值时，限压阀才打开，压缩空气经限压阀推动换向阀换向，出口2（A）处有压缩空气输出。

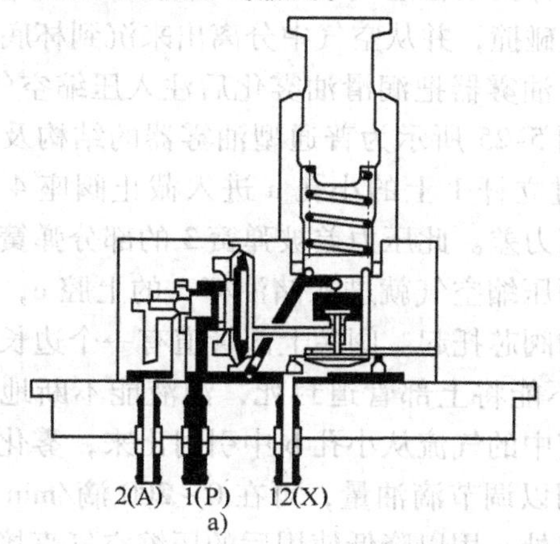

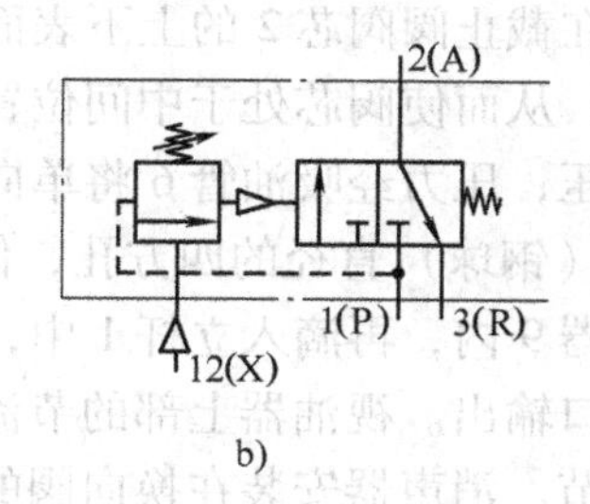

图5-23 压力顺序阀

a）结构 b）图形符号

四、辅助元件

辅助元件包括冷却器、除油器、储气罐、油雾器、空气过滤器、消声器、管

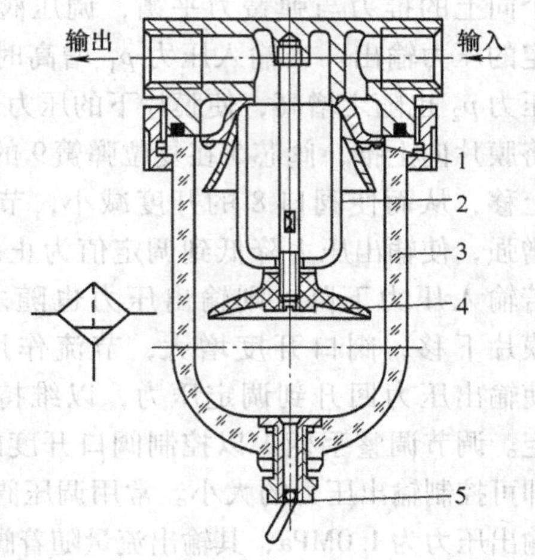

图 5-24 空气过滤器的结构及图形符号

1—旋风叶子 2—滤芯 3—存水杯 4—挡水板 5—排水阀

件（管道）、压力表等。冷却器安装在空气压缩机排气门处的管道上，能够将压缩空气的温度降至40～50℃。除油器（油水分离器）用于排除冷却器中凝成的水滴和油滴。储气罐用来调节气流，减少输出气流的压力脉动，使输出气流具有流量的连续性和气压的稳定性。空气过滤器用于滤除外界空气和压缩空气中的水分、灰尘、油滴和杂质，以达到气压传动系统所要求的净化程度。图 5-24 所示为空气过滤器的结构及图形符号。空气过滤器一般是由壳体和滤芯组成的。滤芯材料有多种，如纸、织物、陶瓷、泡沫塑料、金属网等。空气压缩机中普遍采用纸质过滤器和金属过滤器。这种过滤器通常又称为一次过滤器，其滤灰效率为 50%～70%；空气压缩机输出端使用的是二次过滤器（滤灰率为 70%～90%）和高效过滤器（滤灰率大于99%）。图 5-24 所示空气过滤器（二次过滤器）的工作原理是：压缩空气从输入口进入后，被引入旋风叶子 1，旋风叶子上有许多带有一定角度的缸口，迫使空气沿切线方向产生强烈旋转。这样夹杂在空气中的较大水滴、油滴和灰尘等便依靠自身的惯性与存水杯 3 的内壁碰撞，并从空气中分离出来沉到杯底，而微粒灰尘和雾状水汽则由滤芯 2 滤除。油雾器把润滑油雾化后注入压缩空气中，并使之随气流进入需要润滑的部位。图 5-25 所示为普通型油雾器的结构及图形符号。压缩空气从输入口进入后，通过立杆 1 上的小孔 a 进入截止阀座 4 的腔内，在截止阀阀芯 2 的上下表面形成压力差。此压力差被弹簧 3 的部分弹簧力所平衡，从而使阀芯处于中间位置，因而压缩空气就进入储油杯 5 的上腔 c，使油面受压，压力经吸油管 6 将单向阀 7 的阀芯托起。阀芯上部管道有一个边长小于阀芯（钢球）直径的四方孔，使阀芯不能将上部管道封死，油液能不断地流入视油器 9 内，再滴入立杆 1 中，被通道中的气流从小孔 b 中引射出来，雾化后从输出口输出。视油器上部的节流阀 8 用以调节滴油量，可在 0～200 滴/min 范围内调节。消声器安装在换向阀的排气口处，用以降低使用后的压缩空气直接排入大气时所产生的强烈噪声。管件（管道）用于连接气压元件和输送气体（并传递气压）。图 5-26 为车间内管道系统布置示意图。在压缩空气进入气压元件及气压传动系统之前，为最后保证压缩空气的质量，用压力表测定气体压力是否符合负载的要求。

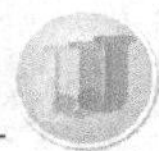

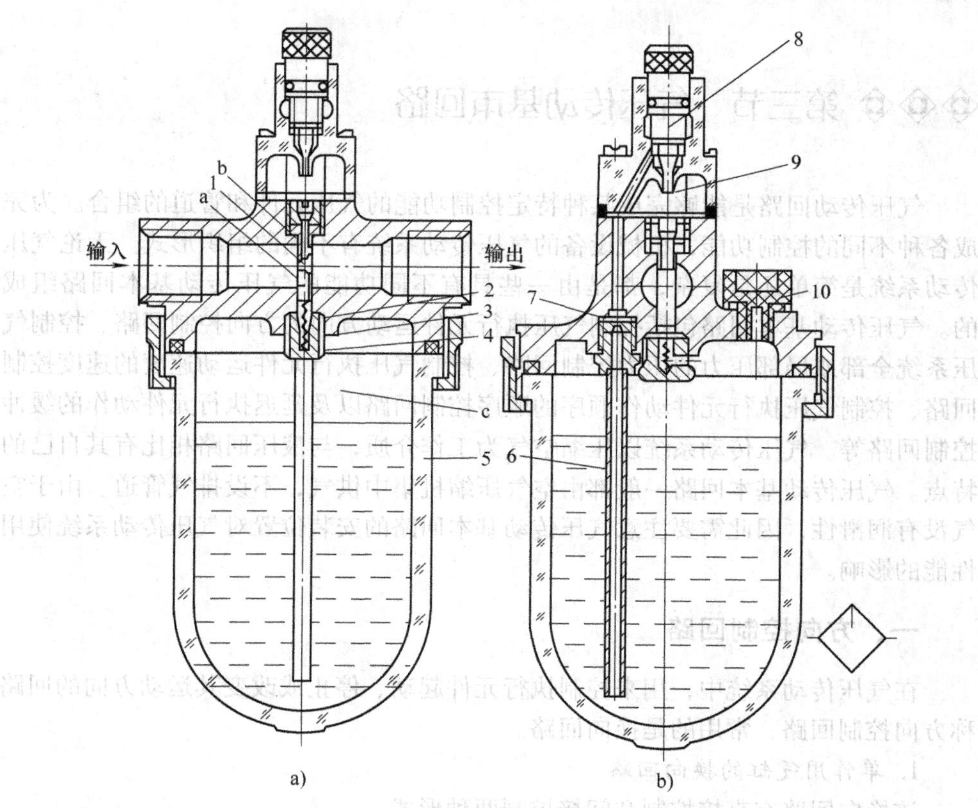

图 5-25 普通型油雾器的结构及图形符号

1—立杆 2—阀芯 3—弹簧 4—阀座 5—储油杯

6—吸油管 7—单向阀 8—节流阀 9—视油器 10—油塞

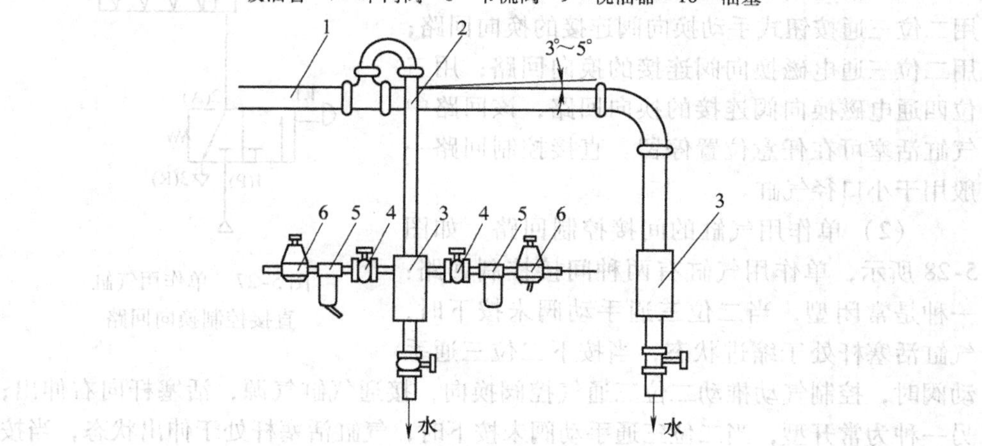

图 5-26 车间内管道系统布置示意图

1—主管 2—支管 3—集水罐 4—阀门 5—过滤器 6—减压阀

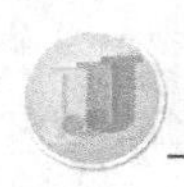

◆◆◆ 第三节 气压传动基本回路

气压传动回路是能够完成某种特定控制功能的气压元件和管道的组合。为完成各种不同的控制功能，机械设备的气压传动系统有不同的组织形式。无论气压传动系统是简单还是复杂，都是由一些具有不同功能的气压传动基本回路组成的。气压传动基本回路包括控制气压执行元件运动方向的方向控制回路、控制气压系统全部或局部压力的压力控制回路、控制气压执行元件运动速度的速度控制回路、控制气压执行元件动作顺序的顺序控制回路以及延迟执行元件动作的缓冲控制回路等。气压传动系统以压缩空气为工作介质，与液压回路相比有其自己的特点。气压传动基本回路一般都由空气压缩机集中供气，不设排气管道。由于空气没有润滑性，因此需要注意气压传动基本回路的安装位置对气压传动系统使用性能的影响。

一、方向控制回路

在气压传动系统中，用来控制执行元件起动、停止或改变其运动方向的回路称方向控制回路，常用的是换向回路。

1. 单作用气缸的换向回路

该换向回路有直接控制和间接控制两种形式。

（1）单作用气缸的直接控制回路 如图5-27所示，单作用气缸有三种直接控制回路：用二位三通按钮式手动换向阀连接的换向回路；用二位三通电磁换向阀连接的换向回路；用三位四通电磁换向阀连接的换向回路，该回路中气缸活塞可在任意位置停留。直接控制回路一般用于小口径气缸。

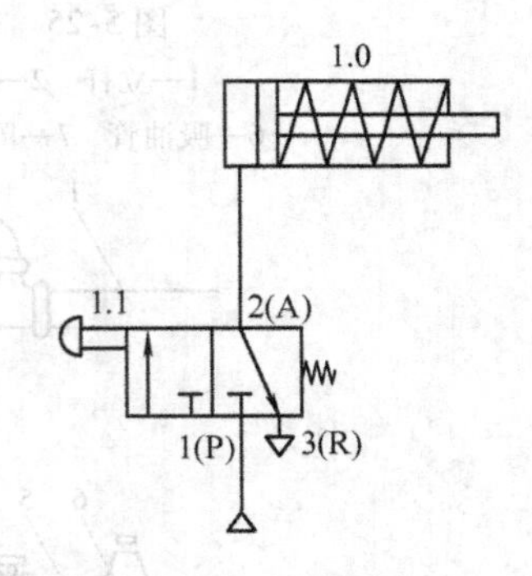

图5-27 单作用气缸直接控制换向回路

（2）单作用气缸的间接控制回路 如图5-28所示，单作用气缸有两种间接控制回路：一种是常闭型，当二位三通手动阀未按下时，气缸活塞杆处于缩进状态，当按下二位三通手动阀时，控制气动推动二位三通气控阀换向，接通气缸气源，活塞杆向右伸出；另一种为常开型，当二位三通手动阀未按下时，气缸活塞杆处于伸出状态，当按下二位三通手动阀时，二位三通气控阀换向，切断气缸供气源，活塞杆在弹簧作用下向左缩进。间接控制可用小口径手动换向阀来控制大口径的气控阀，适用于

大口径气缸及气缸的远程控制。

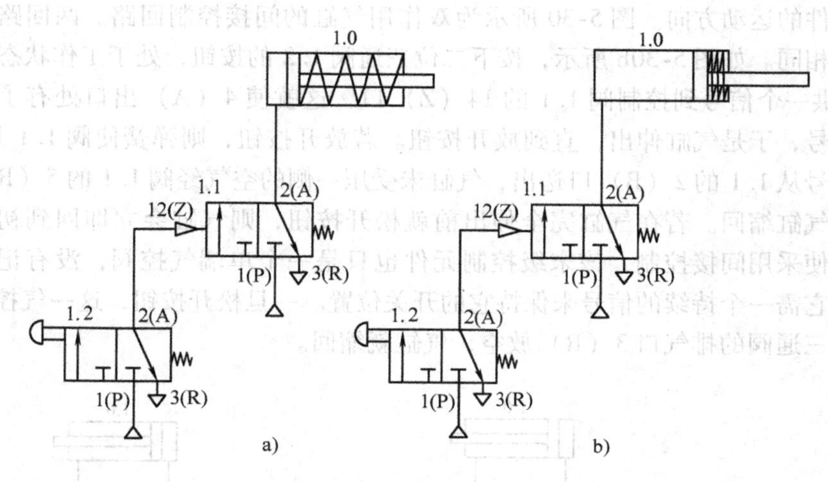

图 5-28 单作用气缸的间接控制回路

a）常闭型 b）常开型

2. 双作用气缸的换向回路

（1）双作用气缸的直接控制回路 图 5-29a 为二位四通阀控制回路。图 5-29b 所示为三位四通阀控制回路。图 5-29c 所示为二位五通阀控制回路。图 5-29 中的换向阀均为手动换向阀，用其他控制形式的换向阀也可组成双作用气缸的直接控制回路。

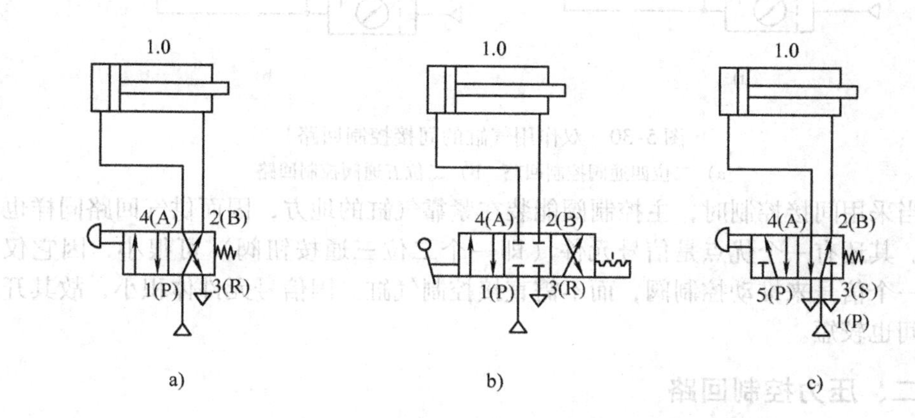

图 5-29 双作用气缸的直接控制回路

a）二位四通阀控制回路 b）三位四通阀控制回路 c）二位五通阀控制回路

（2）双作用气缸的间接控制回路 当控制大口径或高速运动的气缸时，所需空气流量决定了必须采用大尺寸的控制阀。这种控制阀口径大、流速高，驱动它的力也较大，不能用直接控制方式，以采用间接控制为宜。所谓间接控制，就

是用一个小口径控制阀来推动一个大口径换向阀换向，再由大口径换向阀来控制执行元件的运动方向。图5-30所示为双作用气缸的间接控制回路。两回路的工作原理相同。如图5-30b所示，按下二位三通阀1.2的按钮，处于工作状态的阀1.2提供一个信号到控制阀1.1的14（Z）口，这就使4（A）出口处有了一个输出信号，于是气缸伸出，直到放开按钮。若放开按钮，则弹簧使阀1.1复位，回程信号从1.1的2（B）口送出，气缸未受压一侧的空气经阀1.1的5（R）口排出，气缸缩回。若在气缸完全伸出前就松开按钮，则气缸会立即回到初始位置。即使采用间接控制，该末级控制元件也只是一个单端气控阀，没有记忆特性，故它需一个持续的信号来保持它的开关位置。一旦松开按钮，这一气控信号由二位三通阀的排气口3（R）放空，气缸就缩回。

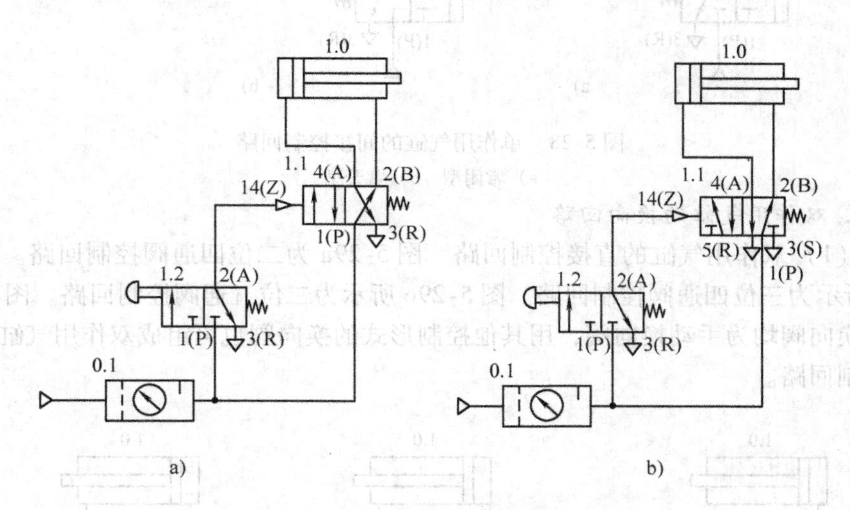

图5-30 双作用气缸的间接控制回路

a）二位四通阀控制回路 b）二位五通阀控制回路

当采用间接控制时，主控制阀能装在紧靠气缸的地方，因而供气回路同样也很短。其还有一个优点是信号元件（即一个二位三通按钮阀）可很小，因它仅提供一个信号来推动控制阀，而不需直接控制气缸。因信号元件体积小，故其开关时间也较短。

二、压力控制回路

压力控制回路的作用是使系统保持在某一规定的压力范围内。常用的压力控制回路有一次压力控制回路、二次压力控制回路和高低压转换回路。

1. 一次压力控制回路

用于使储气罐送出的气体压力不超过规定压力。通常在储气罐上安装一只安全阀，一旦罐内超过规定压力就向外放气。也常在储气罐上装一只电接触压力

表，一旦罐内超过规定压力，就控制压缩机断电，不再供气。

2. 二次压力控制回路

为保证气压传动系统使用的气体压力为一稳定值，都用图5-31所示的空气过滤器—减压阀—油雾器（气动三大件）组成的二次压力控制回路，但注意，供给逻辑元件的压缩空气中不要加入润滑油。

3. 高低压转换回路

该回路利用两只减压阀和一只换向阀间或输出低压或高压气源，如图5-32所示。若去掉换向阀，则可同时输出高压和低压两种压缩空气。

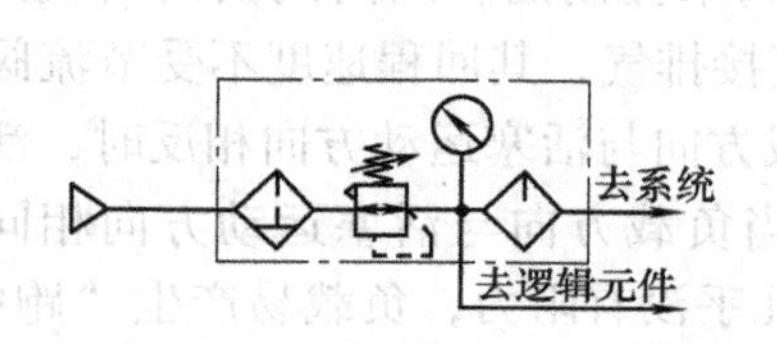

图5-31 二次压力控制回路

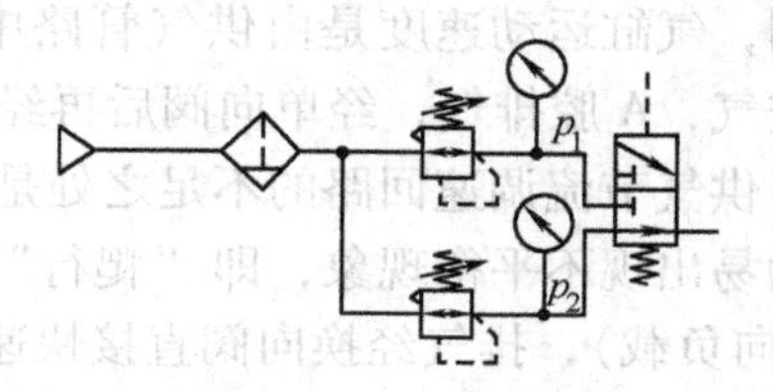

图5-32 高低压转换回路

4. 压力顺序控制回路

如图5-33所示，压力顺序控制回路的工作原理为：按下二位三通换向阀1.2的按钮，控制信号进入二位五通换向阀1.1的控制口14（Z），使二位五通换向阀1.1换向，其4（A）口输出压缩空气，一路使气缸活塞伸出，一路进入压力顺序阀1.3的控制口12（X）。在气缸内气体压力未达到预定值时，限压阀不打开，压力顺序阀1.3的2（A）口无信号输出，活塞处于伸出运动状态。当气缸内气体压力达到预定值时，压力顺序阀1.3中的限压阀打开，压缩气体推动二位三通换向阀换向，压力顺序阀1.3的2（A）口输出信号，推动二位五通换向阀1.1换向，二位五通换向阀1.1的2（B）口输出压缩空气，使活塞缩回。

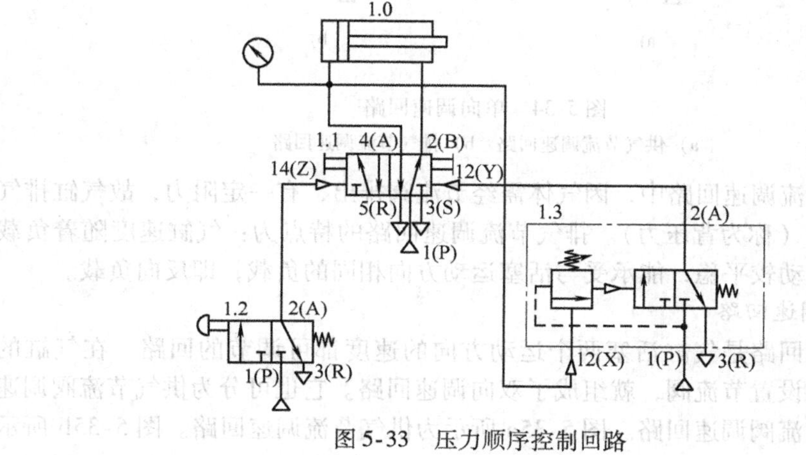

图5-33 压力顺序控制回路

三、速度控制回路

按其控制的气缸运动方向不同，速度控制回路可分为单向调速回路和双向调速回路；按节流阀在气路中的安装位置不同，其又可分为供气节流调速回路和排气节流调速回路。

1. 单向调速回路

图5-34a所示为供气节流调速回路。当气控换向阀处于图5-34a所示位置时，压缩空气必须经节流阀后才进入气缸A腔，即气缸A腔的供气受节流阀的控制，气缸运动速度是由供气管路中的节流阀来控制的。换向阀换向后气缸B腔进气，A腔排气，经单向阀后再经换向阀直接排气，其回程速度不受节流阀控制。供气节流调速回路的不足之处是：当负载方向与活塞运动方向相反时，活塞运动易出现不平衡现象，即“爬行”现象；当负载方向与活塞运动方向相同时（反向负载），排气经换向阀直接快速排出，几乎没有阻力，负载易产生“跑空”现象，故不能承受反向负载。图5-34b所示为排气节流调速回路。压缩空气经换向阀后直接进入气缸A腔，而B腔排气需经节流阀后再经换向阀排入大气，活塞运动速度由B腔排气量决定，即由排气管路中的节流阀决定。气缸活塞回程时，供气经单向阀直接进入B腔，A腔经换向阀排气，速度不受节流阀控制。

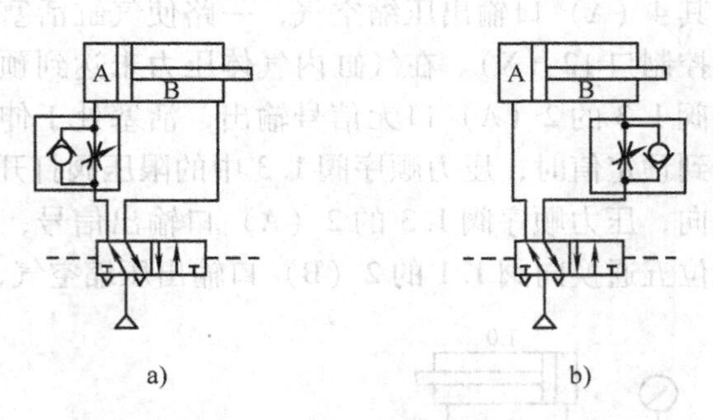

图5-34　单向调速回路

a）供气节流调速回路　b）排气节流调速回路

在排气节流调速回路中，因气体需经节流阀排出，有一定阻力，故气缸排气腔有一定压力（称为背压力）。排气节流调速回路的特点为：气缸速度随着负载变化较小，运动较平稳；能承受与活塞运动方向相同的负载，即反向负载。

2. 双向调速回路

双向调速回路是气缸活塞两个运动方向的速度都可调节的回路。在气缸的进、排气口均设置节流阀，就组成了双向调速回路。它也可分为供气节流阀调速回路和排气节流阀调速回路。图5-35a所示为供气节流调速回路。图5-35b所示

为排气节流调速回路。图 5-35c 所示为用双向节流阀与换向阀配合使用的排气调速回路，双向节流阀装在换向阀的排气口，与图 5-35b 比较，可简化回路。

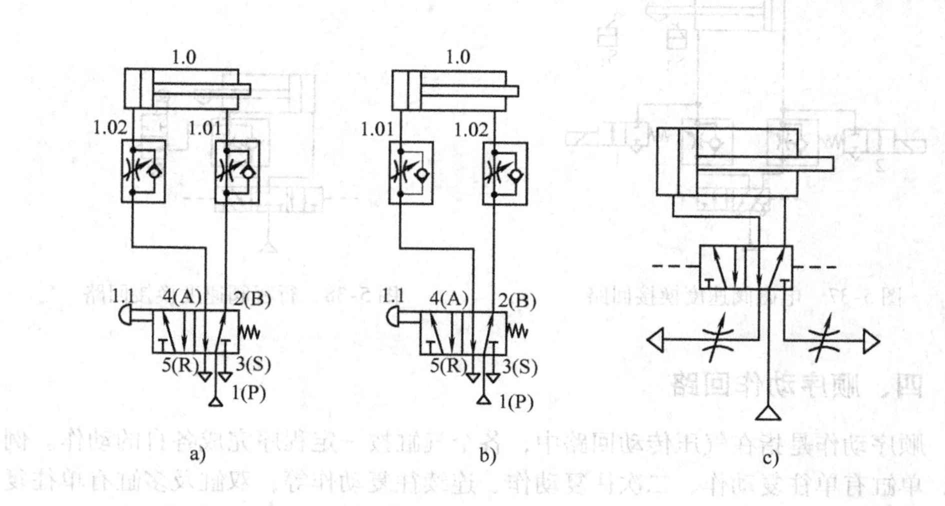

图 5-35 双向调速回路

a）供气节流调速回路 b）排气节流调速回路 c）排气调速回路

3. 快速排气回路（见图 5-36）

在实际使用中，快速排气阀应配置在需快速排气的气压执行元件附近，否则会影响快速排气效果。

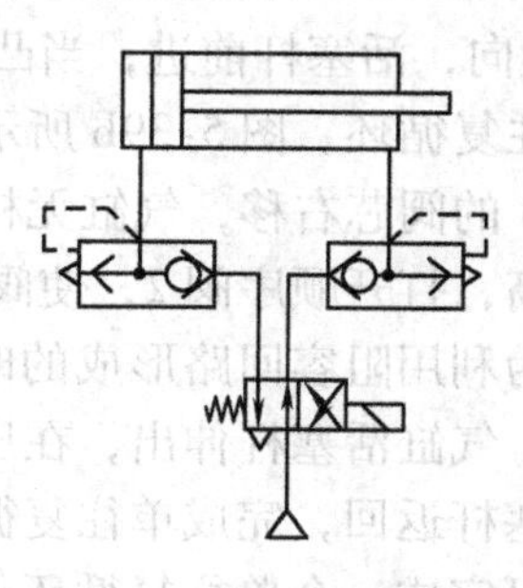

图 5-36 快速排气回路

4. 快速换接回路

快速换接回路用于执行元件快速变成慢速的换接。图 5-37 所示为利用二位二通电磁阀与单向节流阀并联组成的速度换接回路。图 5-37 所示位置气缸 A 左腔进气，右腔经二位二通电磁阀 1 排气，活塞快速前进，当活塞杆带动撞块压下行程开关 S_1 时，S_1 发出电信号使二位二通电磁阀 1 换向，切断气路，气缸右腔只能通过节流阀再经换向阀排气，气缸运动速度受节流阀控制而变慢。当气缸活塞返回时，通过行程开关 S_1 和二位二通电磁阀 1 也可实现从快速到慢速的换接。图 5-38 所示为用二位二通行程阀实现速度换接的回路。当气缸中的活塞向右运动时，气缸右腔气体经二位二通阀排出，活塞快速运动，当活塞带动撞块压下行程阀时，行程阀关闭，气缸右腔只能通过单向节流阀排气，速度减慢，从而实现速度的换接。该回路气缸活塞回程时，无速度换接。

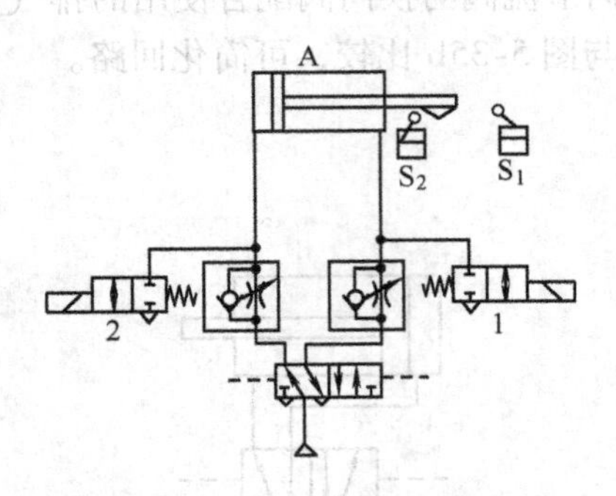

图 5-37　电磁阀速度换接回路

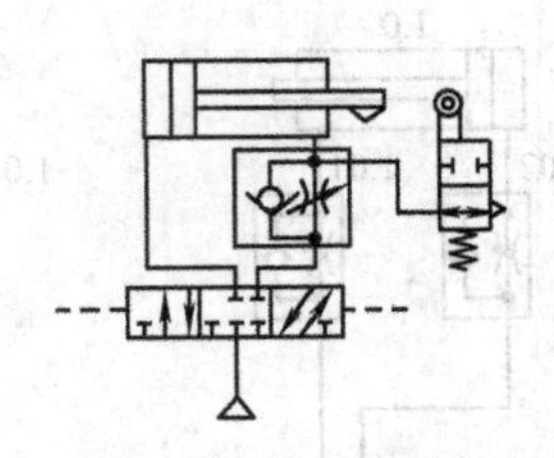

图 5-38　行程阀速度换接回路

四、顺序动作回路

顺序动作是指在气压传动回路中，各个气缸按一定程序完成各自的动作。例如，单缸有单往复动作、二次往复动作、连续往复动作等；双缸及多缸有单往复及多往复顺序动作，以及各缸按一定顺序先后动作等。

1. 单缸单往复动作回路

在单缸单往复动作回路中，输入一个信号后，气缸只完成一次往复动作。图 5-39a 所示为行程控制的单往复回路。在按下阀 1 的手动按钮后，压缩空气使阀 3 换向，活塞杆前进，当凸块压下行程开关 2 时，阀 3 复位，活塞杆返回，完成单往复循环。图 5-39b 所示为压力控制的单往复回路，按下阀 1 的手动按钮后，阀 3 的阀芯右移，气缸无杆腔进气，活塞杆前进，当活塞行程到达终点时，气压升高，打开顺序阀 2，使阀 3 换向，活塞杆返回，完成单往复循环。图 5-39c 所示为利用阻容回路形成的时间控制单往复回路。当按下阀 1 的按钮后，阀 3 换向，气缸活塞杆伸出，在压下行程阀 2 后，需经一定的时间阀 3 方能换向，再使活塞杆返回，完成单往复循环。由上可知，在单往复回路中，每按一次按钮，气缸可完成一个单往复循环。

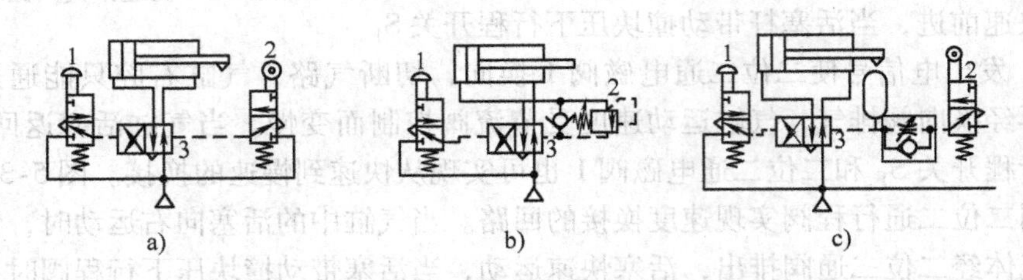

图 5-39　单往复控制回路

a）行程控制　b）压力控制　c）时间控制

2. 单缸连续往复动作回路

单缸连续往复动作是指输入一个信号后，气缸可连续进行多次往复循环动作。图5-40所示为连续往复动作回路，能完成连续的动作循环。当按下阀1的按钮后阀4换向，活塞杆向前运动，这时因阀3复位将气路封闭，使阀4不能复位，活塞杆继续前进，到行程终点压下行程阀2，使阀4控制气路排气，在弹簧作用下阀4复位，活塞杆返回，在终点压下阀3，阀4换向，活塞再次向前，形成气缸的连续往复动作。待提起阀1的按钮后，阀4复位，活塞返回，停止运动。

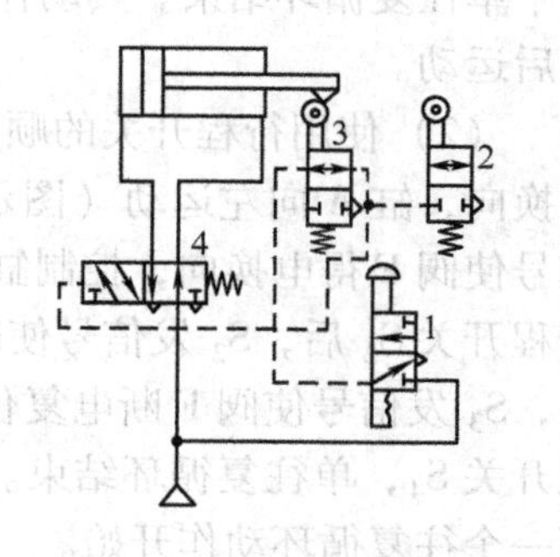

图5-40　连续往复动作回路

3. 多缸顺序动作回路

多缸顺序动作回路是指两三只或多只气缸按一定顺序动作的回路，应用较广泛。在一个循环顺序里，若气缸只做一次往复运动，则称为单往复顺序动作；若某些气缸做多次往复运动，则称为多往复顺序动作。

（1）使用行程阀的顺序动作回路　如图5-41所示，A和B两缸的初始位置都在缩进状态，行程阀1.4被A缸活塞杆上的压块压下，处于接通状态。按下二位三通阀1.2的按钮，二位五通阀1.1换向，A缸活塞杆向前运动，至前端时，压下行程开关2.2。在行程开关2.2被压下后，二位五通阀2.1换向，B缸活塞杆向前运动，至前端前压下行程阀2.3。在行程阀2.3被压下后，控制信号使阀1.1换向，A缸活塞杆向后退回，退回一段距离后，松开阀2.2，阀2.1也换向。B缸活塞杆也向后退回。A缸活塞杆退回到后端时，压下行程阀1.4。至此

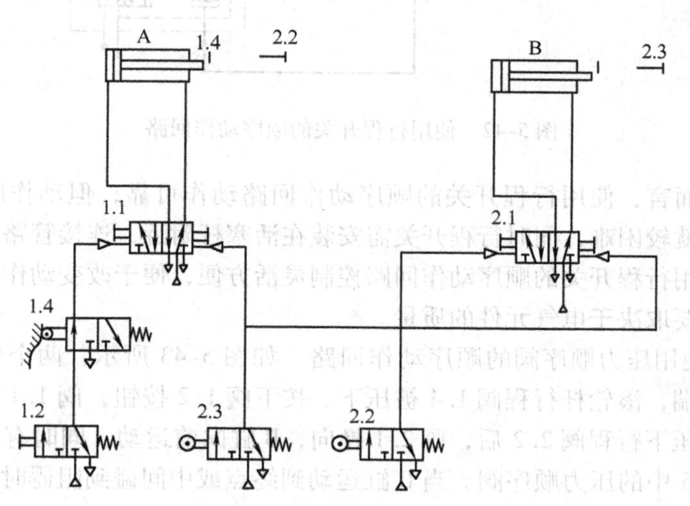

图5-41　使用行程阀的顺序动作回路

一个单往复循环结束。其动作顺序为：A 缸向前运动→B 缸向前运动→A、B 缸向后运动。

（2）使用行程开关的顺序动作回路　如图 5-42 所示，初始信号使阀 E 得电换向，缸 A 向左运动（图示状态），完成动作①后，触动行程开关 S_1，S_1 发信号使阀 F 得电换向，控制缸 B 左行完成动作②（图示状态）；缸 B 左行至触动行程开关 S_2 后，S_2 发信号使阀 E 失电复位，缸 A 返回，实现动作③；在触动 S_3 后，S_3 发信号使阀 F 断电复位，缸 B 返回，完成动作④；动作④结束，压下行程开关 S_4，单往复循环结束。若需多往复循环，S_4 发信号至阀 E，使阀 E 换向，下一个往复循环动作开始。

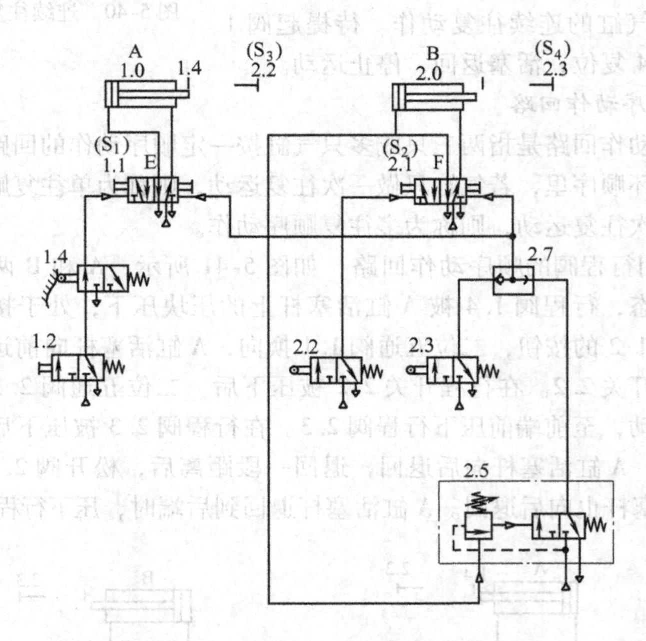

图 5-42　使用行程开关的顺序动作回路

相比较而言，使用行程开关的顺序动作回路动作可靠，但动作顺序一经确定，再改变就较困难，同时行程开关需安装在活塞杆附近，连接管路较长，布置较麻烦。使用行程开关的顺序动作回路控制灵活方便，便于改变动作顺序，但其可靠程度主要取决于电气元件的质量。

（3）使用压力顺序阀的顺序动作回路　如图 5-43 所示，两个气缸的初始位置都在尾端，滚轮杆行程阀 1. 4 被压下。按下阀 1. 2 按钮，阀 1. 1 换向，A 缸向前运动，压下行程阀 2. 2 后，阀 2. 1 换向，B 缸向前运动，同时有一路压力信号进入阀 2. 5 中的压力顺序阀。当 B 缸运动到终点或中间碰到阻碍时，其左腔压

力升高，并达到压力顺序阀的调定压力后，阀 2.5 中的二位三通阀换向接通，使阀 1.1 换向，A 缸退回。在 A 缸退回一定距离后，放开阀 2.2，阀 2.1 换向，B 缸也退回。此回路中，A、B 缸退回的信号由压力顺序阀 2.5 发出，A、B 缸退回的动作并不完全同步。

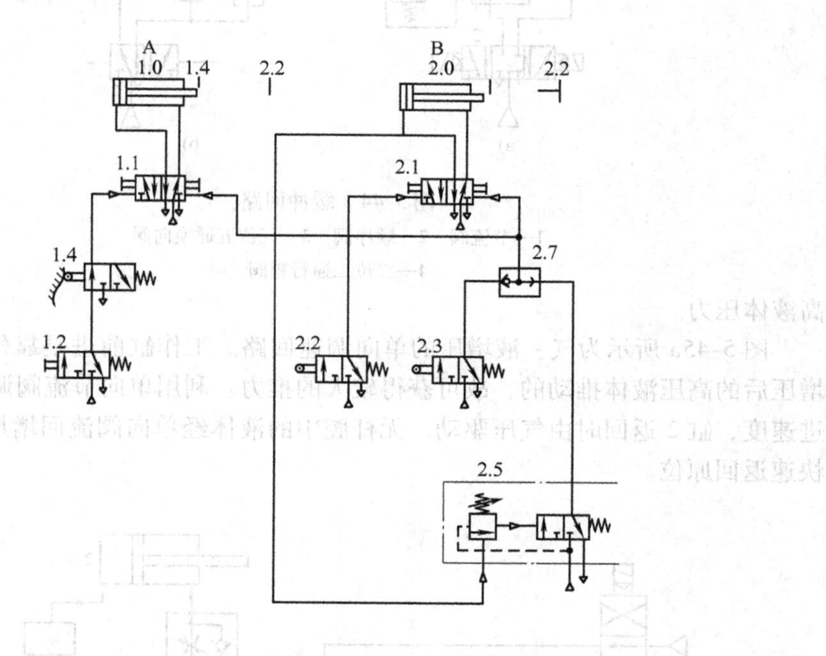

图 5-43　使用压力顺序阀的顺序动作回路

五、缓冲回路

图 5-44a 所示的是由速度控制阀配合行程阀使用的缓冲回路。当 A 缸活塞向右运动时，A 缸右腔的气体经二位二通行程阀和三位五通换向阀排出，直到活塞运动到末端，挡板压下行程阀时，气体经节流阀排出，活塞运动速度得到缓冲。调整行程阀的安装位置即可调整缓冲开始时间。此回路适用于活塞惯性较大的场合。

图 5-44b 所示的缓冲回路的特点为：当 B 缸活塞向左返回到行程末端时，其左腔的压力已经下降到打不开顺序阀 2，余气只能经节流阀 1 和二位五通换向阀排出，因此活塞得到缓冲。这种回路常用于行程长、速度快的场合。

六、气 - 液增压的调速回路

在系统要求推力很大时，为减小液压缸的结构尺寸，可采用气液增压器来提

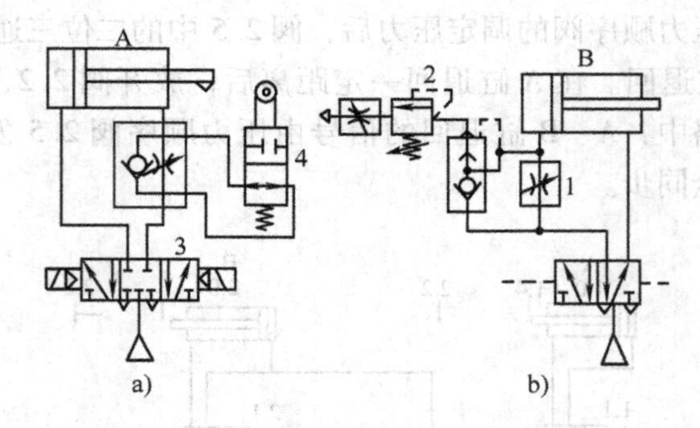

图 5-44　缓冲回路

1—节流阀　2—顺序阀　3—三位五通换向阀

4—二位二通行程阀

高液体压力。

图 5-45a 所示为气－液增压的单向调速回路。工作缸前进是靠气液增压器 1 增压后的高压液体推动的，故可获得较大的推力。利用单向节流阀调节缸 2 的前进速度，缸 2 返回时由气压驱动。无杆腔中的液体经单向阀流回增压器 1，活塞快速返回原位。

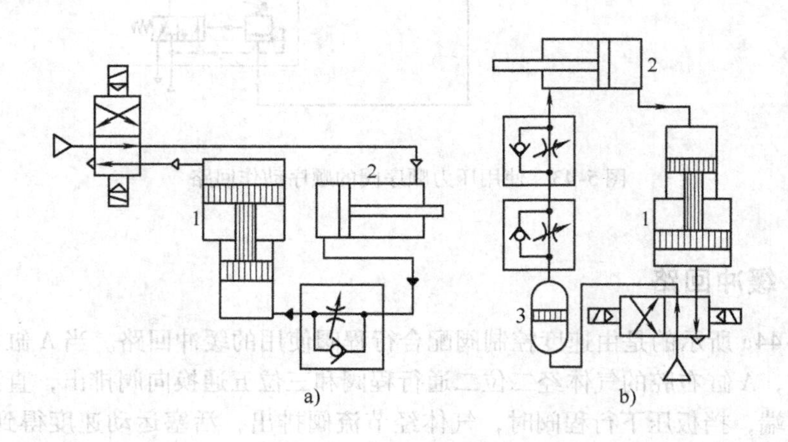

图 5-45　气－液增压的调速回路

1—气液增压器　2—单向节流阀调节缸　3—气液转换器

图 5-45b 所示为气－液增压的双向调速回路。它用经增压后的高压液体推动单向节流阀调节缸 2 前进，以获得大的推力。缸 2 返回时，用气液转换器 3 输出的液体驱动。两个单向节流阀串联于油路中，用以调节液压缸往复运动的速度。

第四节 气压传动应用实例

一、机床夹具气动夹紧系统

图 5-46 所示为机床夹具气动夹紧系统回路。其动作要求为：垂直气缸 A 先下降将工件压紧，两侧水平气缸 B、C 再同时对工件进行夹紧，然后对工件进行切削；加工完毕，各夹紧气缸退回，松开工件。

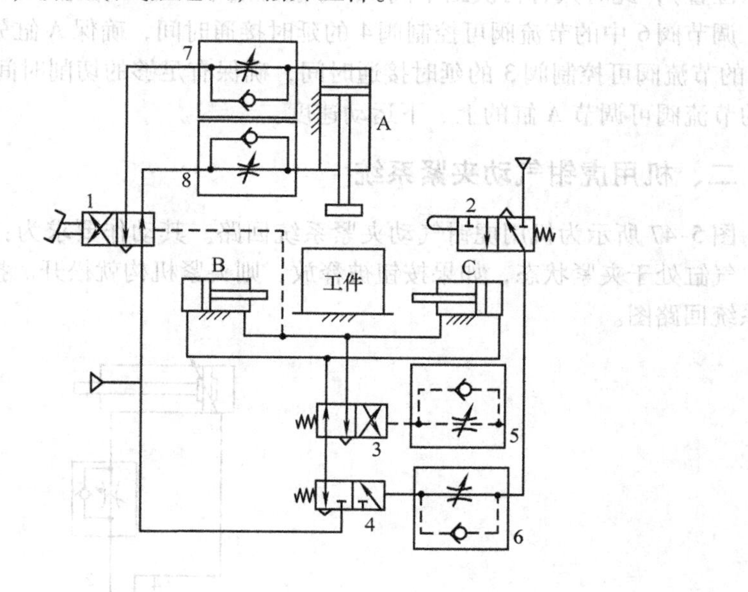

图 5-46 机床夹具气动夹紧系统回路

1—脚踏换向阀 2—行程阀 3、4—换向阀

5、6、7、8—单向节流阀 A—垂直气缸 B、C—水平气缸

（1）A 缸对工件夹紧的动作过程 踏下脚踏换向阀 1，使其左位接入系统，气路走向为：气源→阀 1→阀 7 中的单向阀→缸 A 上腔；缸 A 下腔→阀 8 中的节流阀→阀 1→大气。这样气缸 A 活塞下移对工件实现压紧。

（2）B、C 缸对工件夹紧的动作过程 当 A 缸下移到预定位置时，压下行程阀 2，其左位接入系统，控制气路中的气源经阀 2 和阀 6 中节流阀进入气控换向阀 4 的右端，推动阀芯左移，即阀 4 换向，阀 4 右位接入系统，气路走向为：气源→阀 4→阀 3→B 缸左腔和 C 缸右腔；B 缸右腔和 C 缸左腔→阀 3→大气。这样就实现了 B 缸、C 缸对工件的夹紧。

（3）B、C缸松开工件的动作过程　在B、C缸伸出夹紧工件的同时，通过阀3的一部分气源经阀5中节流阀进入阀3的右端，一段时间后，阀3换向右位接入系统，气路走向为：气源→阀4→阀3→B缸右腔和C缸左腔；B缸左腔和C缸右腔→阀3→大气。于是B、C缸就退回，松开工件。

（4）A缸松开的动作过程　在B、C缸退回松开工件的同时，气源通过阀3进入阀1的右端，使阀1换向右位接入系统，气路走向为：气源→阀1→阀8中单向阀→A缸下腔；A缸上腔→阀7中节流阀→阀1→大气。这样就实现了A缸的退回，松开工件。在A缸上升的同时，行程阀2复位，阀4也复位（图5-46所示位置），此时只有再次踏下阀1，才能开始下一个工作循环。

调节阀6中的节流阀可控制阀4的延时接通时间，确保A缸先压紧；调节阀5中的节流阀可控制阀3的延时接通时间，确保有足够的切削时间；调节阀7、8中的节流阀可调节A缸的上、下运动速度。

二、机用虎钳气动夹紧系统

图5-47所示为机用虎钳气动夹紧系统回路。其动作要求为：按下气动按钮后，气缸处于夹紧状态，如果按钮被释放，则夹紧机构就松开。按此要求设计气动系统回路图。

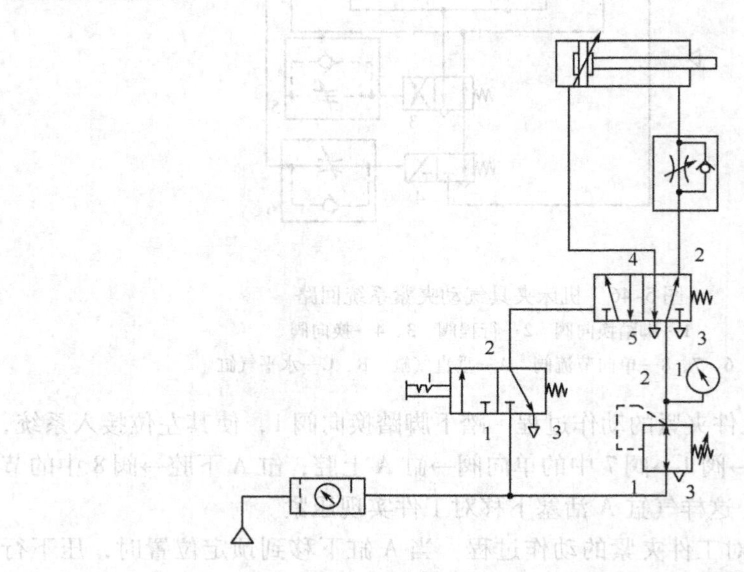

图5-47　机用虎钳气动夹紧系统回路

1）根据机用虎钳的使用要求，按下按钮后气缸就处于夹紧状态，设计中采用了带定位的二位三通换向阀按钮。

2）设计回路采用调压阀，可根据不同的零件与夹紧的位置调定不同的压力。

3）夹紧动作：按下按钮后二位三通换向阀信号口1与2导通，气源经按钮驱动二位五通单气控换向阀进入气缸无杆腔，气缸伸出，处于夹紧状态。

4）放松动作：按钮被释放后，二位三通换向阀复位，压缩空气输入中断并从无杆腔排出，气缸活塞杆退回，气动夹紧机构松开。

三、货物转运机构控制系统

图5-48所示为货物转运机构控制系统回路。当货物到位后，操作人员按下气动按钮，转运货物装置的拾取气缸将货物吸取、提升后运走。根据操作要求设计出气动系统回路图。

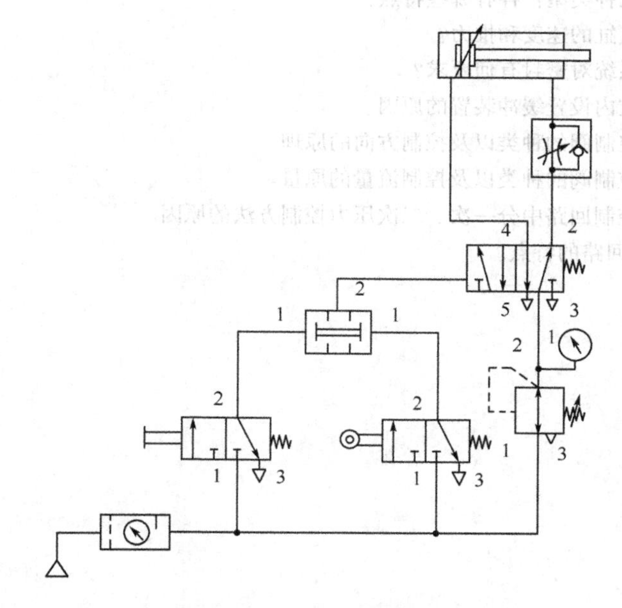

图5-48 货物转运机构控制系统

1. 设计思路

1）气动货物转运站设计回路采用调压阀，可根据不同的货物调定不同的压力。

2）根据货物转运机构操作要求，设计时采用了二位三通行程阀来检测货物是否到位。操作按钮与二位三通行程阀是“与”关系。

2. 操作动作

（1）吸取提升　在货物到位后，二位三通行程阀左位打开，信号口1与2

导通，操作人员按下气动按钮，使二位三通换向阀信号口1与2导通，气源经此回路同时到达双压阀。双压阀打开发出信号，驱动二位五通单气控换向阀。气缸伸出后将货物吸取、提升后运走。

（2）释放复位 如果按钮被释放，机构应回到初始位置，等待下一个动作操作。

复习思考题

1. 气压传动有哪些特点？
2. 组成气压传动系统需要哪些元件？
3. 气缸有哪几种类型？各有哪些特点？
4. 如何计算气缸的速度和推力？
5. 气压传动系统对密封有何要求？
6. 简述在气缸内设置缓冲装置的原因。
7. 简述方向控制阀的种类以及控制方向的原理。
8. 简述流量控制阀的种类以及控制流量的原量。
9. 简述气压控制回路中分一次、二次压力控制方法的原因。
10. 简述缓冲回路的特点。

第六章 气压传动系统的安装、调试与常见故障的排除

培训学习目标 了解气压传动系统的安装与调试方法；掌握气压传动各组成元件的性能；熟悉气压传动系统，能分析、判断并排除气压传动系统常见故障，为安装调试一些机床设备、气压传动装置打好基础。

第一节 气压传动系统的安装与调试

一、管路的安装与调试

1. 常用的气动管接头

用于气压传动系统管路中的接头有以下几种：

（1）有色金属管接头（见图6-1） 由有色金属制成，常用纯铜管或铝管。连接时利用拧紧卡套式接头螺母2所产生的径向力，使卡套3与管子1同时产生变形而卡住管子，起连接和密封作用。有色金属管接头连接具有结构简单、密封可靠的特点，适用于气体介质工作压力小于1MPa的薄壁管件连接。

（2）棉线编织胶管接头（见图6-2） 连接时用金属卡箍2将棉线编胶管卡在管接头芯子3上面，用螺母4将接头芯子连在接头体5上，利用接头芯子插入

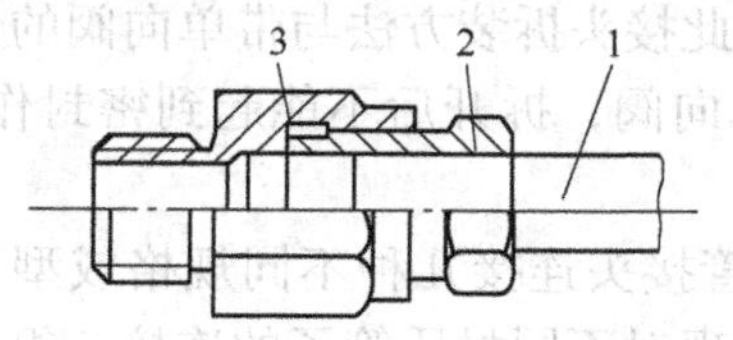

图6-1 有色金属管接头
1—金属管 2—接头螺母 3—卡套

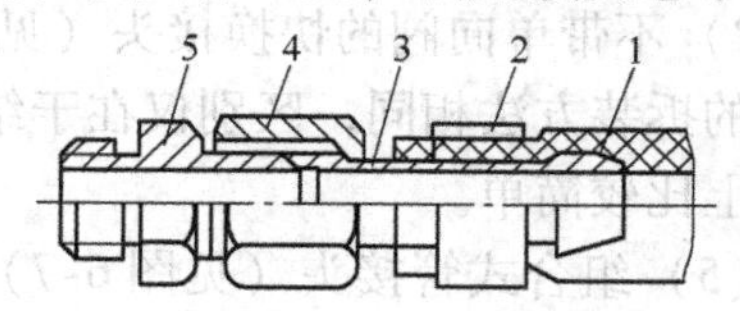

图6-2 棉线编织胶管接头
1—金属管 2—金属卡箍 3—接头芯子
4—螺母 5—接头体

胶管后的胀紧作用、卡箍的卡紧力和接头芯子与管接体两锥面的相互压紧力实现连接与密封。棉线编织胶管接头工艺性好，密封可靠，但拆卸较费力，适用于气体介质工作压力小于1MPa的薄壁管件连接。

(3) PU管尼龙管接头　分为插入式和快拧式两种。

1) 插入式管接头（见图6-3）。连接时将PU管插入弹性卡头顶端后再向外拉，在弹性卡头及卡头套与斜面处压紧而产生的径向力作用下，卡头的刃尖卡入管子外表面，利用卡头和O形密封圈进行连接和密封。拆卸时向左端推弹性卡头，使卡头和卡套锁紧斜面离开，即可将管子从卡头中抽出。插入式管接头具有密封可靠、拆卸迅速的特点，适用于气体介质工作压力小于1MPa，公称通径小于10mm的PU管及尼龙管连接。

2) 快拧式管接头（见图6-4）。连接时先将卡套套在接头体上，再套上塑料管，然后向右拉卡套，利用卡套和接头体锥面上的压紧力将塑料管压紧，从而起到密封的作用。拆卸时将卡套向左推时塑料管即可被抽出。快拧式管接头具有密封可靠、拆装迅速、造价低廉的特点，适用于气体介质工作压力小于0.8MPa，公称通径小于8mm的PU管连接。

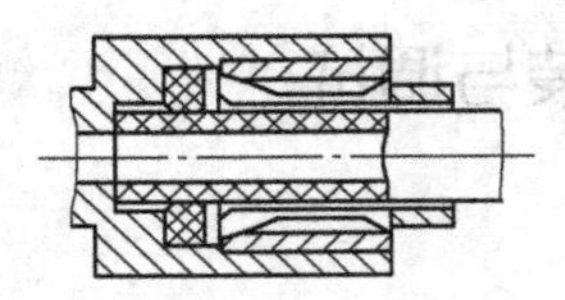

图6-3　插入式管接头

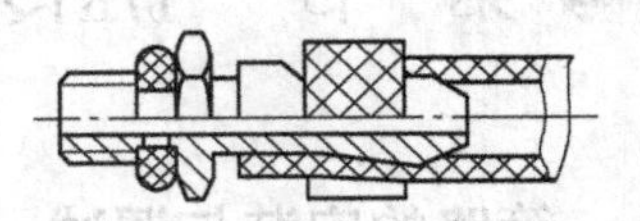

图6-4　快拧式管接头

(4) 快换接头　分为带单向阀的和不带单向阀的两种。

1) 带单向阀的快换接头（见图6-5）。连接时只需将卡套往左推，将插头插入接套后把卡套退回，使钢球排到球槽处，此时插头顶端顶开单向阀，接通压缩空气。拆卸时将卡套往左推，向外拔出插头，此时在弹簧的作用下将单向阀体顶回原处，利用单向阀上的O形密封圈与接头体上的内锥面紧密贴合而封住气源。带单向阀的快换接头具有拆装迅速、拆开后密封可靠的特点，适用于气体介质工作压力小于1MPa的气体管路连接。

2) 不带单向阀的快换接头（见图6-6）。此接头拆装方法与带单向阀的快换接头的拆装方法相同，区别仅在于结构中无单向阀，拆开后不能起到密封作用，结构上比较简单。

(5) 组合式管接头（见图6-7）　由一个管接头连接几种不同规格或型号的管接头，如卡箍式、卡套式或插入式等，可实现对不同材质管子的连接。组合式管接头具有互换性强、密封可靠的特点，适用于气体介质工作压力小于1MPa的棉线编织胶管、有色金属管、PU管及尼龙管的连接。

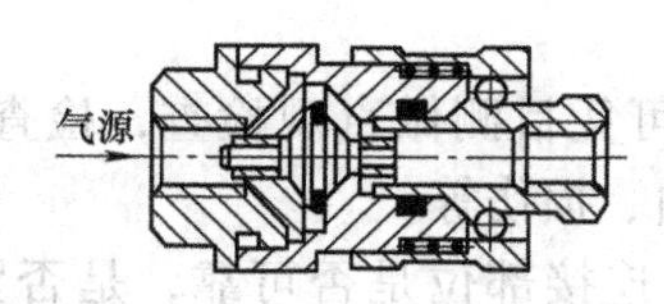

图 6-5　带单向阀的快换接头

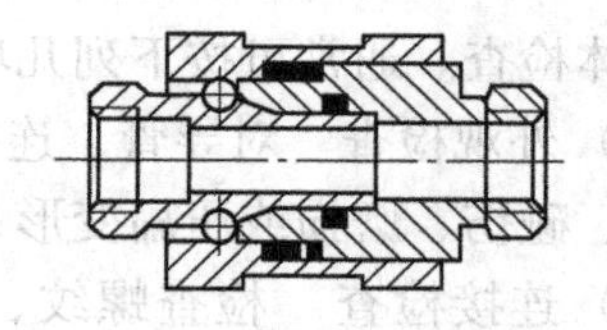

图 6-6　不带单向阀的快换接头

2. 管路的安装

管路系统是气压传动系统中不可缺少的一个部分。在安装管路前，首先要按照气压传动系统工作回路图绘制管路系统安装图。各个回路的安装图要单独绘制，在安装图中应绘出管道在机体上的安装位置及安装固定方法，并注明管子及其他部件、标准件的代号和型号。

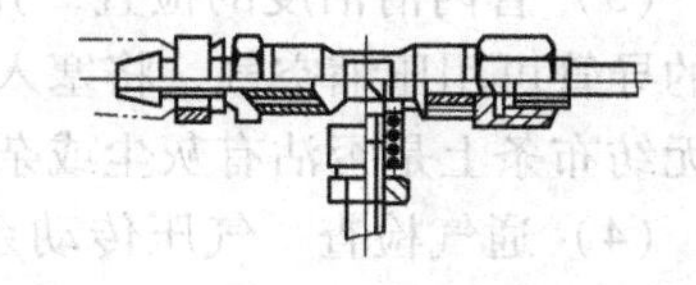

图 6-7　组合式管接头

在安装前要检查导管，软管要洁净，硬管中不能有切屑、锈蚀及其他杂物。导管外表面两端的接口应完好无损，加工后的几何形状应符合安装要求。合格的导管需用压缩空气吹过后才能进行安装。安装过程中要注意以下问题：

1）导管扩口部分的几何轴线必须与管接头的几何轴线重合，否则会使压紧力不均匀，导致密封不好或产生安装应力。

2）连接平管嘴表面和螺纹时应涂适量密封胶或润滑脂。为防止密封胶或润滑脂进入管道，需注意螺纹前端 2 ~ 3 螺距内不涂，或拧入 2 ~ 3 螺距后再涂密封胶或润滑脂。

3）连接时，螺纹联接接头的拧紧力矩要适中，拧紧力过大会造成扩口部分受挤压而损坏，拧紧力太小会影响密封。

4）软管的抗弯曲刚度小，接头在拧紧时产生的摩擦力会造成软管的扭曲变形。判断软管是否变形，可在安装软管前在软管表面涂一条纵向色带，安装后利用色带来判断软管是否被扭曲。为防止软管被扭曲，可在最后拧紧接头外套螺母以前将软管接头螺母反向转动 1/6 ~ 1/8 圈。

5）硬管的弯曲半径一般情况下不小于此硬管外径的 3 倍。为避免管子弯曲过程中压瘪变形，可在硬管内部装入填充物，起支撑管壁的作用。

6）在安装焊接管路时，焊缝处需要有倒角且要清理洁净。焊接导管的装配间隙一般为 0.5mm 左右。焊接时应尽量采用平焊位置，尽可能边转动边焊接，一次焊完整条焊缝。

7）管路的走向、设计、安装要合理，尽量缩短管路和减少弯曲并避免急剧弯曲。

3. 管路的检查

气压传动系统中的管道安装质量检查可分段进行，或在整个管道安装完成后进行总体检查。通常可按下列几项进行：

（1）外观检查　对导管、连接件等紧固件可凭目测做直观检查，检查是否有划伤、碰伤、磨损或压扁变形，软管有无扭曲、损伤等。

（2）连接检查　检查螺纹、接口、焊接等连接部位是否可靠，是否紧固、无松动现象。对于扩口连接的接口，应检查导管外表面是否有超过限度允许的挤压。

（3）管内清洁度的检查　用洁净的白色无纺布擦拭较粗的导管内壁。对较细的导管可用压缩空气，将塞入管道内的洁净的白色无纺布条吹出，通过观察白色无纺布条上是否沾有灰尘或杂质来判断管道内部的清洁度。

（4）通气检查　气压传动系统安装后应进行压缩空气通气检查，以去除管道系统内部的灰尘和杂质。在通气检查之前，应将气压传动系统中的气压元件用工艺附件或导管替代，待整个系统通气检查并且吹净管路后，再将全部气压元件还原安装。

4. 管路的调试

在气压传动管路清洗检查完成和气压元件复位后即可进行调试，调试前应了解并熟悉系统的作用、性能指标与调试方法。

调试的首要内容是密封性试验。密封性试验的目的是检查管路系统全部连接点的密封性。在调试前，管路应全部连接好。试验所用的压力气瓶可用高压气瓶，采用皂液法或降压法检查密封性。气体压力不得低于传动系统所需的压力。重点调试气压元件的输出压力等参数，调试时系统应保压2h。当发现存在泄漏现象时，应及时关闭气源，将系统内的压力泄去后方可进行拆卸和调整工作。

密封性能试验结束后即可进行工作性能试验。

二、控制元件的安装与调试

1. 减压阀的安装与调试

在安装减压阀时应考虑方便操作，且应靠近安装在需要减压元件的前端。阀体上的箭头方向为气体的流动方向，手柄的方位由减压阀的结构决定。为便于观察压力表，减压阀应垂直安装。

为延长减压阀的使用寿命，系统不运行时应旋松调压旋钮或手柄，避免膜片因长期受压而引起塑性变形。在粉尘较多的工作环境下，需要在减压阀前面安装过滤器。由外部先导式减压阀构成的遥控调压系统的遥控管路最长不得超过30m，精密减压阀的遥控距离不得超过10m。

2. 控制阀的安装

为保证阀芯在换向时所受阻力相等，使方向控制阀工作可靠，滑阀式方向控制阀应水平安装。

3. 顺序阀的安装

顺序阀的安装位置应便于操作。在不便于安装机控行程阀的场合，可安装单向顺序阀。

4. 流量控制阀的安装

为控制执行元件运动速度的稳定性，原则上应将流量控制阀安装在气缸外接管口附近。

5. 人工控制阀的安装

人工控制阀应安装在便于操作的地方，操作力不宜过大。脚踏阀的踏板位置不宜过高，行程不宜太长，在脚踏板上应有防护罩。安全起见，在有激烈振动的场合使用人工控制阀，并附加锁紧装置。

6. 机动控制阀的安装

机动控制阀操纵时的压下量不允许超过规定行程。操纵滚子时，接触角度 $\theta < 15°$。操纵杠杆时，不得超过杠杆使用角度 10°。

第二节　气压传动系统故障的排除

一、压缩空气引起故障的排除

气体的净化是气压传动系统正常工作的必要条件。压缩空气中的杂质会引起气压传动系统故障。气体中的杂质主要有水分、油分及颗粒灰尘。

1. 水分引起的系统故障

水分源自空气压缩机吸入周围环境中的湿空气。在压缩空气停止使用并冷却后便会有水滴生成，生成的水滴会造成管路、气压元件、执行元件或辅件氧化腐蚀，影响元件的正常工作，缩短元件的使用寿命，造成系统故障。

为排除水分对气压传动系统造成的影响，必须对压缩空气进行干燥处理。通常可采取以下措施：

1）将空气压缩机排气管与冷却器相连，通过冷却器使压缩空气冷却，析出水滴。

2）压缩空气在进入气压传动系统之前先进入过滤器，清除水分。

3）管道安装时沿气流方向应有一定的向下倾斜度，并在管道末端设置冷凝水集水罐。

4）支气管路应在主管道上部采用大角度拐弯后向下引出。

5）为保证压缩空气洁净，必要时应增设冷冻式干燥器或吸附式干燥器。

2. 油分引起的系统故障

气压传动系统的气源由空气压缩机提供。空气压缩机中的部分润滑油会呈雾状混入压缩空气中。压缩空气中的高温会使油受热汽化，随着压缩空气一起输出。油分与尘埃中的颗粒混杂在一起，会引起气压传动系统故障。

油分引起的系统故障的排除方法是：在管路系统中安装除油过滤器或离心式过滤器，采用活性炭吸收油分。为防止油分污染环境，可在排气口安装排气洁净器来消除油分和噪声，并保持洁净的工作环境。

3. 颗粒尘埃引起的系统故障

空气压缩机在工作过程中难免会吸入空气中的颗粒物。这些颗粒物随着压缩空气进入气压传动系统，会引起元件中滑动零件的摩擦力或引起摩擦副及密封件擦伤、损坏，造成气体泄漏，使元件输出力较小或动作失灵。

颗粒尘埃引起的系统故障的排除方法是：使气体在进入气压传动系统之前通过空气过滤器。

二、气压元件故障的排除

1. 减压阀的故障与排除

减压阀是调定气压传动系统工作压力的重要元件。减压阀元件自身的功能不好或压缩空气净化程度较低是产生故障的主要原因。减压阀常见故障的产生原因与排除方法见表6-1。

表6-1 减压阀常见故障的产生原因与排除方法

故障	产生原因	排除方法
压力调不高	调压弹簧断裂	更换调压弹簧
	阀口直径太小	换阀
	膜片撕裂	更换膜片
	阀体下部积存冷凝水	排除积水
	阀内混入异物	清除异物
二次压力升高	弹簧损坏	更换弹簧
	阀体中进入灰尘或异物，导向部分和阀体的密封圈变形	清洗减压阀和过滤器，更换密封圈
	阀座有伤痕，阀座橡胶剥离	更换阀体
调压时升压缓慢	过滤网堵塞	拆下清洗
输出的压力不稳定	进气阀芯或阀座的导向不好	更换阀芯或进行修复
	弹簧的弹力减弱或弹簧错位	更换弹簧
	阀杆或进气阀芯上的密封圈损坏	更换阀杆或密封圈
	耗气量变化引起减压阀频繁启闭而产生共振	尽量稳定耗气量

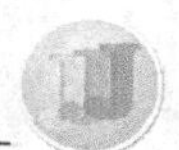

（续）

故障	产生原因	排除方法
溢流孔漏气	阀杆头部与阀座间的研配质量差，阀座有尘埃或伤痕	清洗减压阀，更换阀座或重新研配
	膜片破裂	更换膜片
阀体漏气	弹簧松弛	更换弹簧
	密封件损坏	更换密封件
阀体二次侧不溢流	阀座孔堵塞	清洗过滤器
	使用了非溢流式减压器	更换减压器或在二次侧加装高压放泄阀

2. 溢流阀故障的产生原因与排除方法

溢流阀是保持气压传动系统中压力稳定的安全保护元件，产生故障将影响系统的正常运作。溢流阀常见故障的产生原因与排除方法见表6-2。

表6-2　溢流阀常见故障的产生原因与排除方法

故障	产生原因	排除方法
压力调不高	弹簧损坏	更换弹簧
	膜片漏气	更换膜片
压力未到调定值已有气体溢出	膜片损坏	更换膜片
	调压弹簧损坏	更换弹簧
	阀座损坏	更换阀座
	杂质进入阀体	清洗阀
压力超过时无溢流	阀体内部孔堵塞或阀芯卡死	清洗阀
阀体或阀盖处漏气	膜片损坏	更换膜片
	密封件损坏	更换密封件
溢流时发生振动	压力上升缓慢引起阀振动	清洗阀，更换密封元件

3. 换向阀故障的产生原因与排除方法

换向阀的故障会使执行元件动作失灵，导致换向动作无法实现。换向阀产生故障的主要原因是气体泄漏。换向阀制造不良、阀体润滑不良、混入杂质等也是故障产生的原因。换向阀常见故障的产生原因与排除方法见表6-3。

表 6-3 换向阀常见故障的产生原因与排除方法

故障	产生原因	排除方法
不能换向	弹簧损坏	更换弹簧
	密封圈损坏，摩擦力增加	更换密封圈
	杂质卡住滑动部分	清除杂质
	膜片损坏	更换膜片
	控制压力低	增加控制压力
	换向操纵力太小	检查调整操纵部位
	润滑不良	进行润滑
	配合太紧	重新装配
	气腔漏气	更换密封件
	阀芯另一侧有背压	清洗阀芯
	阀芯锈蚀	更换换向阀或阀芯
电磁铁有蜂鸣声	铁心吸合面不洁或生锈	清除杂质、除锈
	活动铁心上的密封垫不平	调整密封垫
	杂质进入铁心的滑动部分，引起铁心不能紧密接触	清除杂质
	活动铁心的铆钉脱落，引起铁心叠层分开无法吸合	更换活动铁心
	活动铁心密封不好	检查，必要时更换活动铁心
	低于额定电压	调整电压达规定值
	短路或损坏	更换固定铁心
	弹簧太硬或卡死	更换或调整弹簧
	外部导线拉得太紧	放松导线
电磁铁通电无动作	线圈烧坏	更换线圈或电磁铁
	接线头接线不良	检查接线
通电后电磁铁动作偏大或无动作	活动铁心锈蚀无法移动，密封差	除锈，更换密封件
	电源电压低	调整电压，更换线圈
	杂质卡住铁心滑动部分，使运动受阻	清除杂质
失电后铁心无法退回	杂质卡住铁心滑动部分	清除杂质
电磁阀线圈烧坏	线圈电压不匹配	更换、调整电压
	电流过大，温度升高使绝缘损坏	可用气控阀替代

（续）

故障	产生原因	排除方法
电磁阀线圈烧坏	环境温度高	调到规定温度范围
	动作频繁	使用高频电磁铁
	杂质卡住，无法吸引铁心	清除杂质
阀漏气	密封件或阀体机械损伤	更换密封件或零件
	密封件尺寸不合适	更换密封件
	密封件扭曲或歪斜	更换密封件后正确安装
	弹簧失效	更换弹簧

三、执行元件故障的排除

执行元件中应用最多的是气缸。气缸以直线往复运动的形式输出作用力。气缸故障产生的原因是有多方面的，主要有安装不合理、操作不规范、维护保养不够等。气缸常见故障的产生原因与排除方法见表6-4。

表6-4　气缸常见故障的产生原因与排除方法

故障	产生原因	排除方法
内泄漏，活塞两端窜气	活塞密封圈损坏	更换密封圈
	活塞卡住	正确安装活塞
	润滑不良	改善润滑条件
	活塞配合面有缺陷	更换零件
	杂质进入密封面	清除杂质
外泄漏	活塞杆安装偏心	重新安装
	活塞杆有伤痕	更换活塞杆
	活塞杆与密封圈之间漏气或润滑油供应不足，造成密封圈磨损	正常润滑，更换密封圈
	密封圈损坏，导致从缓冲装置的调节螺钉处漏气	更换密封圈
	缸体与端盖处漏气	
	管接头与缸体连接处漏气	
气缸受损	气缸运动过快	增设缓冲装置
	摆动气马达载荷过大，摆动速度过快，受冲击后损坏	减小载荷，降低速度
	摆动角度过大	减小摆动角度

（续）

故障	产生原因	排除方法
气缸受损	活塞杆受冲击变形或损伤	避免冲击影响活塞杆
	缓冲机构失效，造成端盖损坏	更换缓冲结构与端盖
	载荷偏移造成活塞杆受损或折断	消除偏心载荷，更换活塞杆
缓冲效果差	气缸运动速度过快	调节气缸速度
	缓冲部分的密封性能差	更换密封圈
	调节螺钉损坏	更换调节螺钉
气缸运动不稳定，输出作用力小	润滑不良	改善润滑条件
	气缸安装位置不佳，承受偏心载荷	正确安装，气缸消除偏心
	活塞或活塞杆卡住	
	气缸内有杂质或冷凝水	清除杂质与冷凝水
	气缸体内有锈蚀或缺陷	修复或更换气缸

四、气压传动辅件故障的排除

气压传动系统中的辅件有空气压缩机、空气过滤器、空气干燥器、后冷却器、储气罐、油雾器、除油器等。这些辅件中混入杂质会造成气压传动系统出现故障，影响气压传动系统的正常工作。在空气过滤器使用过程中，应及时清洗并定期更换滤芯。

气压传动系统中的油雾器是给气动装置润滑部分供油的元件。为保障传动系统的正常工作，油雾器一定要垂直安装。油雾器可以单独使用，也可以与空气过滤器和减压阀联合起来。组成气源处理装置（又称为气动三联件），使其具有过滤、减压和润滑的功能。当气源处理装置联合使用时，其组合安装顺序为过滤器→减压器→油雾器，不可颠倒安装。同时，气源处理装置应尽量安装在气动设备附近，距离不要大于5m。

复习思考题

1. 常用的气动管接头有哪些?
2. 简述管路密封性试验的方法。
3. 简述延长减压阀使用寿命的方法。
4. 水分会引起系统哪些故障?
5. 油分会引起系统哪些故障?

第七章

气压传动技能训练

培训学习目标　了解气压传动系统中常见控制回路的基本结构与选用方面的知识，以便在生产实践中应用。

训练1　设计邮包分发机构的气压传动回路

图7-1为邮包分发机构示意图。邮包从带斜坡的传送带上滑下，到达托盘后被送到X射线机上检查，通过按钮使托盘迅速回到原位，然后松开按钮，使活塞杆向前运动，将邮包向前（上）送至检查口，如此重复运动。试拟订一个气压传动回路。

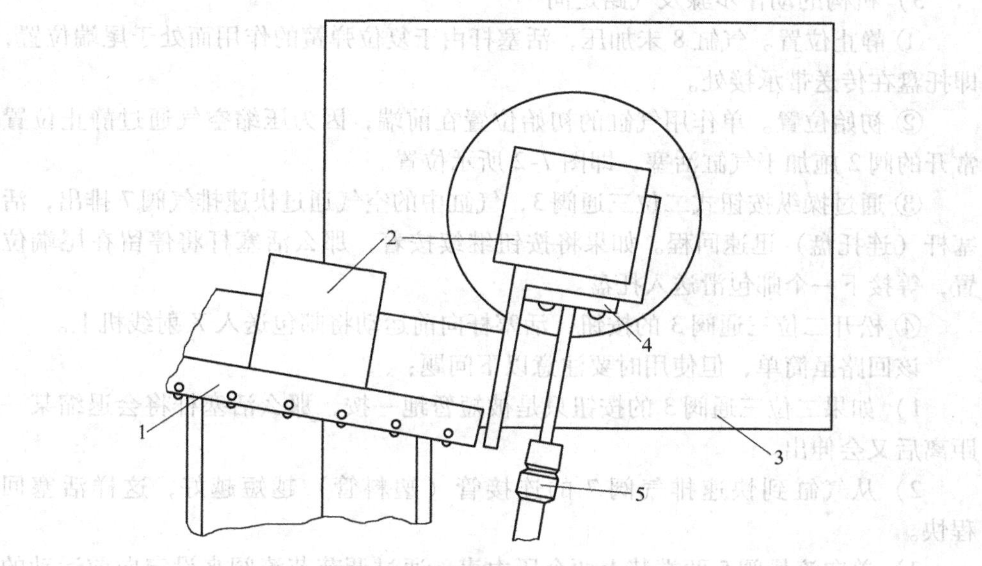

图7-1　邮包分发机构示意图

1—传送带　2—邮包　3—X射线机　4—托盘　5—气缸（连活塞）

1）根据机构的动作要求和气压传动的基本回路，试选择各气压传动元件。

2）试画出该气压传动系统的回路图（见图7-2）。

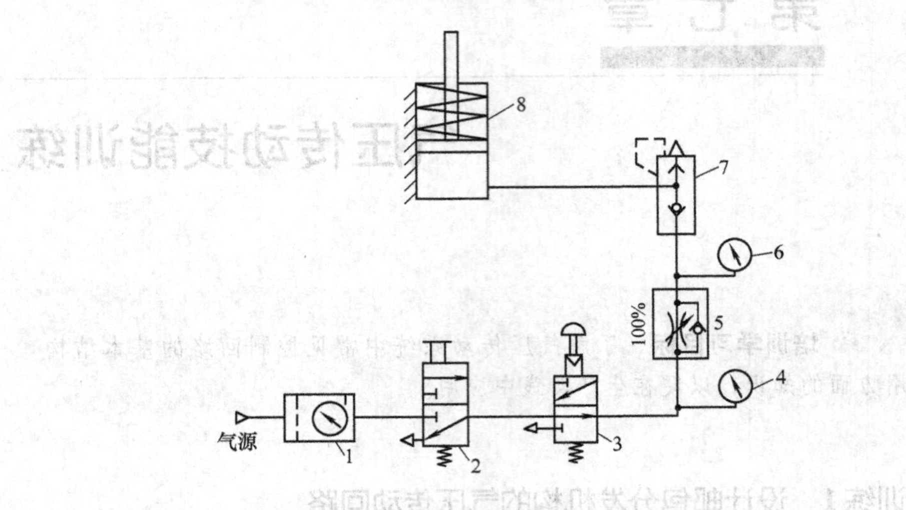

图7-2　邮包分发机构中的气压传动回路

1—气压三联件（由过滤器、减压阀、压力表、油雾器组成）

2—二位三通阀　3—按钮式二位三通阀　4、6—压力表

5—单向流量阀　7—快速排气阀　8—气缸（连活塞）

3）机构的动作步骤及气路走向

① 静止位置。气缸8未加压，活塞杆由于复位弹簧的作用而处于尾端位置，即托盘在传送带承接处。

② 初始位置。单作用气缸的初始位置在前端，因为压缩空气通过静止位置常开的阀2施加于气缸活塞，即图7-2所示位置。

③ 通过操纵按钮式二位三通阀3，气缸中的空气通过快速排气阀7排出，活塞杆（连托盘）迅速回程。如果将按钮继续按着，那么活塞杆将停留在尾端位置，等接下一个邮包滑送入托盘。

④ 松开二位三通阀3的按钮，活塞杆向前运动将邮包送入X射线机上。

该回路虽简单，但使用时要注意以下问题：

1）如果二位三通阀3的按钮只是被短暂地一按，那么活塞杆将会退缩某一距离后又会伸出。

2）从气缸到快速排气阀7的连接管（塑料管）越短越好，这样活塞回程快。

3）单向流量阀5两端装上两个压力表，通过调节节流阀来设定向前运动的时间。

4）气压传动系统安装后的检查必须仔细，要用肥皂水或鸡毛之类的东西检查接口处是否漏气。

• 训练2 设计矿石筛选机的气压传动回路

如图7-3所示，矿石从碎石轧辊机（粉碎机）中通过传送带被送到振动筛里筛选，上方的细筛（1.0）与下方的粗筛（2.0）做相反方向的交替运动，通过调节供气量，将两个双作用气缸的振动频率设置为$f=1\text{Hz}$。筛的反向运动是由处于端点的行程开关—滚轮行程阀来控制的。第三个气缸（3.0）通过两根缆绳使筛上下振动。筛机的起动与停止是用一个定位开关阀控制的。

该筛选机的位移步骤如图7-4所示。

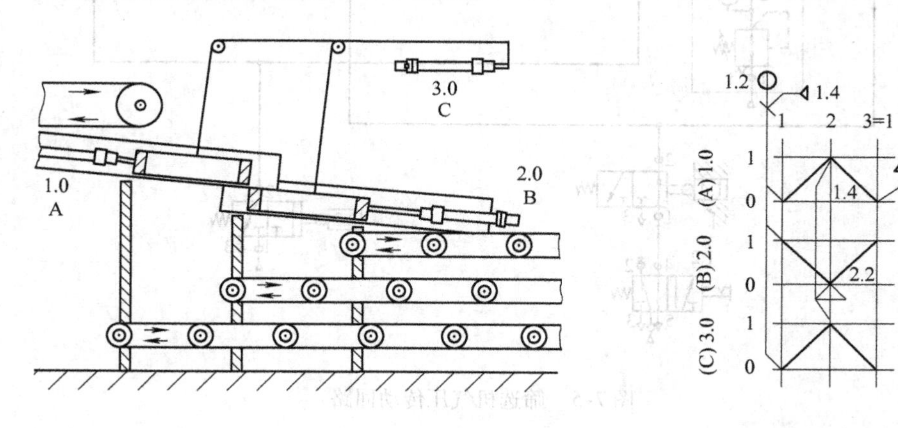

图7-3 筛选机示意图

图7-4 位移步骤图

根据要求和条件，设计该筛选机的气压传动回路，如图7-5所示。

由步骤图可知该回路的动作情况如下：

（1）初始位置 双作用气缸1.0（细筛）和单作用气缸3.0的初始位置在尾端，双作用气缸2.0（粗筛）在前端位置，滚轮杆行程阀1.4被压下。

（2）步骤1至2 扳动定位开关阀1.2，主控阀1.1、2.1和3.1换向，气缸1.0和3.0向前运动，气缸2.0做反向回程运动，压下行程开关2.2，使滚轮杆行程阀2.2动作。

（3）步骤2至3 滚轮杆行程阀2.2动作，使三个主控阀又换向，气缸2.0向前运动，气缸3.0回程，气缸1.0也回程并压下行程开关1.4使滚轮杆行程阀1.4动作。

（4）连续循环 只要定位开关阀1.2保持开通，运动过程就不断重复。如果阀门1.2复位，则系统在一个循环结束后停止在初始位置。

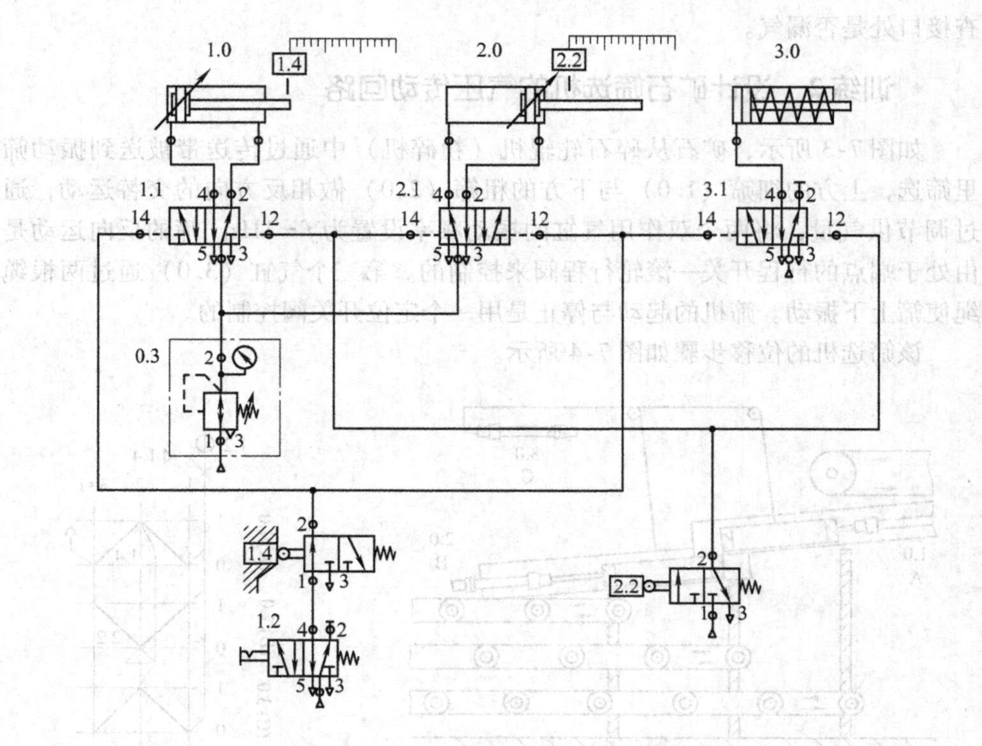

图 7-5 筛选机气压传动回路

训练3 设计传输分送装置用的气压传动回路

试设计传输分送装置用的气动回路。如图 7-6 所示，火花塞的圆柱栓将被两

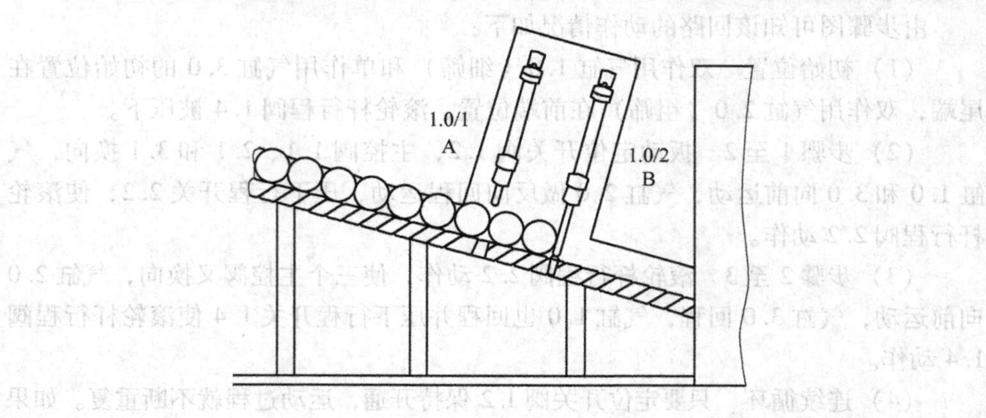

图 7-6 传输分送装置示意图

个、两个地送到多刀具加工机上加工，为此，采用两个双作用气缸，在一个控制器控制下做一进一退的交替运动。在初始位置，上方气缸1.0/1位于尾端，下方气缸1.0/2位于前端，圆柱栓被气缸1.0/2的活塞杆拦住，起动信号使气缸1.0/1做前向运动，气缸1.0/2做反向运动，两个火花塞圆柱栓滚入加工机，在经过设定的时间 $t_1=1s$ 后，气缸（1.0/1）回程，气缸1.0/2进程，下一个工作循环将在时间间隔 $t_2=2s$ 后进行。

系统的起动是通过装在阀门上的按钮来实现的，并用一个定位开关阀门来选择是单循环还是连续循环工作状态。在供气中断后，分送装置不得自行恢复工作循环。

该气压传动系统的位移步骤图如图7-7所示。

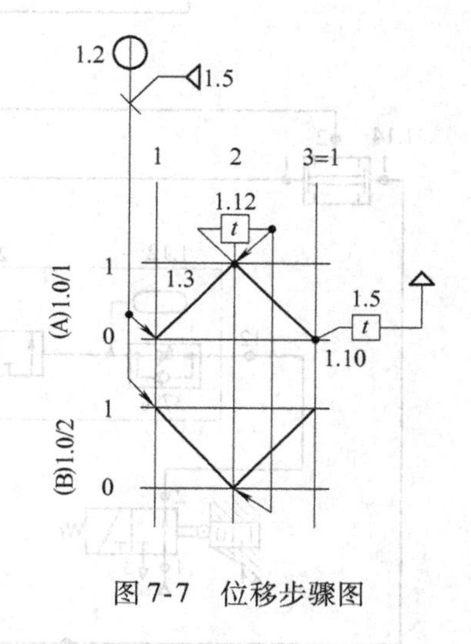

图7-7　位移步骤图

根据要求和条件，该传输分送装置的气动回路如图7-8所示。

由位移步骤图可知该回路的动作情况如下：

（1）自锁　阀门1.2、1.4、1.6和1.8组成了“中断优先”的自锁回路。如果带定位开关的阀门1.4开通，按下阀门1.2的按钮，阀门1.8将输出恒定的信号。当阀门1.4复位时，自锁中断，该系统在供气中断后重新供气的情况下不会自行起动开始新的工作循环。

（2）初始位置　气缸1.0/1的初始位置在尾端，气缸1.0/2的初始位置在前端，阀门1.10的滚轮杆被压下，因此通过延时阀1.12输出一个信号。

（3）步骤1至2　按下1.2的按钮，阀门1.8换向，这样阀门1.14左、右两端都有信号，因而动作使主控阀1.1换向，两个气缸同时做相反的运动到达终端，两个火花塞圆柱栓被送入加工机，这时由于滚轮杆行程阀1.3被压下，输出信号到延时阀1.5，压缩空气经节流阀进入储气室，延时时间 t 设定为1s。

（4）步骤2至3　当达到延时时间时，延时阀1.5的二位三通阀动作，动作压力为300kPa，主控阀1.1换向，两气缸又运动到各自的相反终端位置，重力使火花塞圆柱栓滚下。

滚轮杆行程阀1.10被压下，输出信号到延时阀1.12，经 $t=2s$ 延时后，阀门1.14右端收到压力信号，这时可以开始新的工作循环。

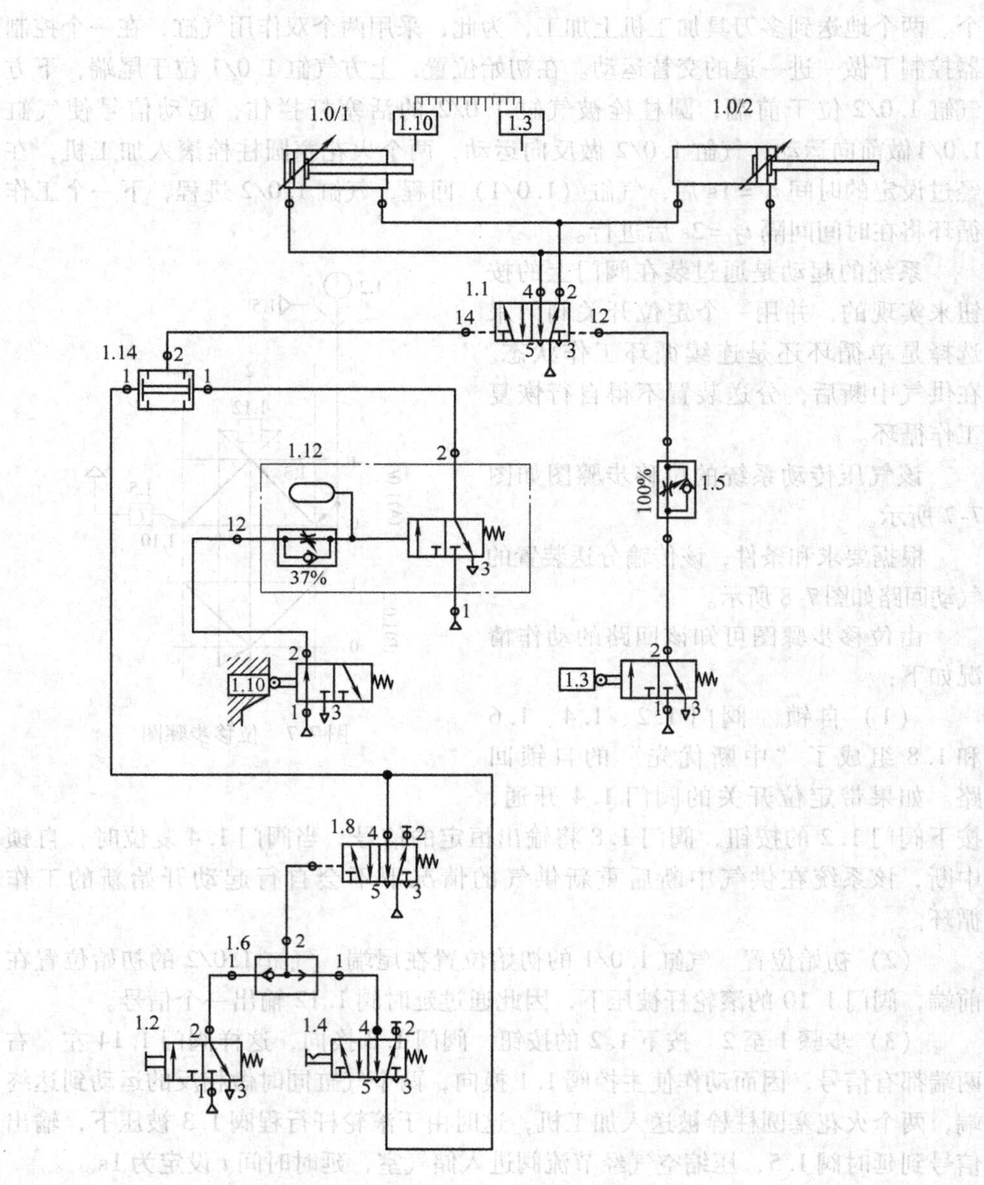

图 7-8 传输分送装置的气动回路

（5）连续循环 如果带定位开关的阀门 1.4 开通，则按下阀门 1.2 的按钮时，系统将连续循环工作。如果将阀门 1.4 返回初始位置，则系统将在一个工作循环结束后停止。

第八章

气、液压传动系统的电气控制

培训学习目标 了解气压传动系统与液压传动系统中电气控制的应用情况，掌握一些带有电磁阀的电气控制回路，以方便在以后的技能操作训练中应用。

第一节 电气控制的基本知识

一、电气安全基本知识

在生产操作过程中，不可避免地会与各种电气设备打交道。为做好安全生产，应注意必要的电气安全知识。

1）任何电气设备均不要随便乱动。严禁电气设备带“病”运行，若有故障，则应立即请电气检修人员进行检修。

2）配电箱、配电板、刀开关、按钮以及插座等，必须定期检查，发现问题时应及时通知电气检修人员检修，切勿使其带“病”工作。

3）在操作刀开关或磁力开关时，必须将熔断器盖盖好，以防止短路时拉弧或熔丝熔断飞溅伤人。

4）若需移动某些非固定安装的电气设备，如电风扇、照明灯、电焊机等，则必须先切断电源后再移动。同时要注意导线不得在地面上拖动，以免磨损。若导线被物体压住，不得硬拉，避免导线被拉断。

5）使用的行灯要有良好的绝缘手柄和金属护罩。使用时金属罩的罩口不得外翻。行灯的电压不得超过36V，在特别危险的场地，如锅炉、金属容器、狭小仓库以及潮湿的地沟内等，其电压不得超过12V。

6）在一般情况下，禁止使用临时线或临时电源，若必须使用，则应经过有关部门批准。使用的临时线应按有关要求悬挂起来，不准随地乱拖，使用结束后应及时拆除。

二、常用电气元器件

常用的电气元器件有按钮、继电器、接触器、限位开关等。其名称和在电路中的符号及动作分别见表8-1、表8-2、表8-3、表8-4。

表8-1　按钮

名　称	文字符号	动作说明
带动合触点的按钮	SB	在原始状态下，触点是断开的，加外力后才闭合。这种触点称为常开触点或动合触点
带动断触点的按钮		在原始状态下，触点是闭合的，加外力后才断开。这种触点称常闭触点或动断触点
带动合和动断触点的按钮		在原始状态下，动合触点是断开的，动断触点是闭合的，加外力后，动合触点闭合，动断触点断开

表8-2　继电器

名　称	文字符号	动作说明
线圈	K	—
动合(常开)触点	符号同操作元件	
动断(常闭)触点		在原始状态下，触点是闭合的，线圈得电吸合后触点断开
延时闭合的动合触点	KT	—
延时断开的动合触点		在原始状态下，触点是断开的，线圈得电吸合后触点闭合。线圈失电后，触点并不马上断开，而是经一定时间延时后才断开
延时闭合的动断触点		在原始状态下，触点是断开的，线圈得电吸合后，触点并不马上闭合，而是经一定时间延时后才闭合
延时断开的动断触点		在原始状态下，触点是闭合的，线圈得电吸合后，触点经一定时间延时后才断开

表8-3　接触器

名　称	文字符号	动作说明
线圈	KM	接触器动作过程和继电器相似。接触器中通过的电流较大，而继电器中通过的电流较小
动合(常开)触点		
动断(常闭)触点		—

表 8-4　限位开关

名　　称	文字符号	动 作 说 明
动合触点	SQ	参阅按钮
动断触点		
双向机械操作		

三、电气逻辑回路

实现“接通”和“断开”功能的元件称为开关元件。电器开关元件有两种状态：“接通”（又称“动合”）和“断开”（又称“动断”）。由各种电气元器件组成的电气电路称为开关电路。在电气逻辑回路中，接通用逻辑“1”表示，断开用逻辑“0”表示。

1. 是门电路（通断电路）

是门电路是一种简单的通断电路，能实现门逻辑功能。如图 8-1 所示，按下手动开关，1—1 电路导通，继电器线圈励磁，其常开触点闭合，2—2 电路导通，指示灯亮。若放开按钮，则指示灯熄灭。这里指示灯用以代替电路中的负载，可表示任何一种电器元件，如电磁阀的电磁铁。

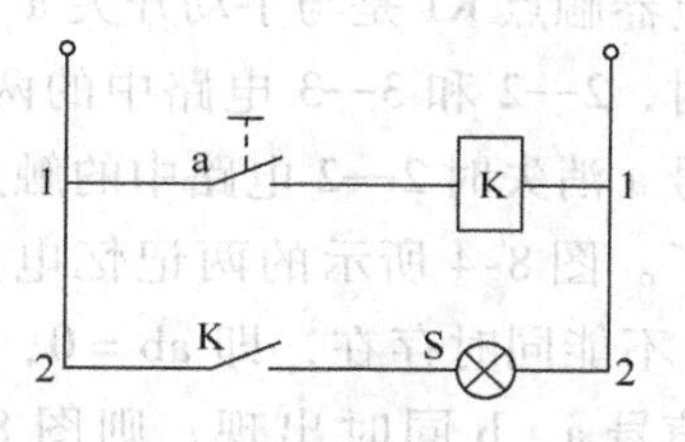

图 8-1　是门电路

图 8-1 所示是直接用按钮开关的门电路，但电路中常用中间继电器转换的是门电路。中间继电器可将一个信号输入转换成多个“是”信号和“非”信号，用于电路中需多次使用同一个信号的场合。

2. 或门电路（并联电路）

如图 8-2 所示，只要两个手动开关中有一个被按下，就能使 3—3 电路的继电器线圈 K3 励磁，K3 触点吸合，指示灯 S 亮，即 $S = a + b$。

3. 与门电路（串联电路）

如图 8-3 所示，只有两个手动开关都被按下去，1—1、2—2 电路导通，将触点 K1、K2 闭合，使 3—3 导通，继电器线圈 K3 励磁，K3 触点吸合，才能使指示灯 S 亮，即 $S = ab$。

4. 记忆电路（自保持电路）

如图 8-4a 所示，当有信号 a 时 K 励磁，其动合触点 K1、K2 吸合，指示灯亮。若信号 a 消失，由于 2—2 电路中有触点 K1 动合接通，故中间继电器线圈能自保持而继续励磁，指示灯继续亮着。只有当有信号 b 时，1—1 电路断开，K 线圈消磁，2—2、3—3 电路中的触点 K1 和 K2 断开释放，指示灯熄灭；当信号

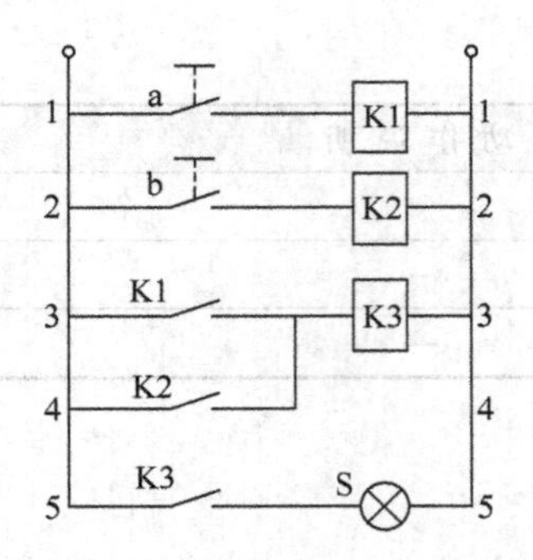

图8-2　或门电路

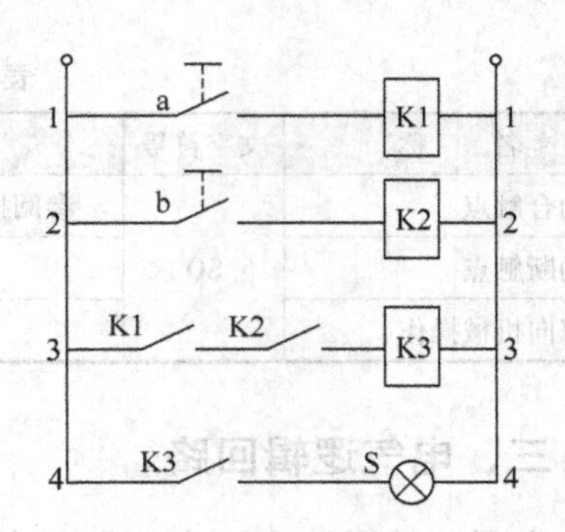

图8-3　与门电路

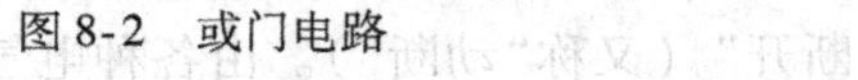

b消失，指示灯仍旧熄灭。由于2—2电路中的继电器触点K1是与手动开关a并联的，当有信号a时，2—2和3—3电路中的两个触点闭合，即信号a消失时2—2电路中的触点已将信号“记忆”了。图8-4所示的两记忆电路中，要求信号a、b不能同时存在，即ab＝0，以防发生故障。若信号a、b同时出现，则图8-4a中的电路就断开，S＝0，故又称为“优先置0”记忆电路。同理，当a、b同时存在时，图8-4b中的电路就接通，S＝1，故又称为“优先置1”记忆电路。两种电路略有差异，可根据要求使用。

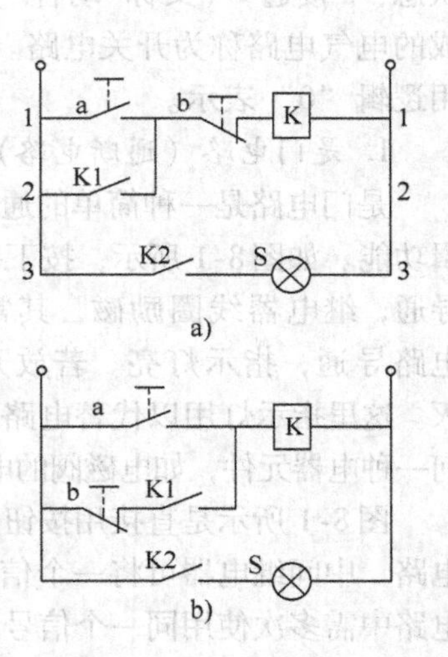

图8-4　记忆电路

5. 延时电路

与气动延时回路在原理上基本相同。图8-5所示为两种延时电路。对照表8-5所示的延时触点符号，就容易理解延时电路的动作原理了。

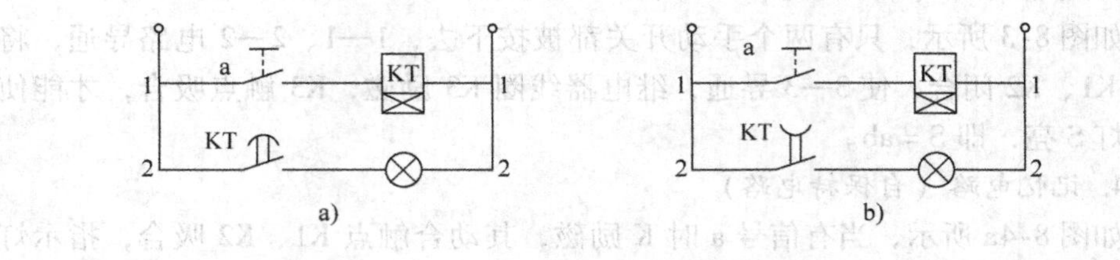
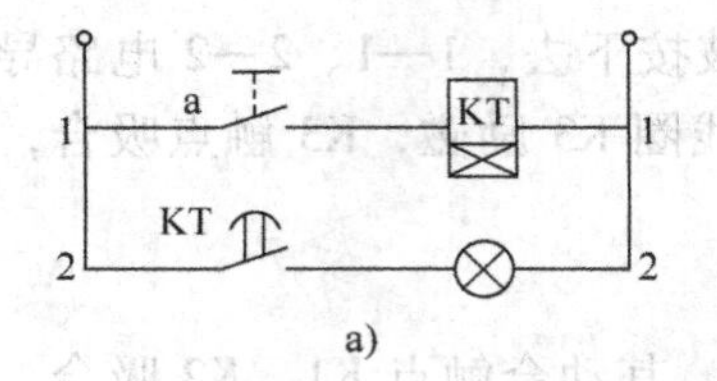

图8-5　延时电路

a）延时闭合　b）延时开启

表 8-5　延时触点开关

名称	图形符号	文字符号	名称	图形符号	文字符号	名称	图形符号	文字符号
线圈	或	K	延时闭合的动合触点		KT	延时闭合的动断触点		KT
动合(常开)触点		符号同操作元件	延时断开的动合触点			延时断开的动断触点		
动断(常闭)触点								

第二节　气压传动系统的电气控制

电气控制的气动系统由气动回路和电气控制回路两部分组成。电气控制回路和气动回路分开画成两张图，两张图上的文字符号应一致，以便对照。电气回路的画法说明如下：以上下两条平行线表示电源线，在两线中间，由左到右画出继电器线圈、触点等电磁铁，指示灯等画在下方；一般动力线画在回路图的左半部，电气控制回路画在右半部；对于复杂回路，可将气动回路和电气控制回路分开画，电气控制回路按机械操作或动作顺序依次画出，电气控制回路中元器件符号都要用动作前的原始状态或未加操作力的状态来表示；为便于读图和维修，接线要加上线号，每列要编列号，在继电器下方要标上触点位置的列号。

一、气缸直接控制的电气回路

气缸直接控制的电气回路是指由电气开关元件接通或断开电磁气动换向阀的电磁铁线圈，改变电磁气动换向阀的工作位置，从而改变气流的流向，继而控制气缸的运动方向。

1. 自动复位的单电磁铁气动换向阀电气控制回路

图 8-6 所示气动回路的工作原理为：按下按钮 S，换向阀的电磁线圈 YA 通电，电磁铁动作，二位三通(或二位五通)阀换向，单作用气缸活塞杆向前运动，直到前端；松开按钮 S，电磁线圈 YA 回路断开，二位三通（或二位五通）阀在弹簧作用下自动复位，回到初始位置，活塞杆退回到气缸末端。该回路中，由按钮直接接通或断开电磁线圈的电路。

2. 双作用气缸的直接控制

图 8-7 所示电气控制回路与单作用气缸控制回路基本相同，不同的是换向阀必须是二位五通阀。

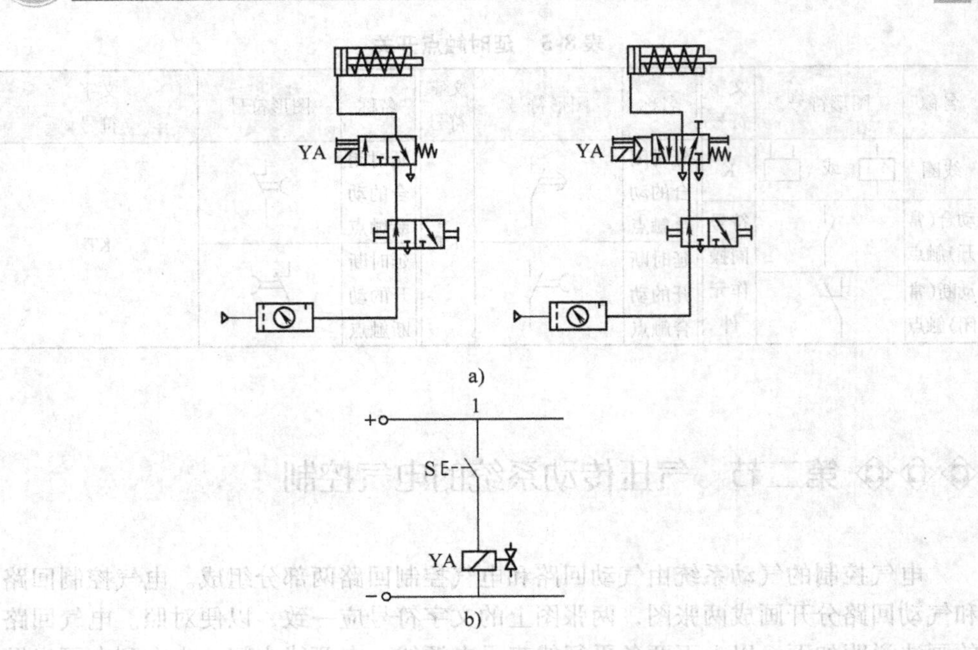

图 8-6 单作用气缸直接控制
a）气动回路图 b）电气原理图

二、电气回路连接方式

图 8-8 所示为按钮直接控制的电气回路。按钮 S 上端接口 13 接电源正极，下端接口接电磁阀线圈 YA 的一个接口，电磁阀线圈 YA 的另一接口接电源负极，按下 S，YA 通电，电磁阀即动作。

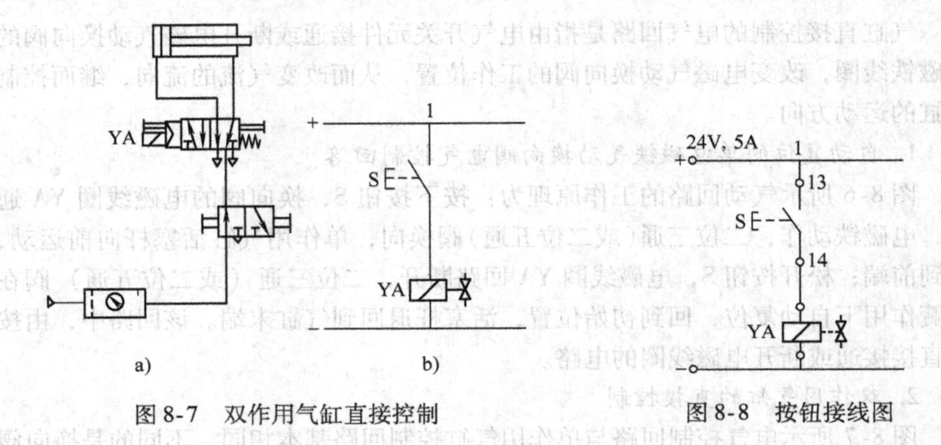

图 8-7 双作用气缸直接控制　　图 8-8 按钮接线图

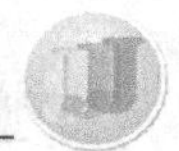

三、气缸间接控制的电气回路

1. 单电磁线圈换向阀的控制回路

如图 8-9 所示，按下按钮 S，继电器 K 回路闭合，动合触点 K 动作。电磁线圈 YA 的回路闭合，二位五通电磁阀换向气缸向前运动。松开按钮 S，继电器 K 的回路断开，动合触点断开，电磁线圈 YA 回路断开，二位五通电磁阀在弹簧作用下复位，活塞杆退回。间接控制回路与直接控制回路相比，多了一个继电器，由继电器的触点控制换向阀的电磁线圈。

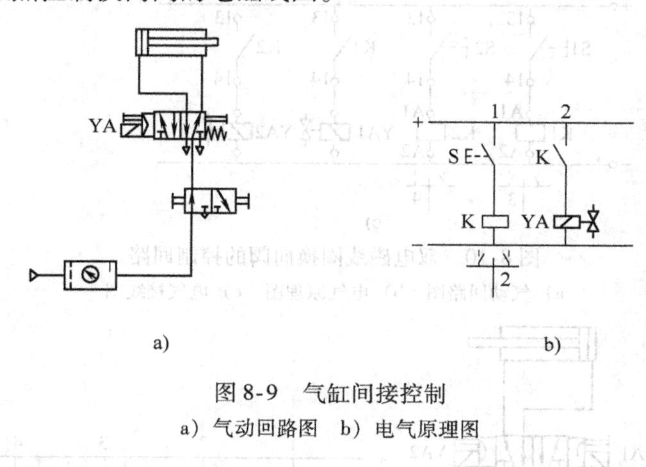

图 8-9　气缸间接控制
a）气动回路图　b）电气原理图

2. 双电磁线圈换向阀的控制回路

如图 8-10 所示，按下按钮 S1，继电器 K1 的回路闭合，触点 K1 动作，电磁线圈 YA1 的回路闭合，二位五通电磁阀开启，双作用气缸的活塞杆运动至前端；松开按钮 S1 后，继电器 K1 的回路断开，触点 K1 回到断开位置，电磁线圈 YA1 的回路断开。按下按钮 S2，继电器 K2 的回路闭合，触点 K2 动作，电磁线圈 YA2 的回路闭合，二位五通电磁阀回到初始位置，双作用气缸的活塞杆退回到末端；松开按钮 S2 后，继电器 K2 回路断开，触点 K2 回到断开状态，电磁线圈 YA2 回路断开。在图 8-10b、c 中，列号为 1 和 2 的电路下方的图形符号表示继电器 K1 的动合触点 K1 在列号为 3 的电路中，继电器 K2 的动合触点 K2 在列号为 4 的电路中。标出触点搁置的线号列号是为了读图时便于查找。

3. 用限位开关的电气控制回路

如图 8-11 所示，按下按钮 S1，继电器 K1 的回路闭合，触点 K1 动作，电磁线圈 YA1 回路闭合，二位五通电磁阀开启；松开按钮 S1 后，继电器 K1 回路断开，触点 K1 回到静止位置，电磁线圈 YA1 回路断开，此时二位五通阀仍处于开启状态。双作用气缸的活塞杆运动至前端并使限位开关 S2 动作，继电器 K2 的

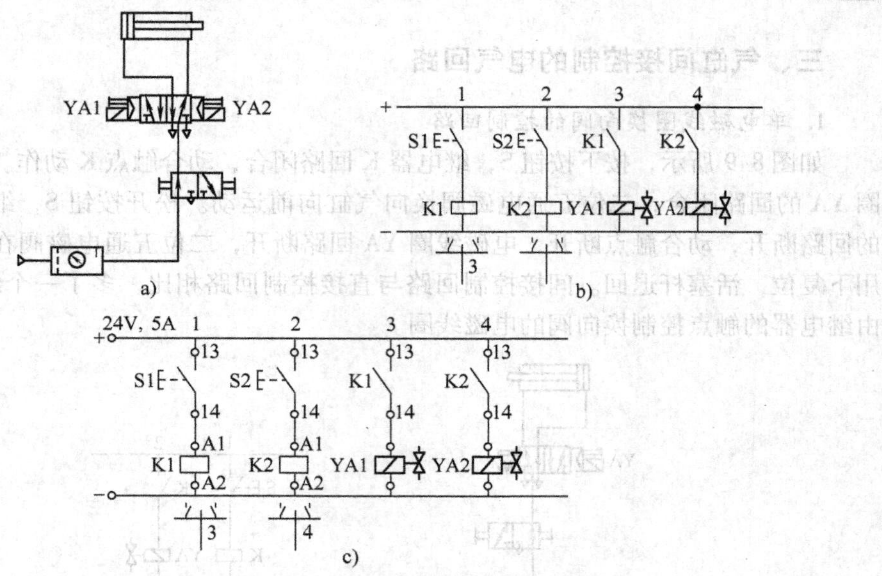

图 8-10　双电磁线圈换向阀的控制回路

a）气动回路图　b）电气原理图　c）电气接线图

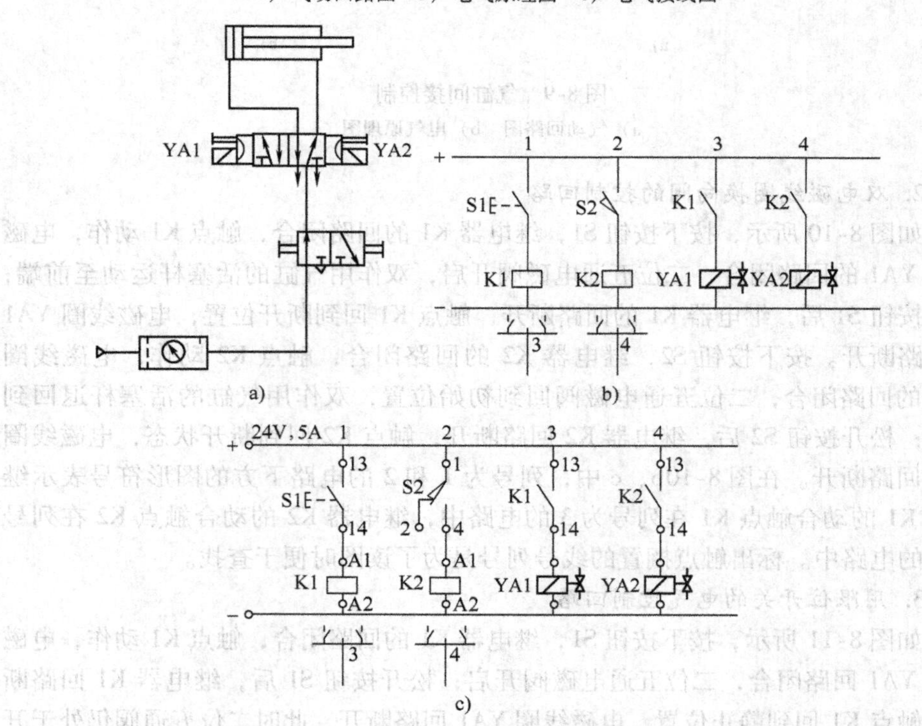

图 8-11　用限位开关的电气控制回路

a）气动回路图　b）电气原理图　c）电气接线图

回路接通，触点 K2 动作，电磁线圈 YA2 的回路闭合，二位五通电磁换向阀复位，双作用气缸的活塞杆退回到末端，继电器 K2 的回路断开，触点 K2 回到静止位置，电磁线圈 YA2 的回路断开。

限位开关有一对动断触点 12 和一对动合触点 14，在连接时，应注意其接线位置。继电器 K2 的线圈接点 A1 应接在限位开关的接点 4 上，而不能接在接点 1 上，否则，电磁换向阀将无法换向，气缸活塞杆也不能动作。

四、气缸自动循环动作回路

在实际生产中，往往要求气缸进行自动往复循环动作，这可由气动系统直接完成，也可由电气系统进行控制。这里介绍气缸自动往复循环动作的电气控制回路。

1. 用按钮直接控制的电气回路

如图 8-12 所示，按下按钮 S3，电磁线圈 YA1 的回路闭合，二位五通电磁阀开启，双作用气缸的活塞杆向前运动，活塞杆离开末端后，通过限位开关 S1 使电磁阀线圈 YA1 的回路断开。活塞杆运动至前端使限位开关 S2 闭合，从而使电磁阀线圈 YA2 的回路闭合，并使二位五通电磁阀回复到初始位置，双作用气缸的活塞杆退回。活塞杆离开前端后，释放限位开关 S2，使电磁线圈 YA2 的回路断开。活塞杆退回到末端，使限位开关 S1 闭合。由于按钮 S3 一经按下，不会自动释放，故仍处于闭合状态，限位开关 S1 闭合后，电磁线圈 YA1 的回路闭合，使二位五通电磁阀换向开启，活塞再向前运动，重复下一个循环。自此周而复始，气缸一直自动循环运动，要使气缸停止运动，按下按钮 S3，活塞在回到末端后将停止。

2. 用继电器间接控制的电气回路

如图 8-13 所示，按下按钮 S3，使继电器 K1 的回路闭合，触点 K1 动作，电磁线圈 YA1 的回路接通，二位五通电磁阀开启，双作用气缸的活塞杆向前运动。活塞杆离开末端后，通过限位开关 S1 使继电器 K1 的回路断开，触点 K1 回到静止位置。

活塞杆运动至前端并使限位开关 S2 闭合，通过限位开关 S2 使继电器 K2 的回路闭合，触点 K2 动作，电磁线圈 YA2 闭合，二位五通电磁阀回到初始位置，双作用气缸的活塞杆退回。活塞杆离开前端后，由限位开关 S2 的作用使电磁线圈 YA2 的回路断开，活塞杆退回到末端并使限位开关 S1 闭合。在按钮 S3 闭合的情况下，继电器 K1 的回路通过限位开关 S1 作用而闭合，触点 K1 动作，电磁线圈 YA1 回路接通，二位五通电磁阀开启，双作用气缸的活塞杆重新向前运动，下一个往复循环动作开始。

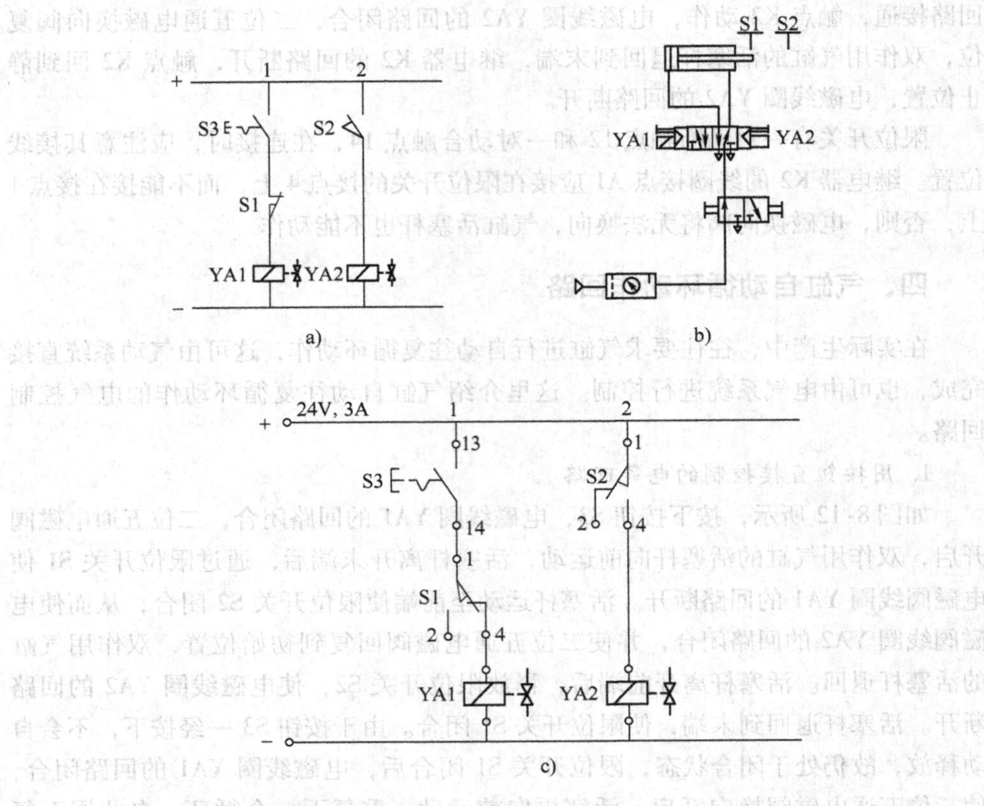

图 8-12 直接控制的自动往复电气回路

五、气压传动系统电气控制实例

1. 热压粘贴包装纸机构

该机构的工作过程为：按下一个按钮，加热板被推进并对包装纸粘贴处加热，在达到设定的粘贴压力后，加热压板返回到初始位置。图 8-14 所示为此机构示意图。图 8-15 所示为其气动原理图和电气系统图。

按下按钮 S1，继电器 K1 的回路闭合，触点组 K1 动作。松开按钮 S1 后，通过触点 K1(2 路)的自锁电路使继电器 K1 的回路仍闭合。电磁线圈 YA1 的回路因触点 K1(5 路)而闭合，二位五通电磁阀开启，双作用气缸的活塞杆向前运动，活塞杆离开末端后通过传感器 B1，使继电器 K1 的回路断开，触点 K1 回到静止位置，电磁线圈 YA1 的回路断开。活塞杆运动到前端，使传感器 B2 动作而接通，为触点 K2 接通做好准备。当双作用气缸的进气管内达到预定的起动压力时，压力开关 B3 动作，继电器 K2 的回路闭合，触点组 K2 动作。因触点 K2(4

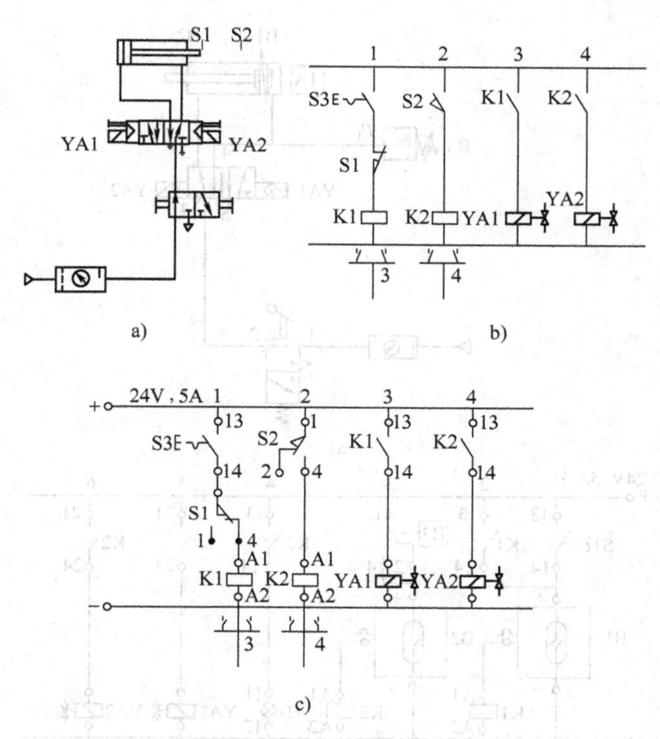

图 8-13　继电器控制的自动循环电气控制回路

a）气动回路图　b）电气原理图　c）电气接线图

路）动作使发光显示 H1 回路接通，同时触点 K2（6 路）使电磁线圈 YA2 回路闭合，二位五通电磁阀回复到初始位置，气缸活塞杆向后运动。此时因二位五通阀换向，压力开关 B3 的压力减小，压力开关 B3 在弹簧作用下复位，其触点 2、4 断开。活塞杆离开前端后，传感器 B2 断开，使继电器 K2 的回路断开，触点组 K2 回到静止位置，发光显示 H1 的回路和电磁线圈 YA2 的回路断开。双作用气缸的活塞杆运动至末端，使传感器 B1 接通，为下一个循环做好准备。此时按下按钮 S1，气动系统开始下一个循环动作。

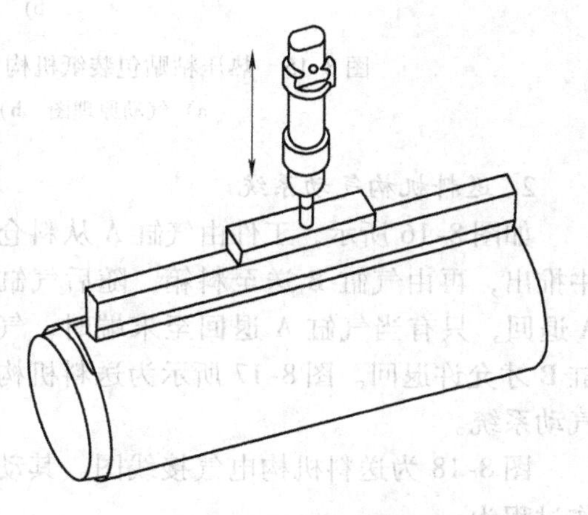

图 8-14　热压粘贴包装纸机构示意图

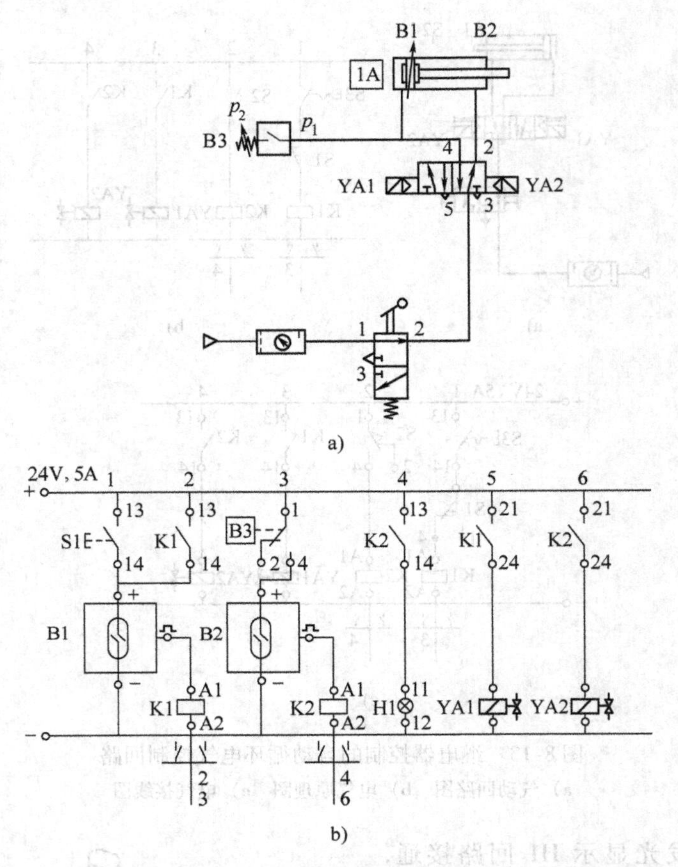

图8-15 热压粘贴包装纸机构气动原理图和电气系统图

a）气动原理图 b）电气系统图

2. 送料机构气动系统

如图8-16所示，工件由气缸A从料仓中推出，再由气缸B送至料箱，随后气缸A退回，只有当气缸A退回至末端时，气缸B才允许退回。图8-17所示为送料机构气动系统。

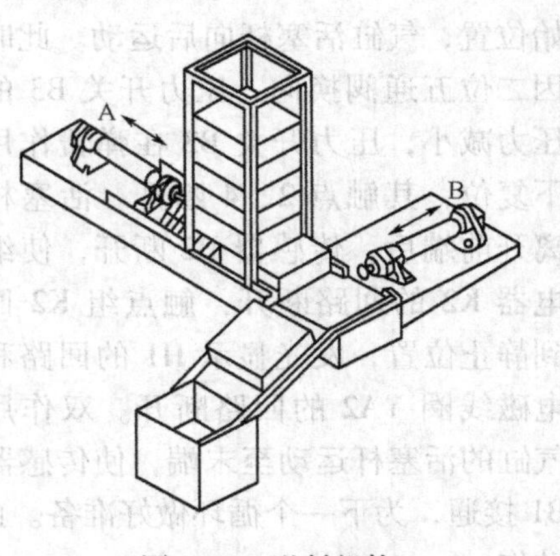

图8-16 送料机构

图8-18为送料机构电气接线图。其动作过程为：

1）空料仓时，S3不动作，指示料仓高度的信号装置H1回路通过S3的触点

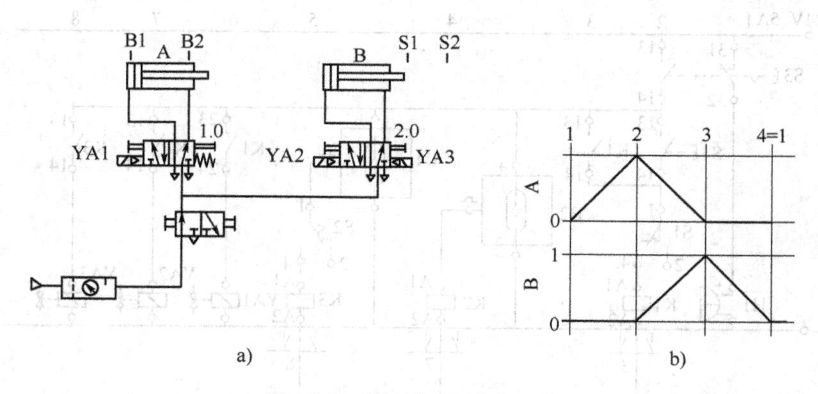

图 8-17　送料机构气动系统
a）气动回路图　b）位移步骤图

(31、32)接通，用于控制部分的供电电源由 S3(2 路)触点(13、14)断开，控制部分无电源。

2）满料仓时，控制开关 S3 动作，指示高度的信号装置 H1（31、32）断开，用于控制部分的供电电源，触点 S3（13、14）接通。

3）A 缸推料。按下按钮 S4 使继电器 K1 的回路闭合，触点组 K1 动作。按钮 S4 复位后，通过 3 路的 K1（13、14）的自锁电路，使继电器 K1 的回路仍闭合。通过 6 路的触点 K1（23、24）使电磁线圈 YA1 的回路闭合，二位五通电磁阀 1.0 开启。气缸 A 的活塞杆运动至前端并接通传感器 B2，使继电器 K2 回路闭合。

4）B 缸送料。继电器 K2 的回路闭合，触点 K2 动作，通过 7 路的触点 K2(13、14)使电磁线圈 YA2 的回路闭合，二位五通电磁阀 2.0 开启，气缸 B 的活塞杆向前运动，至前端后作用于限位开关 S2。

5）A 缸退回。B 缸活塞杆离开末端后，松开限位开关 S1，使继电器 K1 的回路断开，触点组 K1 回到静止位置，电磁线圈 YA1 的回路断开，二位五通电磁阀 1.0 回到初始位置，气缸 A 的活塞杆向后运动至末端并接通传感器 B1。

6）B 缸退回。在 A 缸离开前端后，传感器 B2 使继电器 K2 的回路断开，触点 K2 回到静止位置，电磁线圈 YA2 的回路断开，继电器 K3 回路闭合，触点 K3 动作，电磁线圈 YA3 的回路闭合，二位五通电磁阀 2.0 回到初始位置，气缸 B 的活塞杆向后运动至末端，继电器 K3 的回路因限位开关 S2 而断开，触点 K3 回到静止位置，电磁线圈 YA3 的回路断开，整个动作循环结束。按下按钮 S4，下一个动作循环开始。

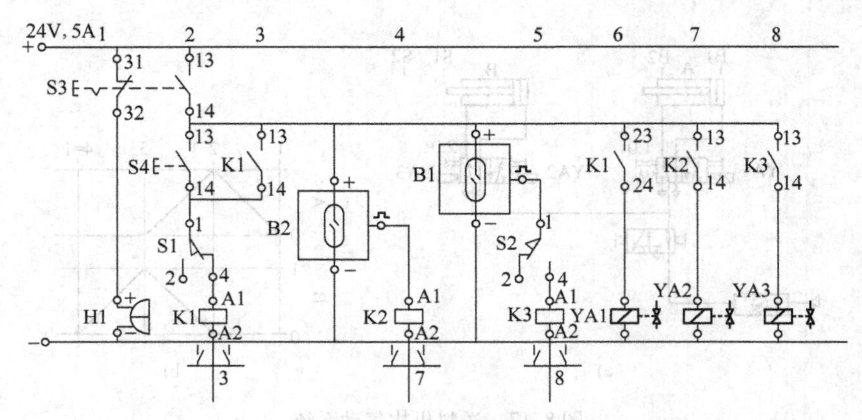

图 8-18　送料机构电气接线图

◈◈◈ 第三节　液压传动系统的电气控制

在此主要介绍液压传动系统的电磁换向阀控制，其原理和气动传动系统的电气控制基本一致。下面介绍几个液压传动系统电气控制的实例。

一、单缸“快—慢—快”回路

图 8-19a 为液压缸“快进—工进—快退”的液压原理图。当电磁换向阀 1V1 的 1YA1 和 1V2 的 1YA2 通电时，两电磁阀同时换向，液压油进入液压缸 1A 的左腔，右腔经换向阀 1V1 回油，液压缸活塞杆快进；当活塞杆压下限位开 1S2 时，1YA2 断电，换向阀 1V2 在弹簧作用下复位，P→A 油路断开，液压缸进油后通过调速阀 1V3，活塞杆慢速前进；在活塞杆运动到右端后，1YA1 断电，换向阀 1V1 复位，液压缸进出油路换向，活塞杆快速退回。

图 8-19b 所示为电气系统图。按下按钮 S1，线圈 K1 通电并自锁，1YA1 通电，1V1 换向。同时，由于活塞处于左端位置时，限位开关 1S1 处于接通状态，线圈 K2 处于通电状态，因而 1YA2 也处于通电状态，1V2 的 P→A 油路接通，液压缸活塞杆快进。

当活塞杆右行至压下限位开关 1S2 时，1S2 的常闭触点断开，线圈 K2 断电，常开触点 K2 断开，1YA2 断电，1V2 复位，液压缸活塞杆转为工作进给(慢进)。当活塞杆运动到右端时，按下按钮 S2，线圈 K1 断电，1YA1 断电，1V1 复位，液压缸活塞向左运动。在活塞杆向左运动到底后，压下限位开关 1S1，此时 1S2 因活塞杆的离开而闭合，线圈 K2 断电，使 1YA2 通电，1V2 换向，为下一次快进做好准备。

二、双缸顺序动作的控制系统

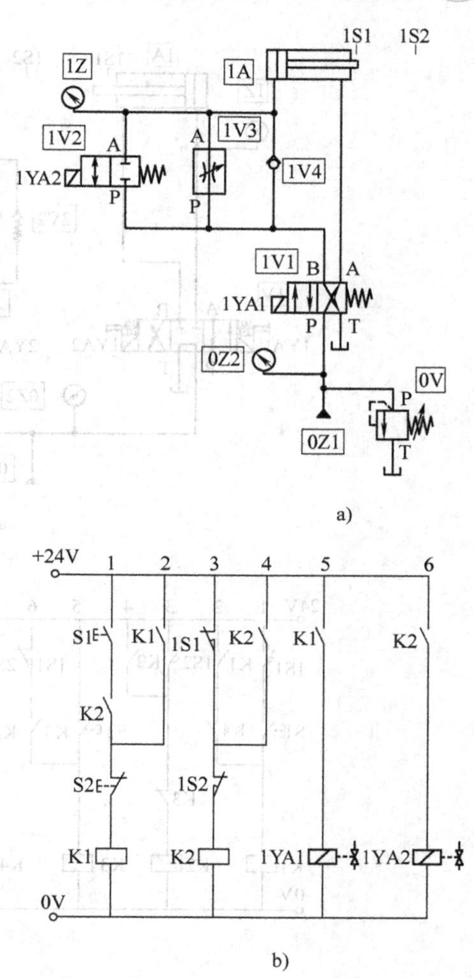

图 8-19　液压缸“快进—工进—快退”的电气控制图

a）液压原理图　b）电气系统图

图 8-20a 为液压原理图。电磁铁 1YA1 通电，三位四通换向阀 1V 换向，P→A 油路接通，液压缸 1A 左腔进油，右腔经 1V 的 B→T 油路回油，活塞杆快速向右运动。在活塞杆运动到右端后，压下限位开关 1S2，发出信号使 2Y 通电，2V1 换向，液压缸 2A 的活塞杆慢速向右运动。到右端后，发信号使 2YA 失电，2V1 复位，液压缸 2A 活塞杆退回到左端后，压下限位开关 2S，2S 发出信号使 1YA2 通电，1YA1 断电，换向阀 1V 换向，P→B、A→T 油路分别接通，液压缸 1A 退回。图 8-20b 为电气系统图。因液压缸 1A 的气缸杆在左端时，限位开关 1S1 被压下而处于接通状态，按下按钮 S1，线圈 K1 通电并自锁，触点 K1 闭合，1YA1 通电，换向阀 1V 换向，液压缸 1A 活塞杆向右运动。在液压缸 1A 活塞杆离开左端后，限位开关 1S1 复位，其常开触点（1 路）断开，常闭触点（6 路）闭合。在液压缸 1A 活塞杆运动到右端后，压下限位开关 1S2，其常开触点（3 路）闭合，线圈 K2 通电并自锁，K2 常开触点（10 路）闭合，2YA 通电，电磁阀换向，液压缸 2A 活塞杆向右运动。在液压缸 2A 活塞杆离开左端后，限位开关 2S 复位，其常开触点（7 路）断开，活塞杆运动至右端自行停止。按下按钮 S2，线圈 K3 通电并自锁，K3 的常开触点（7 路）闭合；K3 的常闭触点（3 路）断开，线圈 K2 失电，其常开触点 K2（10 路）断开，2YA 失电，2V1 复位，液压缸 2A 向左运动至左端后，压下限位开关 2S，2S 的常开触点（7 路）闭合，线圈 K4 通电，K4 的常闭触点（2 路）断开；线圈 K1 失电，1YA1 也失电；K4 的常开触点（9 路）闭合，1YA2 通电，电磁换向阀 1V 换向，液压缸 1A 活塞杆向左运动，至左端后，压下限位开关 1S1，1S1 的常开触点（1 路）闭合，为下一循环做好准备。

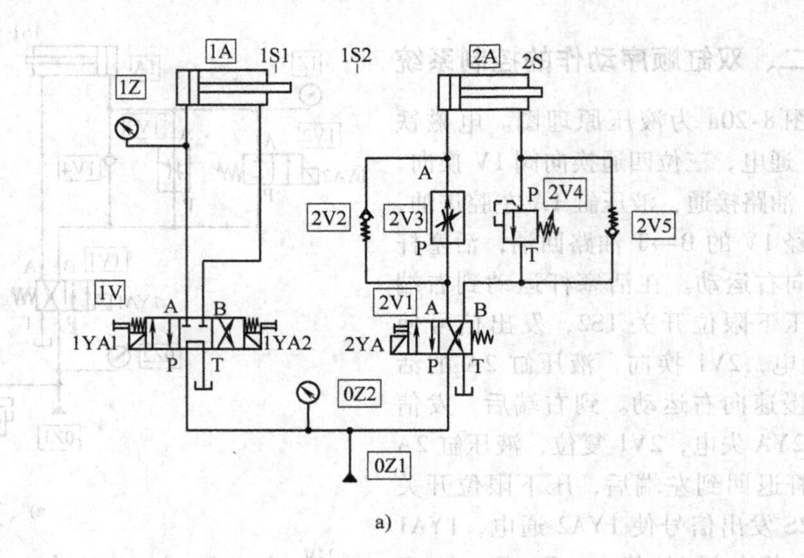

a)

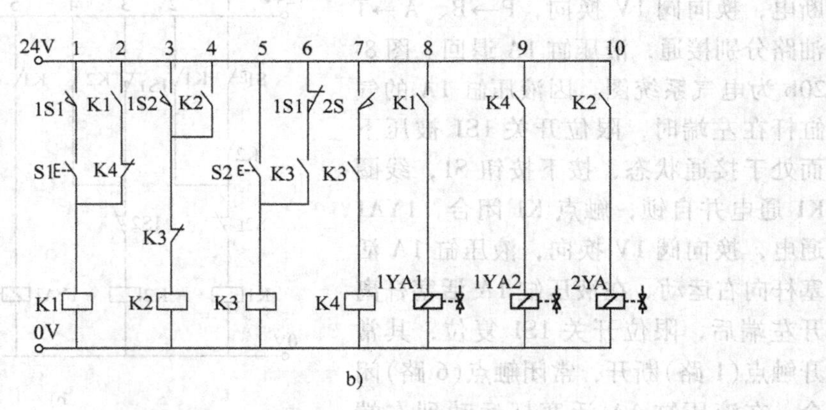

b)

图 8-20 双缸顺序动作回路

a）液压原理图 b）电气系统图

复习思考题

1. 电气控制系统中常用的电气元器件有哪些？能否识别这些电气元器件的图形符号？
2. 什么是“是门电路”？简述其使用情况。
3. 试述自动复位的单电磁铁气动换向阀的电气控制动作(操作)过程。
4. 试述用限位开关的电气控制回路的动作过程。
5. 试述用继电器间接控制的电气回路动作过程。

第九章

气、液压传动系统电气控制技能训练

培训学习目标 通过典型实例的培训，掌握气压、液压传动系统电气控制的基本操作技能。

• 训练1 动力滑台液压电气控制系统

在加工大批量零件时，为提高生产的效率和质量，常选用一些专用设备和组合机床。动力滑台的作用是在组合机床中实现进给运动。在组合机床中，进行工作循环的进给动作通常为：滑台快进→第一次工作进给→第二次工作进给→限位块止停→快退→原位停止。

图9-1所示为动力滑台液压电气控制系统。此系统选用限压式变量泵供油，能够保证稳定的低速运动，有较好的速度刚性和较大的调速范围；滑台的快进由液压缸的差动连接进行；选用行程阀和顺序阀进行滑台的快进与工进之间的转换，不仅可以简化电气回路，而且可以使滑台运动可靠；选用限位块来保证滑台进给的位置精度。

1. 快进

按下起动按钮后，电磁阀YA1得电，电磁换向阀的先导阀阀芯右移，左位接入系统，液压油经变量泵1→单向阀2→三位五通换向阀6左位→行程阀11下位进入液压缸无杆腔。从液压缸有杆腔回流的液压油经三位五通换向阀6左位→单向阀5→行程阀11下位，合流进入液压缸无杆腔，形成差动连接而使滑台快进。

2. 第一次工作进给

在滑台快速运动到预定位置后，滑台上的行程挡块压下行程阀11的阀芯，将快进油路切断，液压油只有通过调速阀7才能进入液压缸无杆腔。由于液压油

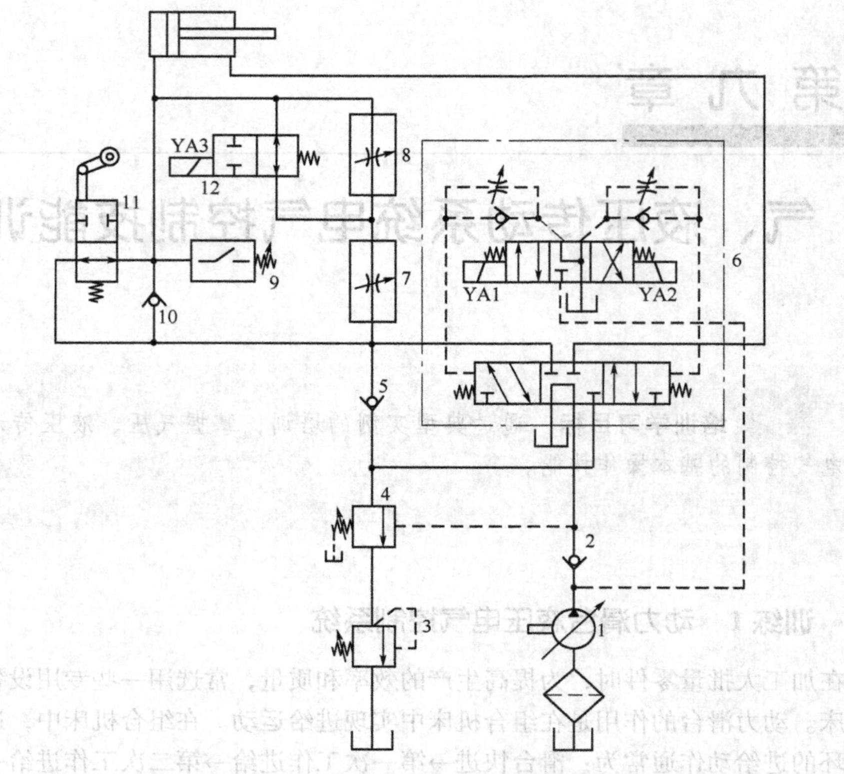

图9-1　动力滑台液压电气控制系统

流经调速阀，使系统的压力上升而打开液控顺序阀4，此时单向阀5因上部压力大于下部压力而关闭，切断了液压缸的差动连接回路。

液压传动系统回路为：液压油经变量泵1→单向阀2→三位五通换向阀6左位→调速阀7→二位二通换向阀12右位进入液压缸无杆腔，从液压缸有杆腔回流的液压油经三位五通换向阀6左位→顺序阀4→背压阀3进入油箱，滑台进行第一次工作进给。

工作进给时系统压力升高，变量泵的输油量自动减小，进给量的大小由调速阀7调定。

3. 第二次工作进给

在第一次工作进给结束后，行程块压下行程开关使YA3通电，二位二通换向阀12将通路切断，液压油必须经调速阀7、调速阀8才能进入液压缸无杆腔。

液压传动系统回路为：液压油经变量泵1→单向阀2→三位五通换向阀6左位→调速阀7→调速阀8进入液压缸无杆腔，从液压缸有杆腔回流的液压油经三位五

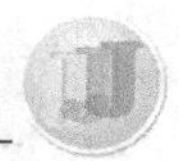

通换向阀 6 左位→顺序阀 4→背压阀 3 进入油箱，滑台进行第二次工作进给。

由于调速阀 8 的油口小于调速阀 7 的油口，因此进给速度再次降低。

4. 限位块止停

在滑台工作进给结束后，滑台挡块接触限位块后停止运动。此时，液压传动系统压力升高，在达到压力继电器 9 的调整值后，压力继电器 9 开始动作。滑台的停留时间由时间继电器在一定的范围内调整，经过时间继电器延时后发出信号，使滑台返回原位。

5. 快退

时间继电器在延时后发出信号，YA2 通电，YA1、YA3 断电。此时，液压油经变量泵 1→单向阀 2→三位五通换向阀 6 右位进入液压缸有杆腔，液压缸无杆腔的回油经单向阀 10→三位五通换向阀 6 右位流入油箱。

6. 原位停止

在滑台快速退回过程中，行程挡块压下行程开关后发出信号，YA2 断电，三位五通换向阀 6 处于中位，液压缸失去液压动力源后滑台停止运动。变量泵输出的液压油经三位五通换向阀 6 直接回油箱，液压泵卸荷，滑台停止运动。

滑台运动时电磁铁和预泄阀的动作循环见表 9-1。

表 9-1　电磁铁和预泄阀的动作循环

电磁铁 预泄阀		信号来源	液压缸工作循环								
			上滑块					下滑块			
			快速下行	慢速加压	保压延时	快速返回	原位停止	向上顶出	停留	返回	原位停留
		主缸									
		顶出缸									
YA1	+ −	按钮起动									
YA2	+ −	继电器控制									
预泄阀	上 下	—									
YA3	+ −	按钮控制									
YA4	+ −	按钮起动									

训练 2　全气动钻床气压电气控制系统

全气动钻床是一种用气动钻头完成主轴的旋转运动，再由气动滑台进行进给运动的自动钻床。图 9-2 所示的全气动钻床气压电气控制系统用送料、夹紧和钻削三个气缸来完成送料、夹紧和钻削动作。

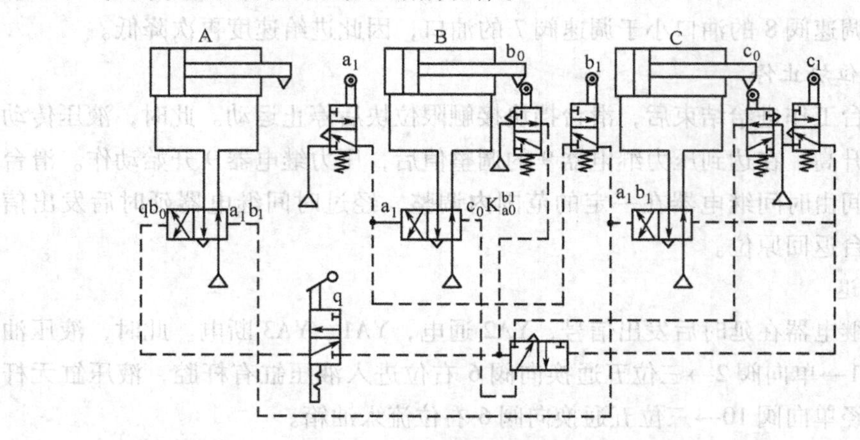

图9-2 全气动钻床气压电气控制系统

其动作的顺序要求是：水平送料气缸（A）将工件送入夹紧气缸，水平夹紧气缸（B）将工件夹紧，送料气缸（A）后退，垂直钻削气缸（C）下降开始钻孔，钻孔结束后垂直钻削气缸（C）退回，水平夹紧气缸（B）松开工件，重复循环下一轮钻削加工。在此循环过程中，由于送料气缸的后退与钻削气缸的进给同时进行，考虑到送料气缸的后退对下一个程序执行没有影响，因此可不设联锁信号。在循环动作中，只要钻削气缸动作完成，就可发出信息，执行下一个动作。此时，如果送料气缸后退动作没有结束，则由于控制送料气缸后退运动的主控阀所具有的记忆功能，送料气缸的后退动作仍可继续。

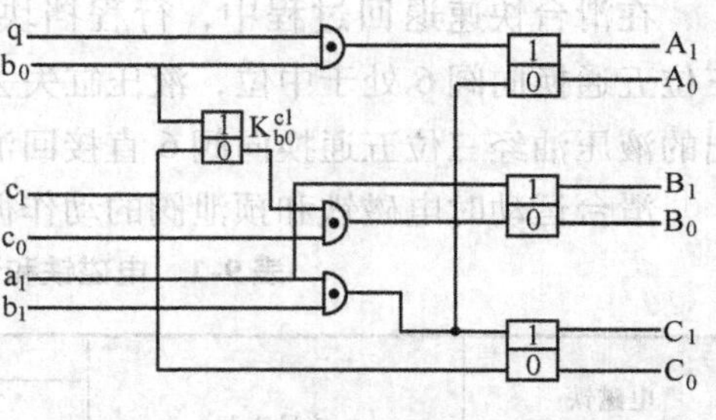

图9-3 气缸动作状态

图9-3所示为系统中三个气缸循环动作中的六个状态，中间部分用了三个与门元件和一个记忆元件辅助阀。表9-2中列出了系统中起动阀和行程阀等发出原始信号的情况。

1. A气缸送料的动作过程

按下q二位三通换向阀的手动控制阀，使qb_0左位接入系统，气源通过换向阀输入A气缸左腔，活塞杆伸出送料，同时打开a_1二位三通行程控制阀。

2. B缸夹紧的动作过程

在a_1二位三通行程控制阀打开后，气源通过a二位四通换向阀进入B气缸左腔，活塞杆伸出夹紧工件，同时将起动信号发送给b_1二位三通行程控制阀。

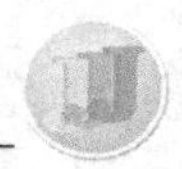

表 9-2　X－D 线图

	X－D组	1 A_1	2 B_1	3 A_0 C_1	4 C_0	5 B_0	执行信号
1	$b_0(A_1)$ A_1						$b_0(A_1)=qb_0$
2	$a_1(B_1)$ B_1						$a_1(B_1)=a_1$
3	$b_1(A_0)$ A_0						$b_1(A_0)=b_1a_1$
	$b_1(C_1)$ C_1						$b_1^*(C_1)=b_1a_1$
4	$c_1(B_0)$ C_0						$c_1(C_0)=c_1$
5	$c_0(B_0)$ B_0						$c_0^*(B_1)=c_0K_{b0}^{c1}$
备用格	$b_1^*(C_1)$						
	K_{b0}^{c1}						
	$c_0^*(B_0)$						

3. C 缸开始工作与退出的动作过程

当 B 缸活塞杆伸出夹紧工件后，压下 b_1 二位三通行程控制阀接入系统，控制气路中的气源通过二位四通主控阀左侧输入 C 缸左腔，活塞杆伸出进行钻孔。

4. B 缸松开工件的动作过程

当 C 缸完成钻孔，达到预定的深度（c_1）位置后，c_1 控制阀启动，气源输入 C 缸右侧，C 缸活塞杆缩回复位。控制气路中的气源通过 c_0 二位三通换向阀输入 B 气缸右腔，活塞杆缩回、松开工件。将信号发送给 q 二位三通换向阀，此时一个循环的钻孔动作完成。

重复此循环可开始下一轮钻孔动作。

训练 3　立式组合机床的液压电气控制系统

图 9-4 所示为立式组合机床的液压电气控制系统。该系统用来对工件进行多孔钻削加工。它能实现定位→夹紧→动力滑台快进→工进→快退→松开、拔销→原位卸荷的工作循环。其动作过程如下：

1. 定位

YA6 通电，电磁阀 17 上位接入系统，使系统进入工作状态。当 YA4 通电时，换向阀 10 左位接入系统，油路走向为：变量泵 2→阀17→减压阀 8→单向阀 9→换向阀 10→定位缸 11 右腔，缸 11 左腔→换向阀 10→油箱，实现对工件的定位。

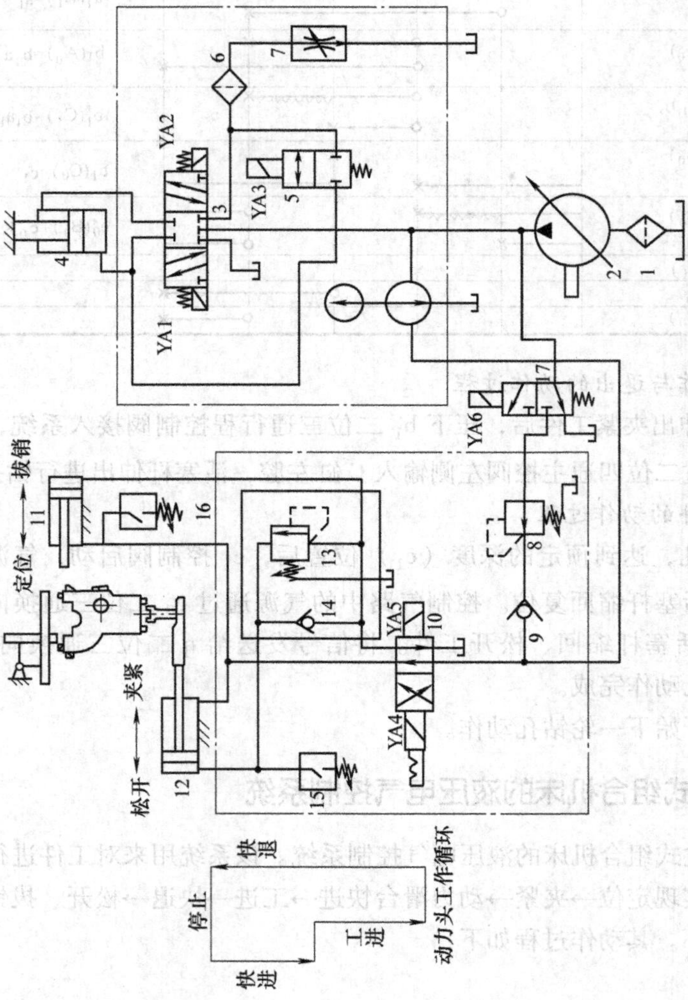

图 9-4 立式组合机床液压电气控制系统

1—过滤器 2—变量泵 3、10—换向阀 4—进给缸 5—电磁阀 6—精滤器 7—调速阀 8—减压阀
9、14—单向阀 11—定位缸 12—夹紧缸 13—顺序阀 15、16—压力继电器 17—电磁阀

2. 夹紧

定位完毕，油压升高到顺序阀 13 的调压值，液压油经顺序阀 13 进入夹紧缸 12 的左腔，实现对工件的夹紧。

3. 动力滑台快进

夹紧完毕，夹紧缸 12 左腔油压升高到压力继电器 15 的调压值时发出信号，使 YA1 和 YA3 通电，换向阀 3 左位、电磁阀 5 上位接入系统，油路走向为：变量泵 2→换向阀 3→进给缸 4 下腔，进给缸 4 上腔→换向阀 3→电磁阀 5→进给缸 4 下腔，实现差动快进。

4. 动力滑台工进

快进完毕，挡块触动电气行程开关发信，使 YA3 断电，换向阀 3 下位接入系统，进给缸 4 上腔中的液压油经精滤器 6 和调速阀 7 流回油箱。动力滑台工进速度由调速阀 7 调定。

5. 动力滑台快退

工进完毕，挡块触动电气行程开关，发出信号，使 YA2 通电（YA1 断电），换向阀 3 右位接入系统，油路走向为：变量泵 2→换向阀 3→进给缸 4 上腔，进给缸 4 下腔→换向阀 3→油箱，实现快退。

6. 松开、拔销

快退完毕，挡块触动电气行程开关，发出信号，使 YA5 通电（YA4 断电），换向阀 10 右位接入系统，油路走向为：变量泵 2→电磁阀 17→减压阀 8→单向阀 9→换向阀 10→夹紧缸 12 右腔和定位缸 11 左腔，夹紧缸 12 左腔和定位缸 11 右腔分别经单向阀 14、换向阀 10→油箱，实现松开和拔销。

7. 原位停止卸荷

松开和拔销完毕，油压升高到压力继电器 16 预调值，发出信号使 YA6 通电，电磁阀 17 下位接入系统，变量泵 2 输油经电磁阀 17 流回油箱，实现泵的卸荷。

该机床液压电气控制系统传动过程用电磁铁工作状态表示，见表 9-3。表 9-3 中符号“+”表示电磁铁通电，符号“-”表示电磁铁断电。

此液压电气控制系统的特点为：

1）采用顺序阀 13 来控制先定位后夹紧的顺序动作，两缸间无须控制电磁铁；采用压力继电器 15 发信号来控制进给缸电磁阀，实现先夹紧后进给的顺序动作。

2）采用带有定位插销装置的电磁阀 10 和在减压阀 8 出口处加设单向阀 9，确保定位夹紧的可靠性。

表 9-3 立式组合机床液压电气控制系统电磁铁工作状态

工况＼电磁铁		YA1	YA2	YA3	YA4	YA5	YA6
定位		−	−	−	+	−	+
夹紧		−	−	−	+	−	+
动力滑台	快进	+	−	+	+	−	+
	工进	+	−	−	+	−	+
	快退	−	+	−	+	−	+
松开、拔销		−	−	−	−	+	+
卸荷		−	−	−	−	−	−

3）采用限压式变量泵节流调速，实现较大范围内的稳定低速运转，功率利用率高。

4）采用变量泵和差动连接获得更快的快进速度及原位停止时变量泵的卸荷，能量利用好，发热少。

5）回油路节流调速，并用调速阀调节工进速度，运动平稳；用三位五通电磁阀O型中位机能，使液压缸能在任意位置停留并锁紧，气缸等运动部件不会因自重而下滑。

训练4 液压机械手液压电气控制系统

液压机械手能进行工件的传递、转位和装卸工作，也能完成切割、焊接和喷涂，还适用于高压、高温、易燃和易爆等恶劣环境中代替人手作业。

图9-5a为JS—1型液压机械手外观示意图。它有五个动作要求，以在空间全方位代替人手动作：手臂回转动作，由安装在底部的齿轮齿条式液压缸20驱动；手臂上下动作，用单活塞液压缸27驱动；手臂伸缩动作，通过伸缩套筒液压缸28来实现；手腕回转动作，用齿轮齿条式液压缸19来实现；手指松夹工件，利用单作用活塞式液压缸18来实现。

图9-5b所示为JS—1型液压机械手液压电气控制系统。在电气控制系统的控制下，可按一定的程序通、断电来控制五个液压缸的顺序动作。动作过程如下：

1. 手臂回转动作

（1）手臂顺转　电磁铁YA5通电，电磁阀11左位接入系统；YA7通电，换向阀9右位接入系统。油路走向为：液压泵2→单向阀4→电磁阀11→换向阀9→单向节流阀21中的单向阀→齿轮齿条式液压缸20右腔，齿轮齿条式液压缸20左腔→单向节流阀22中的节流阀→换向阀9→油箱，实现手臂顺时针快转。若

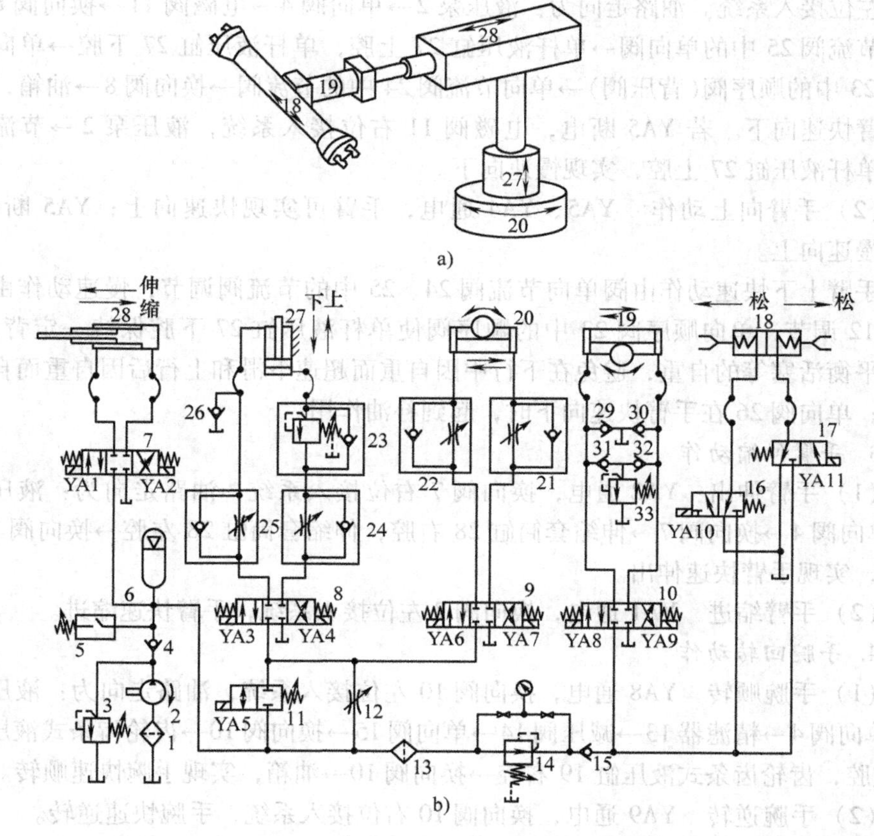

图 9-5 JS—1 型液压机械手液压电气控制系统

1—过滤器 2—液压泵 3、33—溢流阀 4、15、26、29、30、31、32—单向阀
5—压力继电器 6—蓄能器 7、8、9、10—换向阀 11、16、17—电磁阀
12—节流阀 13—精滤器 14—减压阀 18—单作用液压缸
19、20—齿轮齿条式液压缸 21、22、24、25—单向节流阀
23—单向顺序阀 27—单杆液压缸 28—伸缩套筒缸

YA5 断电，电磁阀 11 右位接入系统，液压泵 2→节流阀 12→齿轮齿条式液压缸 20 右腔，实现手臂顺时针慢转。

（2）手臂逆转 YA5、YA6 通电，手臂可实现逆时针快转；YA5 断电，手臂逆时针慢转。

手臂快转速度由单向节流阀 21、22 中的节流阀调节，手臂慢转速度由节流阀 12 调节。

2. 手臂上下动作

（1）手臂向下动作 YA5 通电，电磁阀 11 左位接入系统；YA3 通电，换向

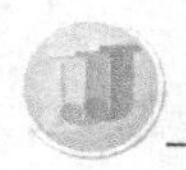

阀8左位接入系统。油路走向为：液压泵2→单向阀4→电磁阀11→换向阀8→单向节流阀25中的单向阀→单杆液压缸27上腔，单杆液压缸27下腔→单向顺序阀23中的顺序阀(背压阀)→单向节流阀24中的节流阀→换向阀8→油箱，实现手臂快速向下。若YA5断电，电磁阀11右位接入系统，液压泵2→节流阀12→单杆液压缸27上腔，实现慢速向下。

（2）手臂向上动作　YA5、YA4通电，手臂可实现快速向上；YA5断电，手臂慢速向上。

手臂上下快速动作由阀单向节流阀24、25中的节流阀调节，慢速动作由节流阀12调节；单向顺序阀23中的顺序阀使单杆液压缸27下腔保持一定背压，以便平衡活塞等的自重，避免在下行中因自重而超速下滑和上行后因自重而自动下滑；单向阀26在手臂快速向下时，起到补油作用。

3. 手臂伸缩动作

（1）手臂伸出　YA2通电，换向阀7右位接入系统，油路走向为：液压泵2→单向阀4→换向阀7→伸缩套筒缸28右腔，伸缩套筒缸28左腔→换向阀7→油箱，实现手臂快速伸出。

（2）手臂缩进　YA1通电，换向阀7左位接入系统，手臂快速缩进。

4. 手腕回转动作

（1）手腕顺转　YA8通电，换向阀10左位接入系统，油路走向为：液压泵2→单向阀4→精滤器13→减压阀14→单向阀15→换向阀10→齿轮齿条式液压缸19左腔，齿轮齿条式液压缸19右腔→换向阀10→油箱，实现手腕快速顺转。

（2）手腕逆转　YA9通电，换向阀10右位接入系统，手腕快速逆转。

单向阀29、30在手腕快速回转时起到补油作用；溢流阀33对手腕回转回路起安全保护作用。

5. 手指松夹动作

（1）手指松开　YA10通电，电磁阀16左位接入系统，油路走向为：液压泵2→单向阀4→精滤器13→减压阀14→单向阀15→电磁阀16→缸18左腔，克服右边的弹簧力，活塞向右运动，右手指松开工件；YA11通电，液压油进入缸18右腔，克服左边弹簧力，活塞向左运动，左手指松开工件。

（2）手指夹紧　YA10、YA11断电，手指在弹簧力作用下夹紧工件。

此液压电气控制系统的特点如下：

1）液压泵2和蓄能器6向系统同时供油，起到增速增压作用，同时可吸收液压冲击，使系统工作平稳，安全可靠。

2）减压阀14和单向阀15保证手腕、手指的油路获得较低的稳定油压，使手腕、手指的动作灵活可靠，并确保不因手臂快速运动时手腕、手指失控。

3）电磁换向阀、压力继电器5容易与电气控制系统结合，使液压缸的动作

顺序调整控制方便。

4）采用定量泵节流调速，系统压力由溢流阀3调定，调节方便，费用低。

训练5　数控车床液压电气控制系统

根据零件图与工艺过程卡，用规定的数控代码和程序格式编写加工程序，将正确的加工程序输入数控系统，用来指挥和协调液压传动系统和电气控制系统，从而完成整台设备的控制任务。数控车床用来加工轴类和盘盖类的回转体零件，能自动完成内圆柱面、外圆柱面、圆锥面、圆弧面、端面和螺纹等的切削加工。

图9-6所示为CK6150型数控车床的液压电气控制系统，用来控制卡盘的夹紧和松开、卡盘夹紧力的高低压转换、回转刀架的松开和夹紧、刀架盘的正转和反转、尾座套筒的伸出和退回以及防护门的开关等。其动作过程如下：

1. 卡盘的夹紧和松开

（1）高压状态下的夹紧和松开　YA1通电，换向阀1左位接入系统，油路走向为：变量泵→单向阀→减压阀6→换向阀2→换向阀1→卡盘缸右腔，卡盘缸左腔→换向阀1→油箱，卡盘夹紧工件，夹紧力大小由压力调得较高的减压阀6来调节。YA2通电，换向阀1右腔接入系统，液压油进入卡盘缸左腔，卡盘松开工件。

（2）低压状态下的夹紧和松开　YA1通电，换向阀1左位接入系统，YA3通电，换向阀2右位接入系统，油路走向为：变量泵→单向阀→减压阀7→换向阀2→换向阀1→卡盘缸右腔，卡盘缸左腔→换向阀1→油箱，卡盘夹紧工件，夹紧力大小由压力调得较低的减压阀7来调节。YA2、YA3通电，液压油进入卡盘缸左腔，卡盘松开工件。

2. 刀架的松夹和转位

YA6通电，换向阀4右位接入系统，刀架松开；YA6断电，刀架夹紧；YA4通电，换向阀3左位接入系统，刀架正转；YA5通电，换向阀3右位接入系统，刀架反转。刀架正、反转速度分别由单向调速阀9和单向调速阀10中的调速阀调节。刀架的转位换刀是由数控系统发出相应转位指令，首先刀架松开，其次是刀架就近转位到指定的刀位，最后刀架复位夹紧。

3. 尾座套筒的伸出和退回

YA7通电，套筒伸出；YA8通电，套筒退回。套筒伸出工作时的预紧力大小通过减压阀8来调节，伸出速度由单向调速阀11中的调速阀来调节。

4. 防护门的开和关

YA9通电，防护门关闭；YA10通电，防护门打开。防护门开关力由减压阀13来调节，防护门开关速度由单向调速阀14和单向调速阀15中的调速阀来调节。

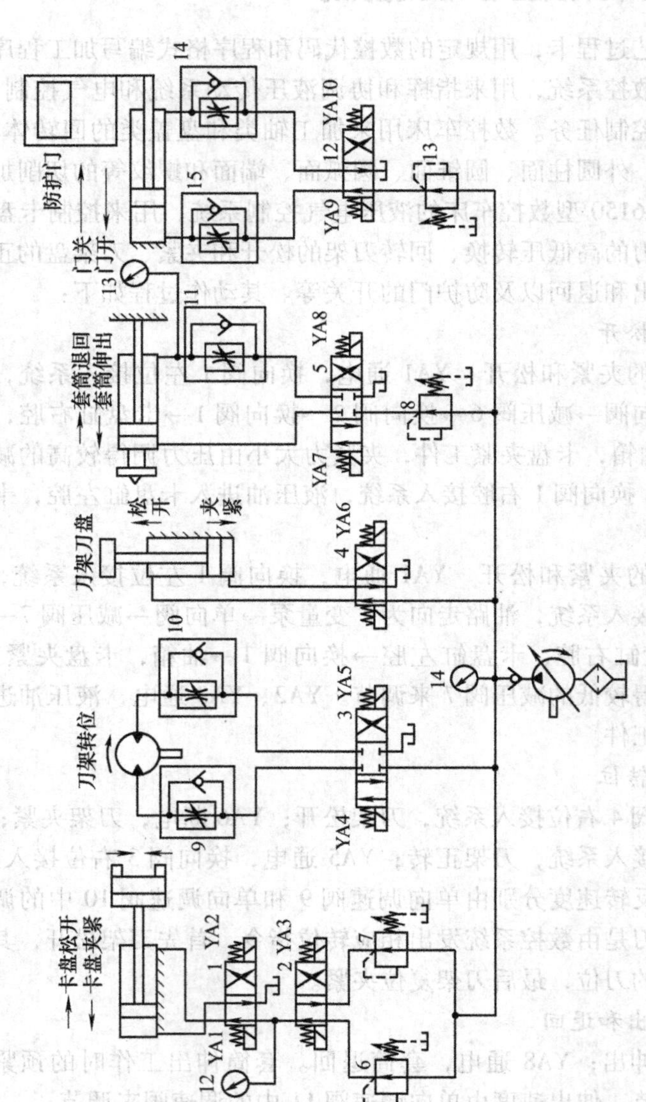

图9-6 CK6150型数控车床液压电气控制系统

1、2、3、4、5、12—换向阀 6、7、8、13—减压阀

9、10、11、14、15—单向调速阀

上述动作除由数控系统控制外，还可以由控制面板上的手动按钮进行操作。

CK6150 型数控车床液压电气控制系统电磁铁工作状态见表 9-4。表 9-4 中符号“ + ”表示电磁铁通电，符号“ - ”表示电磁铁断电。

表 9-4　CK6150 型数控车床液压电气控制系统中电磁铁的工作状态

电磁铁名称			YA1	YA2	YA3	YA4	YA5	YA6	YA7	YA8	YA9	YA10
卡盘	高压	夹紧	+	-	-							
		松开	-	+	-							
	低压	夹紧	+	-	+							
		松开	-	+	+							
刀架	刀架正转					-	-					
	刀架反转					-	-					
	刀盘松开							+				
	刀盘夹紧							-				
尾座	套筒伸出								+	-		
	套筒退回								-	+		
拉门	拉门开										-	+
	拉门关										+	-

CK6150 型数控车床液压电气控制系统的特点：

1）采用变量泵节流调速，实现较大范围的稳定低速，变量泵供油量自动与调速阀节流量相适应，泵工作压力调整至 4～5MPa，与负载相适应，功率利用率好，无溢流损失，发热小；采用回油路节流调速，速度平稳性好。

2）利用减压阀确保卡盘、套筒和防护门所需的稳定油压，动作可靠，调节方便，而且卡盘夹紧力可根据工件所需，由两只减压阀 6、7 调节，适应范围广。

3）整个液压传动系统除由数控系统控制外，还可以由手动操作，方便可靠。

试　题　库

一、判断题（对的画√，错的画×）

1. 气压传动是以压缩空气为工作介质，依靠系统产生的压力来进行能量转换，以及传递力和控制信号的一门自动化技术。（　）

2. 气压传动系统采用的工作介质为空气，有可能存在介质变质和对环境造成污染的问题。（　）

3. 气压传动系统的泄漏不会严重影响工作。（　）

4. 气压传动系统可以远距离输送气源，故要求空气压力要比液压传动系统的压力高。（　）

5. 气压传动系统的工作速度和工作平稳性要比液压传动系统好。（　）

6. 气马达只能驱动机构做圆周运动。（　）

7. 气压传动中的薄膜式气缸的行程是比较短的，一般小于40mm。（　）

8. 气－液阻尼气缸是以压缩空气为能源，不需要液压源，同时具有气动和液压的优点。（　）

9. 冲击气缸能使运动部件在瞬间达到很高的速度，为同样条件下普通气缸速度的10～15倍。（　）

10. 在气压传动回路中采用快速排气阀，不能使气缸速度变快。（　）

11. 气缸的密封装置可用于防止压缩空气泄漏，但密封装置的安装对气缸的性能没有太大的影响。（　）

12. 气马达是利用压缩空气的能量实现旋转运动的机械，其作用相当于电动机或液压马达。（　）

13. 换向阀的作用是改变气体通道，使气体的流动方向发生变化，从而改变气动执行元件的运动方向。（　）

14. 压力控制阀可用来控制系统中气体的压力，或在气体压力控制下接通或切断气路。（　）

15. 压力控制阀是利用压缩空气作用在阀芯上的力和弹簧力相抵消的原理来进行工作的。（　）

16. 安全阀的作用是当管路中的空气压力超过允许压力时，需要通过人工排

气使系统的压力下降。 ( )

17. 在气压传动系统中，用来控制执行元件起动、停止或改变运动方向的回路称为方向控制回路。 ( )

18. 气压传动系统的一次压力控制回路中储气罐送出的气体压力不超过规定的压力。 ( )

19. 单向调速回路是气缸活塞在两个方向的速度都可以调节的回路。 ( )

20. 气压传动系统中的空气过滤器能滤除压缩空气和外界空气中的水分、灰尘、油滴和杂质。 ( )

21. 杂质沉积在管道和气压元件中，会造成流通面积减小和流通阻力增大，致使整个系统工作不稳定。 ( )

22. 液压传动是依靠液压油流动时的流量来传递动力的。 ( )

23. 单位时间内流过管道的液体体积称为流速。 ( )

24. 在油路系统中，油的流量是流速与管道截面积的乘积。 ( )

25. 在液压传动系统中，压力的大小取决于液压负载流量的大小。 ( )

26. 当液压油流过不同截面的通道时，流速与截面积成正比。 ( )

27. 压力损失产生于液体流动过程中。 ( )

28. 在一条很长的管道中流动的液体的压力前小后大。 ( )

29. 液压传动系统功率的大小与系统中液压油的流量和压力有关。 ( )

30. 液压油温度越高，其粘度越小；液压油的温度越低，其粘度越大。 ( )

31. 液压泵的额定压力就是液压泵的工作压力。 ( )

32. 液压泵的输出压力越大，其泄漏量就会越大，容积效率也就越低。 ( )

33. 齿轮泵是利用啮合原理工作的，根据啮合形式可分为外啮合齿轮泵和内啮合齿轮泵两种。 ( )

34. 齿轮泵代号为CB—B63，则其压力等级为6.3MPa。 ( )

35. 齿轮泵困油时，可在泵体上开卸荷槽。 ( )

36. 在安装叶片泵的叶片时，应使其沿着转动方向向前倾斜一个角度。 ( )

37. 双作用式叶片泵定子内表面是圆柱形的。 ( )

38. 泵的型号为YB—25，则该泵的额定压力为2.5MPa。 ( )

39. 双作用叶片泵是变量泵，单作用叶片泵是定量泵。 ( )

40. 变量叶片泵是采用各种不同转速来改变流量的。 ( )

41. YBP型单向限压式变量泵的最大流量由压力调节螺钉调节。 ( )

42. YBP型变量泵的工作压力由流量调节螺钉调节。 ( )

43. 液压缸的功能是将液压能转化为机械能。 ( )

44. 液压缸是由缸体组件、活塞组件、密封件和组合件等基本部分组成的。（　）

45. 液压缸的流量越大，则其产生的总推力也就越大。（　）

46. 液压缸的运动速度取决于外负载。（　）

47. 液压缸活塞的推力与液压油的压力和活塞的面积有关。（　）

48. 若双出杆液压缸输入相同的压力或流量，则其产生的推力或速度也相同。（　）

49. 若双出杆液压缸采用差动连接，则通入液压油能实现往返运动。（　）

50. 双出杆液压缸缸体固定，工作台运动范围是有效行程的3倍。（　）

51. 单出杆液压缸，不论是缸体固定还是活塞固定，其运动范围均是有效行程的3倍。（　）

52. 差动连接缸输出推力比非差动连接时的推力要小。（　）

53. 液压传动系统中常用的方向阀是减压阀。（　）

54. 液控单向阀的控制口K无油进入时，就相当于一只普通的单向阀。（　）

55. 电磁换向阀适用于大流量系统。（　）

56. 电液动换向阀是由电磁阀和液动阀组合而成的。（　）

57. 电液动换向阀中的液动阀起先导作用，电磁阀后动作。（　）

58. 液压传动系统中常用的压力阀是单向阀。（　）

59. 溢流阀能保证出油口的压力是由弹簧所调定的压力。（　）

60. 压力控制阀有溢流阀、减压阀、顺序阀等类型。（　）

61. 当液压泵的输出压力变化时，减压阀出口压力也随之变化。（　）

62. 当减压阀出口压力下降时，阀内减压缝隙随之增大。（　）

63. 调速阀是液压传动系统中的流量控制阀。（　）

64. 调速阀是由节流阀和减压阀串联而成的组成阀。（　）

65. 液压传动系统中采用密封装置主要是为了防止灰尘进入。（　）

66. Y形和V形密封圈在安装时唇口应对着液压油。（　）

67. 精过滤器适于安装在液压泵的进油管路上。（　）

68. 吸油管与回油管与油箱相距越近越好。（　）

69. 机床液压传动系统的油温一般为30～50℃。（　）

70. 液压传动系统工作时产生的压力损失，会使油温升高，效率降低。（　）

71. 调压回路采用的主要元件是溢流阀。（　）

72. Y型中位机能换向阀可以使液压泵卸荷。（　）

73. M型中位机能换向阀既能使液压泵卸荷又能使液压缸锁紧。（　）

74. 平衡回路所采用的主要元件是单向顺序阀或液控单向阀。（　）

75. 容积节流阀调速所采用的主要元件是变量泵加溢流阀。（　）

二、选择题（将正确答案的序号填入括号内）

（一）单选题

1. 气压传动是以压缩空气为工作介质，依靠系统产生的压力来进行能量转换，以及传递力和控制信号的一门（　　）技术。

A. 自动化　　B. 半自动化　　C. 手动　　D. 气动

2. 气压传动系统中气体的阻力损失要比液压传动系统中液体的阻力损失要（　　）。

A. 大　　B. 小　　C. 相同　　D. 无法比较

3. 气压传动系统中信号传递的工作频率和响应速度比电子装置（　　）。

A. 快　　B. 慢　　C. 相同　　D. 无法比较

4. 空气因具有压缩性，故气压传动系统的工作速度和工作平稳性比液压传动系统（　　）。

A. 差　　B. 好　　C. 相同　　D. 差不多

5. 气缸作为气动执行元件，是将压缩空气的（　　）转化为机械能的元件。

A. 压力能　　B. 液压能　　C. 动能　　D. 势能

6. 气动执行元件中的气缸用于实现直线的（　　）运动或摆动。

A. 直线　　B. 回转　　C. 往复　　D. 曲线

7. 气缸按活塞端面受压状态可分为单作用气缸和（　　）气缸。

A. 普通　　B. 特殊　　C. 叶片　　D. 双作用

8. 气压传动系统中常用的密封圈有（　　）。

A. X形和W形　　B. F形和H形　　C. O形和Y形　　D. Y形和C形

9. 气马达是利用压缩空气的能量实现（　　）运动的机械。

A. 直线　　B. 回转　　C. 往复　　D. 移动

10. 方向控制阀按气流在阀内的流动方向，可分为（　　）型控制阀和换向型控制阀。

A. 单向　　B. 双向　　C. 电动　　D. 手动

11. 流量控制阀是通过改变阀的（　　）来调节压缩空气流量的。

A. 流量　　B. 流速　　C. 通流面积　　D. 压力

12. 流量控制阀属于气压（　　）元件。

A. 动力　　B. 执行　　C. 控制　　D. 辅助

13. 所有的压力控制阀都是利用作用在阀芯上的压缩空气的压力和弹簧力相（　　）的原理来进行工作的。

A. 平衡　　B. 抵消　　C. 利用　　D. 作用

14. 在气压传动系统中，为防止管路、气罐等的破坏，应限制回路中的最高压力，此时可采用（　　）阀。

A. 增压　　B. 减压　　C. 顺序　　D. 安全

15. 为了使储气罐送出的气体压力不超过规定压力，通常在储气罐上安装一只（　　）阀。

A. 增压　　B. 减压　　C. 顺序　　D. 安全

16. 液压传动是以（　　）为工作介质，依靠密封系统对工作介质进行挤压所产生的液压能来转换、传递、控制和调节能量的一种传动方式。

A. 气体　　B. 液体　　C. 固体　　D. 机油

17. 液压传动系统是以液体为工作介质来进行能量传递和（　　）的一种传动形式。

A. 增强　　B. 减弱　　C. 变化　　D. 控制

18. 液压泵是一种能量转换装置，是液压传动系统中的（　　）元件。

A. 动力　　B. 执行　　C. 控制　　D. 辅助

19. 齿轮泵是利用啮合原理进行工作的，根据啮合的形式不同分为外啮合与（　　）齿轮泵两种。

A. 内啮合　　B. 组合式　　C. 分体式　　D. 行星式

20. 叶片泵按其排量是否变化分为定量叶片泵和（　　）叶片泵两种。

A. 定向　　B. 顺向　　C. 反向　　D. 变量

21. 变量泵中的单作用叶片泵的定子与转子之间的（　　）是可以改变的。

A. 中心距　　B. 偏心距　　C. 向心力　　D. 离心力

22. 在选择液压泵时，考虑到油液流动时的压力损失和管道情况，其压力一般应为所需最大工作压力的（　　）倍，然后按液压泵的额定压力选用。

A. 1～1.3　　B. 1.3～1.5　　C. 1～1.5　　D. 2

23. 驱动液压泵工作的电动机的功率应比液压泵的输出功率（　　）。

A. 小些　　B. 相等　　C. 大些　　D. 2倍

24. 液压缸与液压马达是将液压泵提供的液压能转变为机械能的一种转换装置，是液压传动系统中的（　　）元件。

A. 动力　　B. 执行　　C. 控制　　D. 辅助

25. 根据液压缸的结构特点，可将其分为活塞式、摆动式、伸缩套筒式和（　　）式等几大类。

A. 单向　　B. 双向　　C. 回转　　D. 柱塞

26. 液压缸是由缸体组件、活塞组件、密封件和（　　）件等基本部分组成的。

A. 组合　　B. 连接　　C. 回转　　D. 结构

27. 当液压缸结构一定时，其运动速度取决于进入缸的（　　）。

A. 压力　　B. 功率　　C. 流量　　D. 液体

28. 当液压缸所受外力一定时，活塞面积越大则所受压力就（　　）。

A. 越大　　B. 越小　　C. 不变　　D. 不同

29. 当单出杆液压缸两腔同时通入液压油时，其运动速度（　　）。

A. 加快　　B. 减慢　　C. 不变　　D. 相反

30. 单出杆液压缸无杆腔进油比有杆腔进油输出（　）大。

A. 推力　　B. 压力　　C. 速度　　D. 流量

31. 为使单出杆液压缸实现差动连接，三位四通换向阀应采用（　　）型中位滑阀机能。

A. H　　B. Y　　C. P　　D. M

32. 液压马达是将液压能转变为（　　）的一种能量转换装置，液压马达输出的转矩和转速是脉动的。

A. 动能　　B. 液压能　　C. 机械能　　D. 位能

33. 液压控制阀是用来控制和调节液压传动系统中油液流动的方向、压力和（　　）的。

A. 流量　　B. 流速　　C. 位置　　D. 通流

34. 方向控制阀用来控制和改变液压传动系统中液压油的通断和切换流动方向，以改变（　　）机构的运动方向和工作顺序。

A. 动力　　B. 执行　　C. 控制　　D. 辅助

35. 要使液控单向阀反向流油，则控制口（　）通入液压油。

A. 不要　　B. 要　　C. 卸掉　　D. 任意

36. 电液动换向阀中电磁阀的中位机能应是（　）型。

A. O　　B. Y　　C. P　　D. H

37. 当三位四通换向阀为（　　）型中位机能时，P、A、B、T 四个油口互通，液压泵不卸荷，液压缸闭锁，可用于多个换向阀的并联工作。

A. O　　B. P　　C. Y　　D. H

38. 当三位四通换向阀为（　　）型中位机能时，P、A、B、T 四个油口互通，液压泵卸荷，液压缸处于浮动状态，在外力作用下可移动，且可调整工作台的位置。

A. O　　B. P　　C. Y　　D. H

39. 当三位四通换向阀为（　　）型中位机能时，P、A、B 三个油口互通，T 油口封闭，液压泵与液压缸两腔互通，可组成差动连接。

A. O　　B. P　　C. Y　　D. H

40. 当三位四通换向阀为（　　）型中位机能时，P 油口封闭，液压泵不卸荷，A、B、T三个油口互通，液压缸浮动，在外力作用下可移动。

A. O　　B. P　　C. Y　　D. H

41. 当三位四通换向阀为（　　）型中位机能时，P、T油口相通，液压泵卸荷，A、B油口均封闭，液压缸闭锁不动。

A. O　　B. P　　C. Y　　D. M

42. 大流量液压传动系统中的换向阀一般使用（　　）换向阀。

A. 手动　　B. 机动　　C. 电动　　D. 电液动

43. 压力控制阀是利用阀芯上油压产生的作用力和弹簧力保持（　　）来进行工作的。

A. 平衡　　B. 抵消　　C. 移动　　D. 回转

44. 若溢流阀作安全阀使用时系统正常工作，则该阀是（　　）的。

A. 打开　　B. 关闭　　C. 时开时闭　　D. 定时打开

45. 先导式Y型溢流阀起卸荷作用时（　　）油口接通。

A. K与B　　B. K与A　　C. P与T　　D. P与B

46. 在系统工作时，减压阀的开口缝隙是（　　）的。

A. 不变　　B. 变化　　C. 关闭　　D. 打开

47. 为确保减压阀正常工作，其调压值应大于（　　）MPa。

A. 0.05　　B. 0.5　　C. 5　　D. 15

48. 顺序阀工作时的出口压力等于（　　）压力。

A. 进口　　B. 零　　C. 大气　　D. 大于

49. 当减压阀处于工作状态时，其出口压力比进口压力（　　）。

A. 高　　B. 低　　C. 相同　　D. 加倍

50. 为保证顺序阀动作可靠有序，顺序阀调压值应比先动作液压缸所需的最大压力高（　　）MPa

A. 0.1~0.5　　B. 0.5~0.8　　C. 0.8~1　　D. 1~2

51. 节流阀属于（　　）控制阀。

A. 流量　　B. 方向　　C. 能量　　D. 压力

52. 节流阀的出口流量稳定性比调速阀（　　）。

A. 差　　B. 好　　C. 更好　　D. 相同

53. 在液压传动系统中，过滤器的过滤精度越高，其滤芯堵塞得越（　　）。

A. 快　　B. 慢　　C. 多　　D. 少

54. 蓄能器可将压力液体的液压能转换为（　　）储存起来。

A. 动能　　B. 势能　　C. 机械能　　D. 液压能

55. 油箱在液压传动系统中的主要功能是储存（　　）和散热。

A. 水分　　B. 气体　　C. 固体　　D. 油液

56. 唇形密封的特点是能随着工作压力的变化（　）调整密封性能。

A. 手动　　B. 机动　　C. 自动　　D. 半自动

57. 对用于固定密封的O形密封圈，应达到（　　）的压缩率。

A. 0～5%　　B. 5%～10%　　C. 10%～15%　　D. 15%～20%

58. 对用于往复运动密封的O形密封圈，应达到（　　）的压缩率。

A. 0～5%　　B. 5%～10%　　C. 10%～20%　　D. 20%～30%

（二）多项选择题

1. 在气压传动系统中，气缸的密封主要指活塞、活塞杆处的动密封及缸盖处的静密封，通常用（　　）形和（　　）形密封圈。

A. V　　B. W　　C. O　　D. Y

2. 在气压传动系统中，调速回路采用供气节流调速，它的不足之处是：当负载方向与活塞方向（　　）时，活塞容易出现不平衡现象，即呈"爬行"现象；当负载方向与活塞运动方向（　　）时，因排气经换向阀直接排出，几乎没有阻力，负载易产生"跑空"现象。

A. 相同　　B. 相反　　C. 延时　　D. 不变

3. 变量泵压力调节螺钉用来调节泵的（　　），流量调节螺钉用来调节泵的（　　）。

A. 额定压力　　B. 工作压力　　C. 工作流量　　D. 原始最大流量

4. 机床液压传动系统的油温，根据其应用场合有所不同，一般机床为（　　），压力机为（　　），工程机械为（　　）。

A. 40～70℃　　B. 60～90℃　　C. 30～50℃　　D. 50～80℃

5. 在双出杆活塞式液压缸中，当缸体固定时，活塞带动的工作台的有效行程是活塞的（　　）倍；当活塞固定时，缸体带动工作台的有效行程是活塞的（　　）倍。

A. 4　　B. 3　　C. 2　　D. 0.5

6. 调速阀的应用首先要考虑液压缸的运动速度和负载性质，一般速度低的用（　　）回路，速度高的用（　　）回路；速度稳定性要求高的用（　　）回路，负载大、变化大的用（　　）回路。

A. 调速阀　　B. 节流阀

C. 变量泵节流阀或变量泵调速阀　　D. 溢流阀

7. 调速阀应考虑功率因素，一般情况下3kW以下用（　　），3～5kW用（　　），5kW以上用（　　）。

A. 变量泵调速　　B. 变量泵节流调速或变量泵调速

C. 定量泵节流调速　　D. 溢流阀

8. 用顺序阀控制的顺序动作回路，为保证动作可靠有序，顺序阀调压值应比先动作缸所需的最大压力高（　　）。用压力继电器控制的顺序动作回路，在其回路中的调整压力应比先动作液压缸的最高工作压力高（　　），但应比溢流阀的调压值低（　　）。

A. 1~2MPa　　B. 0.8~1MPa　　C. 0.3~0.5MPa　　D. 3~5MPa

E. 5MPa以上

9. 在三位四通换向阀常用的几种中位滑阀机能中，（　　）型中位机能能使液压泵卸荷，液压缸闭锁；（　　）型中位机能能使液压泵卸荷，同时又能使液压缸处于浮动状态；（　　）型中位机能能组成差动连接；（　　）型中位机能能使液压泵不卸荷，液压缸浮动；（　　）型中位机能能使液压泵不卸荷，液压缸闭锁不动。

A. M　　B. Y　　C. P　　D. H

E. O

10. 在机床上安装液压缸时，以导轨为基准，使液压缸侧母线与V形导轨平行，上母线与平导轨平行，误差小于（　　）mm/1000mm；为防止垂直安装的液压缸因自重而跌落，应配置好机械装置的自重和调整好液压缸平衡用的背压阀弹簧，液压缸中的活塞杆应校直，误差小于（　　）mm/1000mm。

A. 1~2　　B. 0.5~1　　C. 0.2　　D. 0.5

E. 0.05~0.1

11. 电气元器件的文字符号，按钮用（　　）表示，线圈用（　　）表示，接触器用（　　）表示，限位开关用（　　）等符号表示。

A. SQ　　B. KM　　C. K　　D. SB

E. F

12. 电气逻辑回路中的电路有是门（　　）电路、或门（　　）电路、与门（　　）电路和记忆（　　）电路。

A. 通断　　B. 并联　　C. 串联　　D. 自保持

三、简答题

1. 气压传动与液压传动、电气控制比较有什么特点？
2. 气压传动系统中为何要采用快速排气阀？
3. 在气压传动系统中，何谓一次压力控制回路？
4. 在气压传动系统中，何谓缓冲回路？
5. 液压传动系统由哪些元件组成？
6. 齿轮泵输油量不足及压力提不高的原因是什么？如何排除此故障？
7. 试述变量泵的变量原理及应用特点。
8. 如何选择液压泵的额定流量？

9. 举例说明三位四通换向阀中位滑阀机能的功能。

10. 怎样选择控制阀?

11. 液压传动系统中有哪些主要的辅助元件?其作用如何?

12. 采用卸荷回路有什么意义?

13. 试述进油路节流调速、回油路节流调速和旁油路节流调速的原理和作用。

14. 在采用压力继电器控制的顺序回路中,对压力继电器有什么要求?

15. 如何进行液压泵的安装?

16. 液压传动系统中安装管路时应注意哪些问题?

17. 在使用液压传动系统时应注意什么问题?

18. 图1所示为送料机构气压传动系统图。其要求动作为:工件由气缸A从料仓中推出,再由气缸B送至料箱,随后气缸A退回,只有当气缸A退回至末

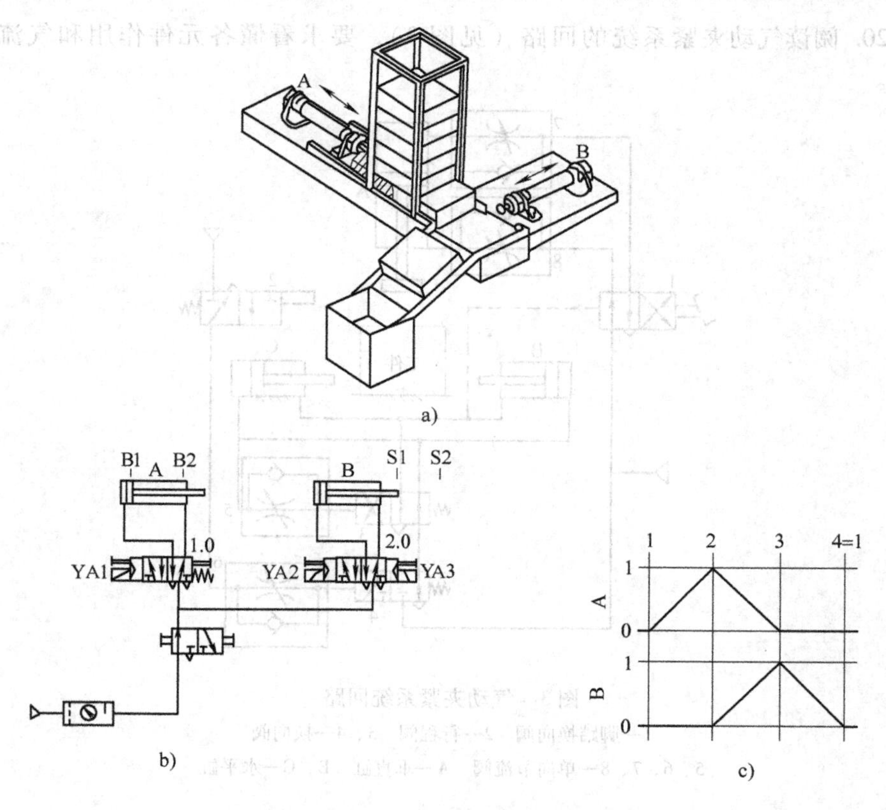

图1 送料机构气压传动系统图

a) 送料机构 b) 气动回路图 c) 位移步骤图

端时，才允许气缸B退回。请设计其电气控制图。

19. 图2所示2个液压缸，要求缸1向右先动作，缸2再向右动作；回程时，缸2先动作，缸1再向左动作。试设计此顺序动作的液压回路，并说明其运动过程。

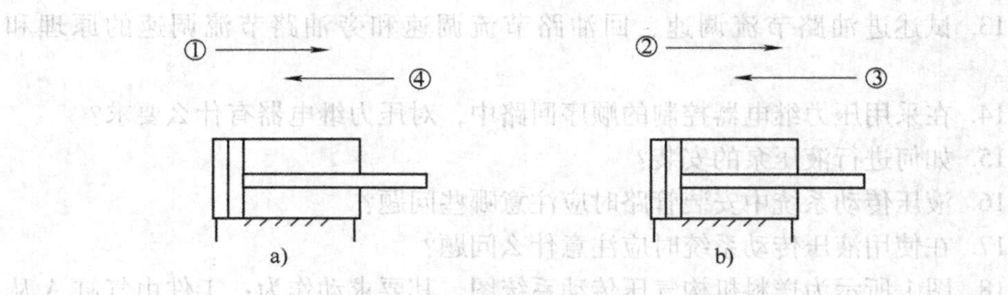

图2　双缸顺序动作回路设计

20. 阅读气动夹紧系统的回路（见图3），要求看懂各元件作用和气流走向等。

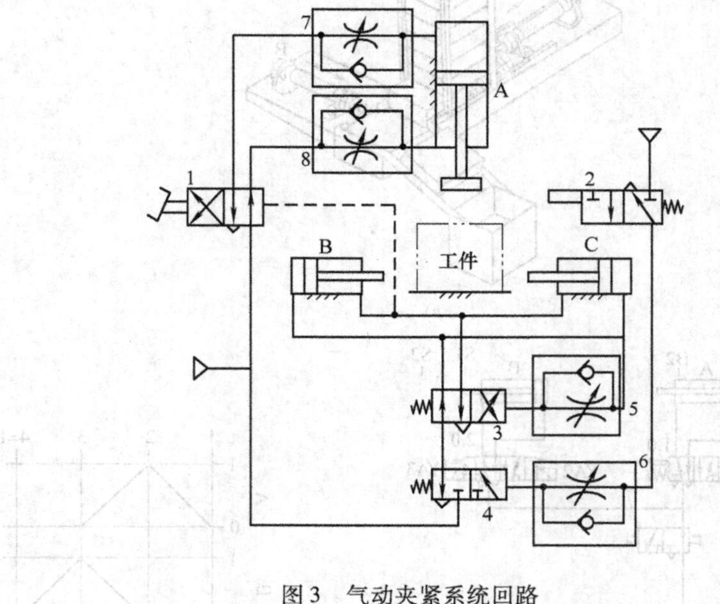

图3　气动夹紧系统回路

1—脚踏换向阀　2—行程阀　3、4—换向阀

5、6、7、8—单向节流阀　A—垂直缸　B、C—水平缸

21. 试拟定一简易压机(冲床)的液压回路，要求其冲压力为3～5kN，手动操作，液压缸(连活塞)尺寸可自选，但液压缸必须垂直安装。

22. 图4所示液压回路，要求实现快进→Ⅰ工进→Ⅱ工进→快退→原位卸荷

的工作循环。试列出电磁铁工作状态表。

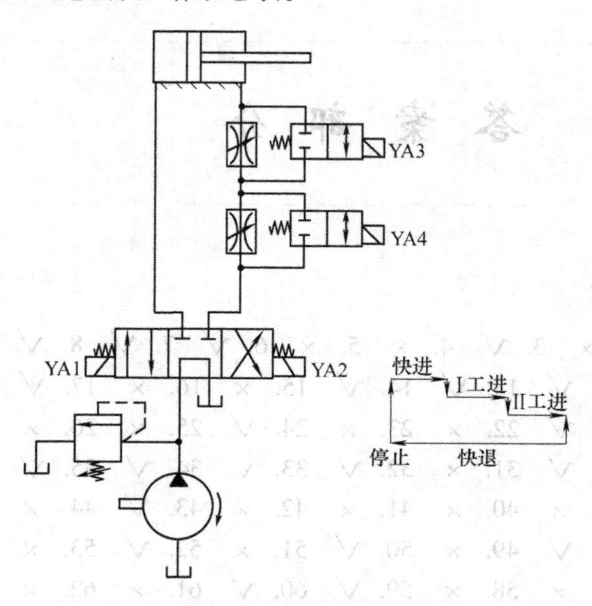

图4　液压回路

23. 图5为双缸顺序动作的液压传动系统图，试设计其电气控制回路。

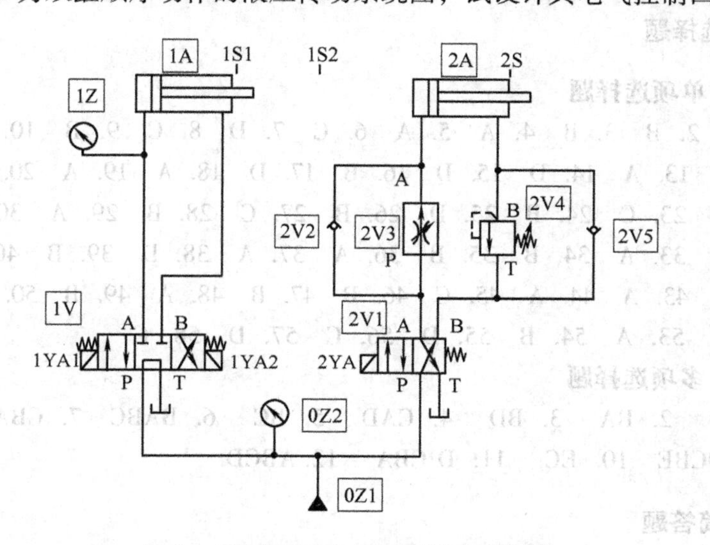

图5　双缸顺序动作的液压传动系统图

答案部分

一、判断题

1. √ 2. × 3. √ 4. × 5. × 6. √ 7. √ 8. √ 9. √ 10. ×
11. × 12. √ 13. √ 14. √ 15. × 16. × 17. √ 18. √ 19. ×
20. √ 21. √ 22. × 23. × 24. √ 25. × 26. × 27. √ 28. ×
29. √ 30. √ 31. × 32. √ 33. √ 34. √ 35. √ 36. × 37. ×
38. √ 39. × 40. × 41. × 42. × 43. √ 44. × 45. × 46. ×
47. √ 48. √ 49. × 50. √ 51. × 52. √ 53. × 54. √ 55. ×
56. √ 57. × 58. × 59. √ 60. √ 61. × 62. × 63. √ 64. √
65. × 66. √ 67. × 68. × 69. √ 70. √ 71. √ 72. × 73. √
74. √ 75. √

二、选择题

（一）单项选择题

1. A 2. B 3. B 4. A 5. A 6. C 7. D 8. C 9. B 10. A 11. C
12. C 13. A 14. D 15. D 16. B 17. D 18. A 19. A 20. D 21. B
22. B 23. C 24. B 25. D 26. B 27. C 28. B 29. A 30. A 31. C
32. C 33. A 34. B 35. B 36. A 37. A 38. D 39. B 40. C 41. D
42. D 43. A 44. A 45. C 46. B 47. B 48. A 49. B 50. C 51. A
52. A 53. A 54. B 55. D 56. C 57. D 58. C

（二）多项选择题

1. CD 2. BA 3. BD 4. CAD 5. BC 6. BABC 7. CBA 8. BCC
9. ADCBE 10. EC 11. D CBA 12. ABCD

三、简答题

1. 答　气压传动与液压传动、电气控制相比，有以下优点：

1）工作介质（空气）可从大气中直接汲取，无供应上的困难，无需支付介质费用，用过的气体可直接排入大气，处理方便，泄漏不会严重影响工

作，不会污染环境。

2）空气粘性很小，在管路中输送时阻力损失远远小于液压传动系统，故宜于远程传输及控制。

3）气压传动工作压力低，一般在1.0MPa以下，对元件的材质和制造精度要求较低。

4）维护简单，使用安全，无油的气压传动系统特别适用于电子元件的生产，也适用于食品及医药的生产过程。

气压传动与电气控制、液压传动相比，有以下缺点：

1）气压传动的信号传递速度限制在声速（约340m/s）范围内，故其工作频率和响应速度远不如电子装置，并且会产生较大的信号失真和延滞，也不便于构成较复杂的回路。

2）空气具有压缩性，故其工作速度和工作平稳性方面不如液压传动。

3）气压传动工作压力低，系统输出压力较小，传动效率较低。

2. 答　在气缸工作过程中，如果从气缸到换向阀的距离较长，而换向阀的排气口又较小，则排气时间就会较长，气缸速度就会较慢，而采用快速排气阀后，气缸中的气体就能直接快速排入大气中，使气缸运动速度加快。

3. 答　在气压传动系统，欲使储气罐送出的气体压力不超过规定压力，通常在储气罐上安装一只安全阀，当罐内压力超过规定压力时就向外排气。也可在储气罐上装一只电接触压力表，一旦罐内压力超过规定压力，即控制压缩机断电，不再供气。这就是一次压力控制回路。

4. 答　是由速度控制阀配合行程阀使用的缓冲回路，气缸为单出杆活塞，左边为无杆腔，行程阀装在有杆腔侧。当活塞向右运动时，气缸右腔的气体经二位二通行程阀和三位五通换向阀排出，直到活塞运动到末端，挡板压下行程阀时，气体经节流阀排出，活塞运动速度得到缓冲。调整行程阀的安装位置即可调整缓冲开始时间。此回路适用于活塞惯性较大的场合。

5. 答　液压传动系统由液压泵、执行元件（液压缸）、控制元件（各种控制阀）和辅助元件（油箱、过滤器等）四大部分组成。

6. 答　主要原因有：轴向间隙和径向间隙过大；各连接处泄漏而使空气进入；油液粘度大或温升过高；电动机旋转方向反了，造成液压泵不吸油（油池吸入口有大量气泡）；滤油网及管道堵塞。其排除方法为：需拆卸检查，分别视情况合理修复；检查各连接处螺纹配合情况，并紧固；选用合适的油液；检查电动机旋转方向；清除污物，定期清洗过滤器。

7. 答　单作用叶片泵定子与转子之间的偏心距e是可以改变的，即出口流量是可以变化的，这叫变量泵。根据其结构，即预先调节的原始偏心距e不变，泵的输油量就不变。在泵的工作压力升高到某一数值后，柱塞腔的液压推力大于弹簧预调力，定子便向右移动，偏心距 e 减小，泵的输油量就随之减少。泵的工作压力越大，定子越向右移，偏心距就越小，泵的输油量随之也更少。这种泵能随着负载变化而自动调节流量，当工作部件承受较小阻力而要求快速运动时，泵相应地输出低压大流量的液压油；当工件承受较大的负载而要求慢速运动时，泵又能相应地输出较高压力而小流量的液压油。因此这种泵在功率利用上较为合理，并可减少油液发热，效率较高，在机床液压传动系统中被广泛采用。

8. 答　液压泵的工作流量应满足液压传动系统中同时工作的执行元件所需的最大工作流量，考虑到油液流动时的流量泄漏损失和管道状况，一般泵的输出流量应为所需最大工作流量的1.1～1.3倍，然后按泵的额定流量选用。

9. 答　三位四通换向阀的中位滑机能是根据其各油口间连接方式的不同来得到各自功能的。例如：O型中位机能，P、A、B、T 4个油口全部封闭，液压泵不卸荷，液压缸闭锁，可用于多个换向阀的并联工作；H型中位机能，4个油口互通，液压泵卸荷，液压处于浮动状态，在外力作用下可移动，可调整工作台位置；P型中位机能，P、A、B三个油口互通，T油口封闭，液压泵与液压缸两腔互通，可组成差动连接；Y型中位机能，P油口封闭，液压泵不卸荷，A、B、T三个油口互通，液压缸浮动，在外力作用下可移动；M型中位机能，P、T油口相通，液压泵卸荷，A、B油口均封闭，液压缸闭锁不动。

10. 答　在选择控制阀时，首先要了解其规格。阀的规格是根据系统的最高工作压力和通过该阀的最大实际流量来选择的。其次是按照安装和操作方式的要求来选择阀的型号。

11. 答　液压辅助元件主要有油箱、过滤器、蓄能器、密封件、管件、压力表、温度计等。油箱用来储油、散热、沉淀和分离杂质。过滤器用来过滤油液中的机械杂质和油氧化变质生成的杂质，保持油液清洁。蓄能器用于储存油液的压力能，需要时快速释放，以维持系统压力，充当应急能源，补偿系统泄漏，减少液压冲击。密封件用来防止液压传动系统的内、外泄漏，维持系统正常工作，常用的有O、V和Y形密封圈。

12. 答　卸荷回路的作用是在液压泵不停转的情况下，使其出口油液流回油箱，而液压泵在无压力或很低的压力下运转，以减小功率损耗，降低系统发热，延长液压泵和电动机的使用寿命。

13. 答　1）进油路节流调速是将节流阀设置在液压泵和液压缸之间的进油路上，调节节流阀的节流开口大小，便能控制进入液压缸的液压油的量，定量泵输出的多余液压油经溢流阀流回油箱。这种调速既有节流损失又有溢流损失，发热大，效率低，回油路上无背压，运动平稳性较差，适用于负载变化小，稳定性要求不高的中、小功率的液压传动系统。

2）回油路节流调速回路是将节流阀设置在液压缸和油箱之间的回油路上，

调节节流阀的节流口大小，就能控制进入液压缸的液压油的量，定量泵提供的多余液压油经溢流阀流回油箱。这种调速与进油路节流调速一样，有节流损失和溢流损失，发热大，效率低，但液压缸的回油腔存在背压，运动平稳性较好，适用于负载变化较大，稳定性要求较高的中、小功率的液压传动系统。

3）旁油路节流调速是将节流阀设在与液压缸并联的旁油路上，调节节流开口大小即可调节流回油箱的液压油的量。若流回的液压油越多，则进入液压缸的液压油就越少；若流回的液压油越少，则进入液压缸的流量就越多，以此间接控制进入液压缸的液压油的量。定量泵供油中，没有经溢流阀流回油箱的，回路中的溢流阀仅起液压传动系统的安全保护作用（也称安全阀）。这种调速回路有节流损失，无溢流损失，发热小，效率较高，运动平稳性差，适用于负载变化很小，速度平稳性要求低的大功率液压传动系统。

14. 答　对压力继电器的要求是：为了防止压力继电器发生误动作，压力继电器性能应予保证，其回路中的调整压力应比先动作的液压缸最高工作压力高0.3~0.5MPa，但应比溢流阀的调压值低0.3~0.5MPa。

15. 答　在机床上安装液压缸时，以导轨为基准，使液压缸侧母线与V形导轨平行，上母线与平导轨平行，误差应小于0.05~0.10mm/1000mm。为防止垂直安装的液压缸因自重而跌落，应配置好机械装置的重量，调整好液压平衡用的背压阀弹簧力。液压缸中的活塞杆应校直，误差应小于0.2mm/1000mm。液压缸的负载中心与推力中心最好重合，免受颠覆力矩，保护密封件不受偏载。密封圈的预压缩量不要太大，以保证在全程内移动灵活，无阻滞现象。为防止液压缸缓冲机构失灵，应检查单向阀钢球是否漏装或接触不良。

16. 答　液压传动系统要求管路越短越好，尽量垂直或平行，少拐弯，避免交叉排列，与元件的接合应在管子的转弯部位。弯管半径应满足标准要求（一般应大于管子外径的3倍）。

17. 答　液压传动系统使用注意事项有：

1）开机前应检查系统中各调节手轮是否正常，电气开关和行程挡块位置是否牢固等，然后对导轨及活塞杆外露部分进行擦拭。

2）液压油要定期检查，及时更换，新设备使用三个月即应清洗油箱，更换新油，以后每隔半年至一年进行一次清洗和换油。

3）液压传动系统在运行时，应密切注意油液温升，正常工作时，油箱中油液温度应不超过60℃。冬季由于气温低，油液粘度较大，应设法升温后再进行工作。

4）注意过滤器的使用清洗，滤网清洗应和油箱清理同时进行，过滤器滤芯也应定期清洗或更换。

5）熟悉液压元件控制机构的操作特点，严防因调节错误而造成事故。应注意各液压元件调节手轮转动方向和压力，流量大小变化的关系等。

6）设备若停用搁置，应将各调节手轮放松，防止弹簧产生永久变形而影响元件性能。

18. 答　其电气控制系统如图6所示。其动作过程如下：

1）空料仓时，S3不动作，指示料仓高度的信号装置H1回路通过S3的触点（31、32）接通。用于控制部分的供电电源由S3（2路）触点（13、14）断开，控制部分无电源。

2）满料仓时，控制开关S3动作，指示高度的信号装置H1（31、32）断开用于控制部分的供电电源，触点S3（13、14）接通。

3）A缸推料。按下按钮S4，使继电器K1的回路闭合，触点组K1动作。松开按钮S4后，通过3路的K1（13、14）的自锁电路，使继电器K1的回路仍闭合，通过触点6路的K1（23、24）使电磁线圈YA1的回路闭合，二位五通电磁阀1.0开启，气缸A的活塞杆运动至前端并接通传感器B2，使继电器K2回路闭合。

4）B缸送料。继电器K2的回路闭合，触点K2动作，通过7路的触点K2（13、14）使电磁线圈YA2的回路闭合，二位五通电磁阀2.0开启，气缸B的活塞杆向前运动，至前端后作用于限位开关S2。

5）A缸退回。B缸活塞杆离开末端后，松开限位开关S1，使继电器K1的回路断开，触点组K1回到静止位置，电磁线圈YA1的回路断开，二位五通阀1.0回到初始位置，气缸A的活塞杆向后运动至末端并接通传感器B1。

6）B缸退回。A缸离开前端后，传感器B2使继电器K2的回路断开，触点K2回到静止位置，电磁线圈YA2的回路断开，继电器K3回路闭合，触点K3动作，电磁线圈YA3的回路闭合，二位五通阀2.0回到初始位置，气缸B的活塞杆向后运动至末端，继电器K3的回路因限位开关S2而断开，触点K3回到静止位置，电磁线YA3的回路断开，整个动作循环结束。按下按钮S4，下一个动作循环开始。

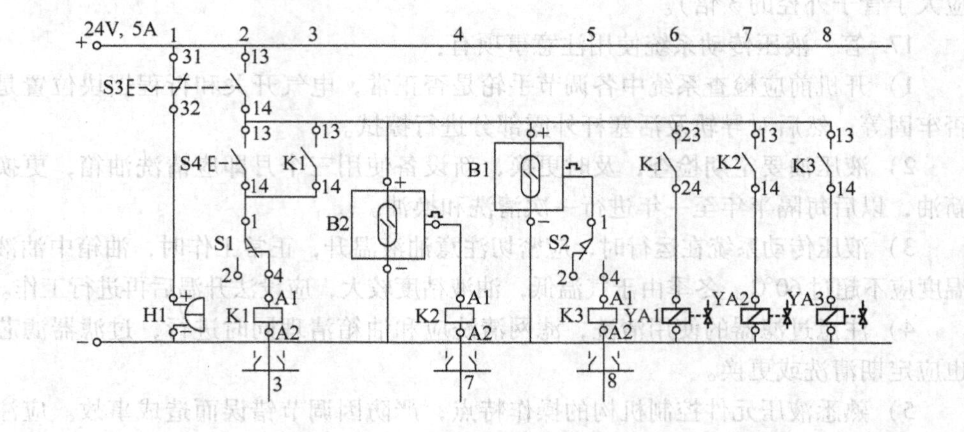

图6　送料机构电气控制系统

19. 答　顺序动作控制回路可用顺序控制阀、压力继电器、电气行程开关三种方法来实现。本题选用压力继电器来设计该回路。选择压力继电器，其质量必须得到保证，性能必须符合回路要求。回路中的调整压力应比先动作液压缸的最高工作压力高0.3～0.5MPa，但应比溢流阀的调压值低0.3～0.5MPa。

图7是该液压传动系统的设计回路。回路中用了两只压力继电器1KP和2KP。

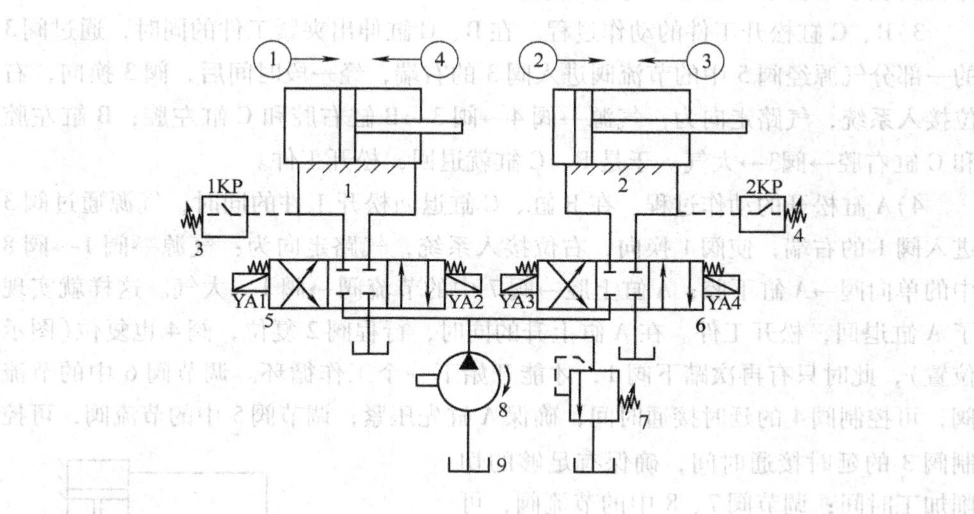

图7　顺序动作回路

1、2—液压缸　3、4—压力继电器　5、6—三位四通阀

7—溢流阀　8—变量泵　9—油箱

回路的动作过程如下：当三位四通电磁换向阀5的电磁铁YA2通电时，阀5右位接入系统，液压油进入液压缸1右腔，推动活塞向右运动（①方向）。当缸1行程终了时，油压升高，使压力继电器1KP动作发出电信号，使三位四通阀6的YA4通电，阀6右位接入系统，液压油进入液压缸2左腔，推动活塞向右运动（②方向），实现了缸1先动作，缸2后动作。当缸2行程到终点时，压力继电器发信号使YA3通电（YA4断电），缸2向左返回（③方向）。当缸2向左行程终了时，油压升高，使压力继电器2KP动作发信号，使YA1通电（YA2断电），缸1向左返回（④方向），实现缸2先动作，缸1后动作（返回时）。这样就实现了两只液压缸的依次先后顺序动作。

20. 答　从图3上分析，该系统的动作过程有以下几个步骤：

1）A缸对工件夹紧的动作过程。踏下脚踏换向阀1，使其左位接入系统，气路走向为：气源→阀1→阀7中的单向阀→缸A上腔；缸A下腔→阀8中的节流阀→阀 1→大气。这样气缸 A 活塞下移，对工件实现压紧。

2) B、C 缸对工件夹紧的动作过程。当 A 缸下移到预定位置时，压下行程阀 2，使其左位接入系统，控制气路中的气源经阀 2 和阀 6 中的节流阀进入气控换向阀 4 的右端，推动阀芯左移，即阀 4 换向，阀 4 右位接入系统，气路走向为：气源→阀 4→阀 3→B 缸左腔和 C 缸右腔；B 缸右腔和 C 缸左腔→阀 3→大气。这样就实现了 B 缸、C 缸对工件的夹紧。

3) B、C 缸松开工件的动作过程。在 B、C 缸伸出夹紧工件的同时，通过阀 3 的一部分气源经阀 5 中的节流阀进入阀 3 的右端，经一段时间后，阀 3 换向，右位接入系统，气路走向为：气源→阀 4→阀 3→B 缸右腔和 C 缸左腔；B 缸左腔和 C 缸右腔→阀 3→大气。于是 B、C 缸就退回，松开工件。

4) A 缸松开的动作过程。在 B 缸、C 缸退回松开工件的同时，气源通过阀 3 进入阀 1 的右端，使阀 1 换向，右位接入系统，气路走向为：气源→阀 1→阀 8 中的单向阀→A 缸下腔；A 缸上腔→阀 7 中的节流阀→阀 1→大气。这样就实现了 A 缸退回，松开工件。在 A 缸上升的同时，行程阀 2 复位，阀 4 也复位（图示位置），此时只有再次踏下阀 1，才能开始下一个工作循环。调节阀 6 中的节流阀，可控制阀 4 的延时接通时间，确保 A 缸先压紧；调节阀 5 中的节流阀，可控制阀 3 的延时接通时间，确保有足够的切削加工时间；调节阀 7、8 中的节流阀，可调节 A 缸上、下运动的速度。

21. 答　1) 选用液压泵和液压缸。

根据要求：　$F = pA$

式中　F——冲压力（即活塞杆的推力）(N)；

p——液压泵的额定工作压力(MPa)；

A——活塞面积(m^2)。

现选用额定工作压力为 6.3MPa 的叶片泵；选用直径为 100mm 的液压缸，这样

$$F = 6.3 \times 10^6 \mathrm{N/m^2} \times \frac{3.14 \times (0.1\mathrm{m})^2}{4} = 49455\mathrm{N}$$

2) 选用手动三位四通换向阀，其中位滑阀机能为 M 型，这样回路可在中位时使活塞停留。

3) 其回路如图 8 所示。

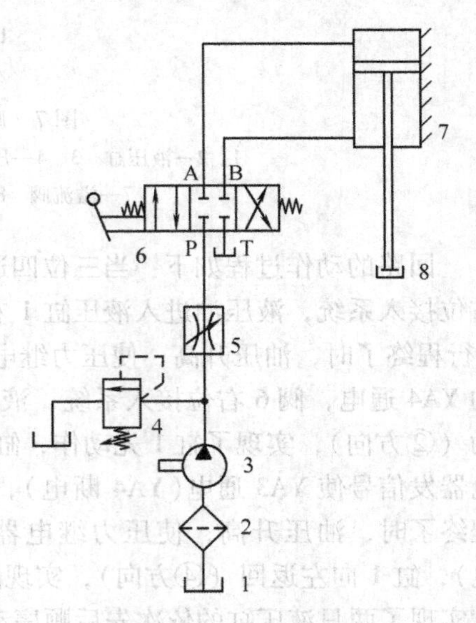

图 8　简易压机的液压回路

1—油箱　2—粗过滤器　3—液压泵　4—溢流阀　5—调速阀　6—手动三位四通换向阀　7—液压缸　8—压杆头

22. 答　该液压回路的电磁铁工作状态见表 1。

表1　电磁铁工作状态表

工况＼电磁铁	YA1	YA2	YA3	YA4
快进	+	−	−	−
Ⅰ工进	+	−	+	−
Ⅱ工进	+	−	+	+
快退	−	+	+	+
原位卸荷	−	−	−	−

23. 答　图9所示为双缸顺序动作液压传动系统的电气控制回路。由图5可知电磁铁1YA1通电，三位四通换向阀1V换向，P→A油路接通，液压缸1A左腔进油，右腔经1V的B→T油路回油，活塞杆快速向右运动。在活塞杆运动到右端后，压下限位开关1S2，发出信号使2YA通电，2V1换向，液压缸2A的活塞杆慢速向右运动，到右端后，发信号使2YA失电，2V1复位，液压缸2A活塞杆退回到左端，压下限位开关2S，2S发出信号使1YA2通电，1YA1断电，换向阀1V换向，P→B、A→T油路分别接通，液压缸1A退回。从电气控制系统回路可见，因1A在左端时，限位按钮1S1被压下而处于接通状态，按下按钮S1，线圈K1通电开锁，触点K1闭合，1YA1通电，换向阀1V换向，液压缸1A活塞杆向右运动。1A活塞杆离开左端后，限位开关1S1复位，其常开触点(1路)断开，常闭触点(6路)闭合。1A活塞杆运动到右端后，压下限位开关1S2，其常开触点(3路)闭合，线圈K2通电并自锁，K2常开触点(10路)闭合，2YA通电，电磁阀换向，液压缸2A活塞杆向右运动。2A活塞杆离开左端后，限位开关2S复位，其常开触点(7路)断开，活塞杆运动至右端自行停止。按下按钮S2，线圈K3通电并自锁，K3的常开触点(7路)闭合，K3的常闭触点(3路)断开，线圈K2失电，其常开触点K2(10路)断开，2YA失电，2V1复位，液压缸2A向左运动至左端后，压下限位开关2S，2S的常开触点(7路)闭合，线圈K4通电，K4的常闭触点(2路)断开，线圈K1失电，1YA1也失电，K4的常开触点(9路)闭合，1YA2通电，电磁换向阀1V换向，液压缸1A活塞杆向左运动，至左端后，压下限位开关1S1，1S1的常开触点(1路)闭合，为下一个循环做准备。

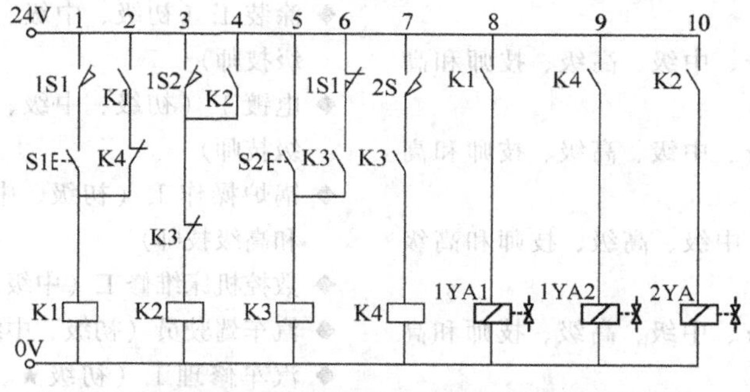

图9　双缸顺序动作液压传动系统的电气控制回路

国家职业资格培训教材

丛书介绍：深受读者喜爱的经典培训教材，依据最新国家职业标准，按初级、中级、高级、技师（含高级技师）分册编写，以技能培训为主线，理论与技能有机结合，书末有配套的试题库和答案。所有教材均免费提供 PPT 电子教案，部分教材配有 VCD 实景操作光盘（注：标注★的图书配有 VCD 实景操作光盘）。

读者对象：本套教材是各级职业技能鉴定培训机构、企业培训部门、再就业和农民工培训机构的理想教材，也可作为技工学校、职业高中、各种短训班的专业课教材。

- ◆ 机械识图
- ◆ 机械制图
- ◆ 金属材料及热处理知识
- ◆ 公差配合与测量
- ◆ 机械基础（初级、中级、高级）
- ◆ 液气压传动
- ◆ 数控技术与 AutoCAD 应用
- ◆ 机床夹具设计与制造
- ◆ 测量与机械零件测绘
- ◆ 管理与论文写作
- ◆ 钳工常识
- ◆ 电工常识
- ◆ 电工识图
- ◆ 电工基础
- ◆ 电子技术基础
- ◆ 建筑识图
- ◆ 建筑装饰材料
- ◆ 车工（初级★、中级、高级、技师和高级技师）
- ◆ 铣工（初级★、中级、高级、技师和高级技师）
- ◆ 磨工（初级、中级、高级、技师和高级技师）
- ◆ 钳工（初级★、中级、高级、技师和高级技师）
- ◆ 机修钳工（初级、中级、高级、技师和高级技师）
- ◆ 锻造工（初级、中级、高级、技师和高级技师）
- ◆ 模具工（中级、高级、技师和高级技师）
- ◆ 数控车工（中级★、高级★、技师和高级技师）
- ◆ 数控铣工/加工中心操作工（中级★、高级★、技师和高级技师）
- ◆ 铸造工（初级、中级、高级、技师和高级技师）
- ◆ 冷作钣金工（初级、中级、高级、技师和高级技师）
- ◆ 焊工（初级★、中级★、高级★、技师和高级技师★）
- ◆ 热处理工（初级、中级、高级、技师和高级技师）
- ◆ 涂装工（初级、中级、高级、技师和高级技师）
- ◆ 电镀工（初级、中级、高级、技师和高级技师）
- ◆ 锅炉操作工（初级、中级、高级、技师和高级技师）
- ◆ 数控机床维修工（中级、高级和技师）
- ◆ 汽车驾驶员（初级、中级、高级、技师）
- ◆ 汽车修理工（初级★、中级、高级、技师和高级技师）

◆ 摩托车维修工（初级、中级、高级）
◆ 制冷设备维修工（初级、中级、高级、技师和高级技师）
◆ 电气设备安装工（初级、中级、高级、技师和高级技师）
◆ 值班电工（初级、中级、高级、技师和高级技师）
◆ 维修电工（初级★、中级★、高级、技师和高级技师）
◆ 家用电器产品维修工（初级、中级、高级）
◆ 家用电子产品维修工（初级、中级、高级、技师和高级技师）
◆ 可编程序控制系统设计师（一级、二级、三级、四级）
◆ 无损检测员（基础知识、超声波探伤、射线探伤、磁粉探伤）
◆ 化学检验工（初级、中级、高级、技师和高级技师）
◆ 食品检验工（初级、中级、高级、技师和高级技师）
◆ 制图员（土建）
◆ 起重工（初级、中级、高级、技师）
◆ 测量放线工（初级、中级、高级、技师和高级技师）
◆ 架子工（初级、中级、高级）
◆ 混凝土工（初级、中级、高级）
◆ 钢筋工（初级、中级、高级、技师）
◆ 管工（初级、中级、高级、技师和高级技师）
◆ 木工（初级、中级、高级、技师）
◆ 砌筑工（初级、中级、高级、技师）
◆ 中央空调系统操作员（初级、中级、高级、技师）
◆ 物业管理员（物业管理基础、物业管理员、助理 物业管理师、物业管理师）
◆ 物流师（助理物流师、物流师、高级物流师）
◆ 室内装饰设计员（室内装饰设计员、室内装饰设计师、高级室内装饰设计师）
◆ 电切削工（初级、中级、高级、技师和高级技师）
◆ 汽车装配工
◆ 电梯安装工
◆ 电梯维修工

变压器行业特有工种国家职业资格培训教程

丛书介绍：由相关国家职业标准的制定者——机械工业职业技能鉴定指导中心组织编写，是配套用于国家职业技能鉴定的指定教材，覆盖变压器行业5个特有工种，共10种。

读者对象：可作为相关企业培训部门、各级职业技能鉴定培训机构的鉴定培训教材，也可作为变压器行业从业人员学习、考证用书，还可作为技工学校、职业高中、各种短训班的教材。

◆ 变压器基础知识
◆ 绕组制造工（基础知识）
◆ 绕组制造工（初级 中级 高级技能）
◆ 绕组制造工（技师 高级技师技能）
◆ 干式变压器装配工（初级、中级、高级技能）
◆ 变压器装配工（初级、中级、高级、技师、高级技师技能）
◆ 变压器试验工（初级、中级、高级、技师、高级技师技能）
◆ 互感器装配工（初级、中级、高级、技师、高级技师技能）

◆ 绝缘制品件装配工（初级、中级、高级、技师、高级技师技能）

◆ 铁心叠装工（初级、中级、高级、技师、高级技师技能）

国家职业资格培训教材——理论鉴定培训系列

丛书介绍：以国家职业技能标准为依据，按机电行业主要职业（工种）的中级、高级理论鉴定考核要求编写，着眼于理论知识的培训。

读者对象：可作为各级职业技能鉴定培训机构、企业培训部门的培训教材，也可作为职业技术院校、技工院校、各种短训班的专业课教材，还可作为个人的学习用书。

◆ 车工（中级）鉴定培训教材
◆ 车工（高级）鉴定培训教材
◆ 铣工（中级）鉴定培训教材
◆ 铣工（高级）鉴定培训教材
◆ 磨工（中级）鉴定培训教材
◆ 磨工（高级）鉴定培训教材
◆ 钳工（中级）鉴定培训教材
◆ 钳工（高级）鉴定培训教材
◆ 机修钳工（中级）鉴定培训教材
◆ 机修钳工（高级）鉴定培训教材
◆ 焊工（中级）鉴定培训教材
◆ 焊工（高级）鉴定培训教材
◆ 热处理工（中级）鉴定培训教材
◆ 热处理工（高级）鉴定培训教材
◆ 铸造工（中级）鉴定培训教材
◆ 铸造工（高级）鉴定培训教材
◆ 电镀工（中级）鉴定培训教材
◆ 电镀工（高级）鉴定培训教材
◆ 维修电工（中级）鉴定培训教材
◆ 维修电工（高级）鉴定培训教材
◆ 汽车修理工（中级）鉴定培训教材
◆ 汽车修理工（高级）鉴定培训教材
◆ 涂装工（中级）鉴定培训教材
◆ 涂装工（高级）鉴定培训教材
◆ 制冷设备维修工（中级）鉴定培训教材
◆ 制冷设备维修工（高级）鉴定培训教材

国家职业资格培训教材——操作技能鉴定实战详解系列

丛书介绍：用于国家职业技能鉴定操作技能考试前的强化训练。特色：

- 重点突出，具有针对性——依据技能考核鉴定点设计，目的明确。
- 内容全面，具有典型性——图样、评分表、准备清单，完整齐全。
- 解析详细，具有实用性——工艺分析、操作步骤和重点解析详细。
- 练考结合，具有实战性——单项训练题、综合训练题，步步提升。

读者对象：可作为各级职业技能鉴定培训机构、企业培训部门的考前培训教材，也可供职业技能鉴定部门在鉴定命题时参考，也可作为读者考前复习和自测使用的复习用书，还可作为职业技术院校、技工院校、各种短训班的专业课教材。

◆ 车工（中级）操作技能鉴定实战详解
◆ 车工（高级）操作技能鉴定实战详解

◆ 车工（技师、高级技师）操作技能鉴定实战详解
◆ 铣工（中级）操作技能鉴定实战详解
◆ 铣工（高级）操作技能鉴定实战详解
◆ 钳工（中级）操作技能鉴定实战详解
◆ 钳工（高级）操作技能鉴定实战详解
◆ 钳工（技师、高级技师）操作技能鉴定实战详解
◆ 数控车工（中级）操作技能鉴定实战详解
◆ 数控车工（高级）操作技能鉴定实战详解
◆ 数控车工（技师、高级技师）操作技能鉴定实战详解
◆ 数控铣工/加工中心操作工（中级）操作技能鉴定实战详解
◆ 数控铣工/加工中心操作工（高级）操作技能鉴定实战详解
◆ 数控铣工/加工中心操作工（技师、高级技师）操作技能鉴定实战详解
◆ 焊工（中级）操作技能鉴定实战详解
◆ 焊工（高级）操作技能鉴定实战详解
◆ 焊工（技师、高级技师）操作技能鉴定实战详解
◆ 维修电工（中级）操作技能鉴定实战详解
◆ 维修电工（高级）操作技能鉴定实战详解
◆ 维修电工（技师、高级技师）操作技能鉴定实战详解
◆ 汽车修理工（中级）操作技能鉴定实战详解
◆ 汽车修理工（高级）操作技能鉴定实战详解

技能鉴定考核试题库

丛书介绍：根据各职业（工种）鉴定考核要求分级编写，试题针对性、通用性、实用性强。

读者对象：可作为企业培训部门、各级职业技能鉴定机构、再就业培训机构培训考核用书，也可供技工学校、职业高中、各种短训班培训考核使用，还可作为个人读者学习自测用书。

◆ 机械识图与制图鉴定考核试题库
◆ 机械基础技能鉴定考核试题库
◆ 电工基础技能鉴定考核试题库
◆ 车工职业技能鉴定考核试题库
◆ 铣工职业技能鉴定考核试题库
◆ 磨工职业技能鉴定考核试题库
◆ 数控车工职业技能鉴定考核试题库
◆ 数控铣工/加工中心操作工职业技能鉴定考核试题库
◆ 模具工职业技能鉴定考核试题库
◆ 钳工职业技能鉴定考核试题库
◆ 机修钳工职业技能鉴定考核试题库
◆ 汽车修理工职业技能鉴定考核试题库
◆ 制冷设备维修工职业技能鉴定考核试题库
◆ 维修电工职业技能鉴定考核试题库
◆ 铸造工职业技能鉴定考核试题库
◆ 焊工职业技能鉴定考核试题库
◆ 冷作钣金工职业技能鉴定考核试题库
◆ 热处理工职业技能鉴定考核试题库
◆ 涂装工职业技能鉴定考核试题库

机电类技师培训教材

丛书介绍：以国家职业标准中对各工种技师的要求为依据，以便于培训为前提，紧扣职业技能鉴定培训要求编写。加强了高难度生产加工，复杂设备的安装、调试和维修，技术质量难题的分析和解决，复杂工艺的编制，故障诊断与排除以及论文写作和答辩的内容。书中均配有培训目标、复习思考题、培训内容、试题库、答案、技能鉴定模拟试卷样例。

读者对象：可作为职业技能鉴定培训机构、企业培训部门、技师学院培训鉴定教材，也可供读者自学及考前复习和自测使用。

◆ 公共基础知识
◆ 电工与电子技术
◆ 机械制图与零件测绘
◆ 金属材料与加工工艺
◆ 机械基础与现代制造技术
◆ 技师论文写作、点评、答辩指导
◆ 车工技师鉴定培训教材
◆ 铣工技师鉴定培训教材
◆ 钳工技师鉴定培训教材
◆ 焊工技师鉴定培训教材
◆ 电工技师鉴定培训教材
◆ 铸造工技师鉴定培训教材
◆ 涂装工技师鉴定培训教材
◆ 模具工技师鉴定培训教材
◆ 机修钳工技师鉴定培训教材
◆ 热处理工技师鉴定培训教材
◆ 维修电工技师鉴定培训教材
◆ 数控车工技师鉴定培训教材
◆ 数控铣工技师鉴定培训教材
◆ 冷作钣金工技师鉴定培训教材
◆ 汽车修理工技师鉴定培训教材
◆ 制冷设备维修工技师鉴定培训教材

特种作业人员安全技术培训考核教材

丛书介绍：依据《特种作业人员安全技术培训大纲及考核标准》编写，内容包含法律法规、安全培训、案例分析、考核复习题及答案。

读者对象：可用作各级各类安全生产培训部门、企业培训部门、培训机构安全生产培训和考核的教材，也可作为各类企事业单位安全管理和相关技术人员的参考书。

◆ 起重机司索指挥作业
◆ 企业内机动车辆驾驶员
◆ 起重机司机
◆ 金属焊接与切割作业
◆ 电工作业
◆ 压力容器操作
◆ 锅炉司炉作业
◆ 电梯作业
◆ 制冷与空调作业
◆ 登高作业

读者信息反馈表

亲爱的读者：

您好！感谢您购买《液气压传动　第2版》（蔡湧　主编）一书。为了更好地为您服务，我们希望了解您的需求以及对我社教材的意见和建议，愿这小小的表格在我们之间架起一座沟通的桥梁。另外，如果您在培训中选用了本教材，我们将免费为您提供与本教材配套的电子课件。

姓　名		所在单位名称	
性　别		所从事工作（或专业）	
通信地址		邮　编	
办公电话		移动电话	
E-mail		QQ	
1. 您选择图书时主要考虑的因素（在相应项后面画✓） 出版社（　　）　内容（　　）　价格（　　）　其他：________ 2. 您选择我们图书的途径（在相应项后面画✓） 书目（　　）　书店（　　）　网站（　　）　朋友推介（　　）　其他：____			
希望我们与您经常保持联系的方式： ☐ 电子邮件信息　☐ 定期邮寄书目　☐ 通过编辑联络　☐ 定期电话咨询			
您关注（或需要）哪些类图书和教材：			
您对本书的意见和建议（欢迎您指出本书的疏漏之处）：			
您近期的著书计划：			

请联系我们——

地　　址　北京市西城区百万庄大街22号　机械工业出版社技能教育分社

邮　　编　100037

社长电话　(010) 88379083　88379080

传　　真　(010) 68329397

营销编辑　(010) 88379534　88379535

免费电子课件索取方式：

网上下载　www.cmpedu.com

邮箱索取　jnfs@cmpbook.com